Jochem Unger

Einführung in die Regelungstechnik

**Grundlagen mit Anwendungen
aus Ingenieur- und Wirtschaftswissenschaften**

Jochem Unger

Einführung in die Regelungstechnik

Grundlagen mit Anwendungen aus Ingenieur- und Wirtschaftswissenschaften

3., überarbeitete und ergänzte Auflage

Mit 234 Abbildungen sowie 41 Aufgaben mit Lösungen

B. G. Teubner Stuttgart · Leipzig · Wiesbaden

Bibliografische Information der Deutschen Bibliothek
Die Deutsche Bibliothek verzeichnet diese Publikation in der Deutschen Nationalbibliografie;
detaillierte bibliografische Daten sind im Internet über <http://dnb.ddb.de> abrufbar.

Prof. Dr.-Ing. habil. Jochem Unger lehrt Wärme-, Regelungs- und Umwelttechnik an der Fachhochschule Darmstadt und ist Honorarprofessor im Bereich Mechanik an der Technischen Universität Darmstadt.

1. Auflage 1988
2. Auflage 1992
3., überarb. und erg. Auflage November 2004

Der B. G. Teubner Verlag ist ein Unternehmen von Springer Science+Business Media.
www.teubner.de

Technische Redaktion: Gabriele McLemore, Wiesbaden
Umschlaggestaltung: Ulrike Weigel, www.CorporateDesignGroup.de

Gedruckt auf säurefreiem und chlorfrei gebleichtem Papier.

ISBN-13: 978-3-519-20140-3   e-ISBN-13: 978-3-322-80150-0
DOI: 10.1007/978-3-322-80150-0

Vorwort

Dieses Buch ist aus einer einsemestrigen Vorlesung „Regelungstechnik" entstanden, die von mir an der Fachhochschule Darmstadt im Fachbereich Maschinenbau gehalten wird. Obwohl jedes Jahr neue Bücher im Fach Regelungstechnik erscheinen, konnte ich meinen Hörern keines dieser Bücher guten Gewissens empfehlen. Entweder sind solche Bücher zu trivial (Techniker-Niveau) oder aber mathematisch zu formalistisch, so das der „Funke" nicht auf den Leser überspringt! Hauptziel dieses Buches ist es, dem Lernenden die wesentlichen Grundlagen, die keiner Mode unterworfen sind und deshalb nie veralten, klar und erweiterungsfähig zu präsentieren, auch im Hinblick darauf, dass viele der Studierenden ihr Berufsleben zukünftig immer mehr weitab des eigentlichen Maschinenbaus und auch in nicht-technischen Gebieten finden werden. Dieses ist mit der Grund für die zahlreichen Anwendungen aus den unterschiedlichsten Disziplinen, die in der vorliegenden Auflage auch mit ökonomischen Beispielen angereichert wurden, die aus der Zusammenarbeit mit Frau Dipl.-Ing. Susanne Schröder entstanden sind, die die Idee der Übertragung regelungstechnischer Grundlagen auf Probleme der Unternehmens- und Produktentwicklung zum Inhalt hatte. Je grundlegender die Vermittlung dieser Sachverhalte für das menschliche Wirtschaften im ökonomischen und technischen Sinn gelingt, desto universeller wird das Gelehrte für die Studierenden auch in Zukunft anwendbar sein, selbst auf Fragestellungen, die heute noch unbekannt sind und sich erst in der Zukunft ergeben.

Um auch komplexere Systeme behandeln zu können, habe ich einen Abschnitt hinzugefügt, der die mathematischen Grundlagen für die Simulation auf Digitalrechnern aufzeigt. Damit können auch Probleme mit zeitlich veränderlichen Parametern und selbst nicht-lineare Probleme bearbeitet werden.

Etwas ausführlicher als unbedingt notwendig ist der Abschnitt über das stationäre Verhalten. Dies hat allein didaktische Gründe, handelt es sich hier doch um die Schnittstelle zu den klassischen Maschinenbau-Vorlesungen. Dieser Abschnitt soll dem Leser insbesondere zeigen, dass mit den üblichen Mitteln des Maschinenbaus (Gerätetechnik) die für die Regelungstechnik erforderliche Abstraktionsstufe für eine allgemeine Anwendung nicht erreicht werden kann. Andererseits darf aber die Abstraktion nicht so weit gehen, das eine Systemtheorie ganz ohne fachliche Inhalte betrieben wird. Ich habe mich hier bemüht, einen für Ingenieure angemessenen Kompromiss zu finden.

In dieser Einführung in die Regelungstechnik werden sowohl klassische PID-Regler als auch Software-Regler behandelt, die mit einfachsten Algorithmen bis hin zur Fuzzy-Logik arbeiten. In weiterführende Regelkonzepte kann sich der Leser leicht mit den vermittelten Grundlagen einarbeiten. Die „Artenvielfalt" der regelungstechnischen Methoden musste stark eingeschränkt werden, damit der Stoffumfang überhaupt in eine einsemestrige Vorlesung hineinpasst. Dies bedeutet aber keinen Verlust an Wissen, da nur auf Parallelverfahren verzichtet wurde, die letztlich allein aus der unterschiedlichen fachlichen Herkunft der in der Regelungstechnik Tätigen resultieren.

Eine noch so gute Vorlesung bleibt blutleer ohne anspruchsvolle Übungen. Deshalb habe ich eine große Anzahl von Übungen bereitgestellt und auch nicht die Mühe der Mitteilung des kompletten Lösungswegs gescheut. Dabei habe ich das Anwendungsspektrum bis hin zu nicht-technischen Problemen bewusst weit gewählt, damit der Leser nach Bewältigung dieser Aufgabensammlung in der Lage ist, selbstständig Probleme auf neuen Arbeitsgebieten lösen zu können.

Für die Darstellung des Buches in digitaler Form habe ich insbesondere Frau Jutta Schmitt zu danken, die mit Unterstützung von Herrn Alexander Russ und Herrn Martin Heimes diese mühevolle und aufwendige Aufgabe übernommen hat.

Darmstadt, Juli 2004   Jochem Unger

Inhaltsverzeichnis

Häufig vorkommende Symbole

$A(\omega)$	Amplitudenverhältnis
$F(p = i\omega)$	Übertragungsfunktion, komplexer Frequenzgang
$-F_o$	Übertragungsfunktion des offenen Regelkreises
F_R	Übertragungsfunktion des Reglers
F_S	Übertragungsfunktion der Strecke
t, T, T_i	Zeit, Periodendauer, Zeitkonstante
T_D	Vorhaltezeit
T_I	Nachstellzeit
T_s	Anstiegszeit
T_t	Totzeit
T_u	Verzugszeit
V, V_i	Verstärkung
x	Regelgröße, Abweichung der Regelgröße
x_s	Führungsgröße, Sollwert
x_w	bleibende Regelabweichung
y	Stellgröße, Abweichung der Stellgröße
y_h	Stellbereich
z	Störung
λ, p	Eigenwert
$\sigma(t)$	Einheitssprung
$\varphi(\omega)$	Phasenwinkel
ω	Frequenz

Klassifikation:	D	Differentialverhalten
	I	Integralverhalten
	P	Proportionalverhalten
	T	Verzögerungsverhalten

1 Einleitung, Grundbegriffe

Regeln heißt, eine gegebene <u>Vorschrift</u> so gut wie möglich trotz Störungen einzuhalten. Dazu wird die zu regelnde physikalische Größe (Regelgröße) eines Systems fortlaufend gemessen und mit der Führungsgröße (Vorschrift → Sollwert) verglichen. Tritt eine Abweichung zwischen der Regel- und der Führungsgröße auf, wird das System durch die Regelung so beeinflusst, dass es zu einem Angleichen der gestörten Regelgröße (Istwert) an die Führungsgröße (Sollwert) kommt.

Zur Erläuterung betrachten wir exemplarisch das einfache Beispiel eines Wasserdruckreglers nach Bild 1. Durch mehr oder weniger starkes Anzapfen des Systems (Störung durch Verbraucher) steigt oder fällt der Druck p. Lautet die Regelaufgabe p = const, ist diese Vorschrift nur erfüllbar, wenn das in die Rohrleitung eingebaute Stellventil die Druckänderung infolge Anzapfens gerade wieder kompensiert. Ist etwa der Druck vor dem Stellventil p_e = const muss der Druckverlust beim Durchströmen des Ventils entsprechend kleiner oder größer ausfallen. Bewirkt wird dies durch eine Veränderung des freien Strömungsquerschnitts A des Stellventils. Zu dieser Verstellung kommt es durch Momentenvergleich am Waagebalken.

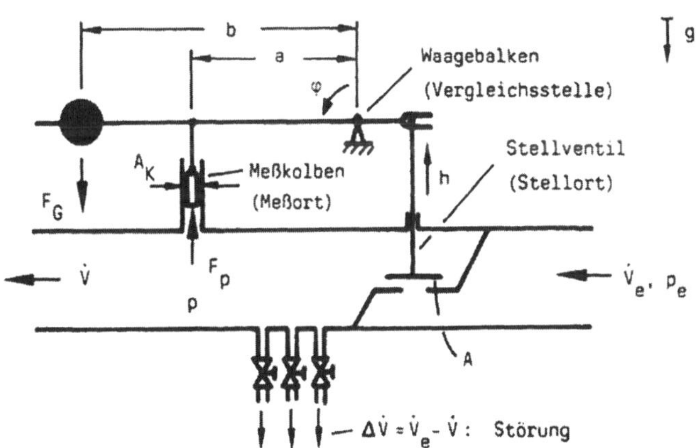

Bild 1 Einfacher Wasserdruckregler

Sackt z.B. die Regelgröße p ab, wird am Messkolben eine verringerte Kraft $F_p = p\,A_K$ registriert, die wiederum ein verringertes Moment $M_p = F_p\,a$ zur Folge hat. Das fest eingestellte Moment $M_G = F_G\,b$ (Vorschrift $\rightarrow$ Sollwert) ist dann im Vergleich zu M_p größer. Der starre Waagebalken verdreht sich und hebt dabei den Ventilteller an, so dass sich der freie Strömungsquerschnitt des Stellventils vergrößert. Damit wird der Druckverlust beim Durchströmen des Ventils kleiner, der Druck p (Regelgröße) steigt wieder an. Der Regelvorgang findet schließlich sein Ende, wenn mit $M_p = M_G$ das System wieder sein statisches Gleichgewicht findet. Die aufgeprägte Störung ist dann ausgeregelt und im Idealfall wird wieder der Zustand wie vor dem Einsetzen der Störung erreicht.

Der betrachtete Regler funktioniert offensichtlich nur, wenn sich bei fallendem Druck p (Regelgröße) der Strömungsquerschnitt A des Ventils vergrößert bzw. bei steigendem Druck entsprechend verkleinert. Das Stellorgan (Ventil) muss der Störung entgegenwirken, die Wirkung der Störung umkehren. Nur durch eine solche <u>Wirkungsumkehr</u> ist eine Regelung möglich. Ist keine Wirkungsumkehr gegeben, wird die Wirkung der Störung nicht geschwächt, sondern im Gegenteil verstärkt. Im Fall der konstruktiven Ausführung des Stellventils nach Bild 2 ergibt sich etwa bei fallendem Druck p (Regelgröße) durch Verringerung des Strömungsquerschnitts ein erhöhter Strömungsverlust. Der Druck p sackt noch weiter ab. Schließlich findet der Vorgang gerätetechnisch sein Ende, wenn das Stellglied gegen den Rand des möglichen Stellbereichs (Anschlag) gelaufen ist.

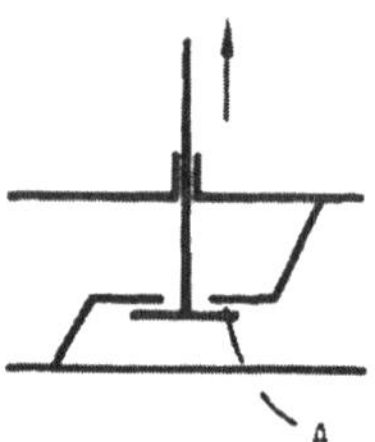

Bild 2 Stellventil-Ausführung ohne Wirkungsumkehr-Eigenschaft

1.1 Struktur

Nach der zunächst allgemeinen Funktionsbeschreibung des Wasserdruckreglers (Bild 1) wollen wir dessen innere Struktur aufdecken. Dabei fällt sofort auf, dass letztlich nicht der primär zu regelnde Druck (Regelgröße), sondern das vom

Druck verursachte Moment M_p mit dem Sollwert in Form des Momentes M_G verglichen wird. Benötigt wird offensichtlich als Signal nicht unbedingt die Regelgröße selbst, sondern irgendein durch die Regelgröße erzeugtes Signal (gleichgültig, in welcher physikalischen Gestalt), das bei Verletzung der Vorschrift gegeben wird. Dieses Signal löst schließlich einen Mechanismus aus, der wieder zur Erfüllung der Vorschrift führt. Wenn ein solches Signal von einer physikalischen Gestalt in eine andere umgewandelt wird, durchläuft es eine Blockstelle (Bild 3).

1.1.1 Signal, Blockstelle, Vergleicher, Verzweigung

Ein Signal ist eine gerichtete Information und wird deshalb durch einen Pfeil dargestellt. Durchläuft ein solches Signal eine Blockstelle, wird dessen physikalische Gestalt umgewandelt. Symbolisch wird die Blockstelle durch einen Block oder Kasten dargestellt (Bild 3). Aus dem Eingangssignal x_e wird das Ausgangssignal x_a. Beide Signale besitzen denselben Informationsgehalt, sind aber von unterschiedlicher physikalischer Natur.

Bild 3 Blockstelle zur Signalumwandlung

Wie bereits diskutiert, funktioniert die Regelung eines Systems durch Vergleichen der Führungsgröße (Vorschrift $\rightarrow$ Sollwert) mit der jeweils aktuellen Regelgröße (Istwert). Die Vergleichsgrößen besitzen notwendigerweise die gleiche physikalische Gestalt (Dimensionshomogenität). In unserem Beispiel (Bild 1) sind es im wesentlichen die beiden Momente M_p, M_G. Das von der Druckverteilung im Fluid am Ventilteller hervorgerufene Moment denke man sich einfachheitshalber kompensiert durch das Moment, welches durch die Gewichtsverteilung der Waagebalkenordnung entsteht. Um den Drehpunkt des Waagebalkens gilt dann im allgemeinen $\sum M_i = M_p + M_G = \Delta M \neq 0$. Gleichgewicht herrscht nur für $\Delta M = 0$. Zur symbolischen Beschreibung dieses Sachverhalts führen wir eine Vergleichs- oder Additionsstelle (Bild 4) ein.

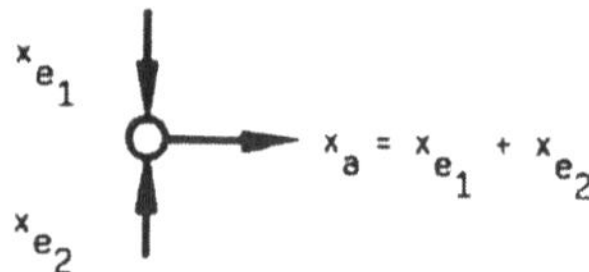

Bild 4 Vergleichs- oder Additionsstelle

Das Ausgangssignal x_a kann allgemein als Summe der Eingangssignale x_{e1}, x_{e2} geschrieben werden:

$$x_a = \sum x_{ei} = x_{e1} + x_{e2} \tag{1.1}$$

Damit sich überhaupt ein Gleichgewicht ($x_a = 0$) einstellen kann, muss eines der beiden Eingangssignale negativ sein. Bei vorhandener Wirkungsumkehr ist dies stets der Fall. Es ist üblich, dies durch ein Minuszeichen am Pfeil des entsprechenden Eingangssignals zu vermerken (Bild 6).

Wird dagegen ein Signal verzweigt (Bild 5), sind die Verzweigungssignale x_{a1}, x_{a2} identisch mit dem Eingangssignal x:

$$x = x_{a1} = x_{a2} \tag{1.2}$$

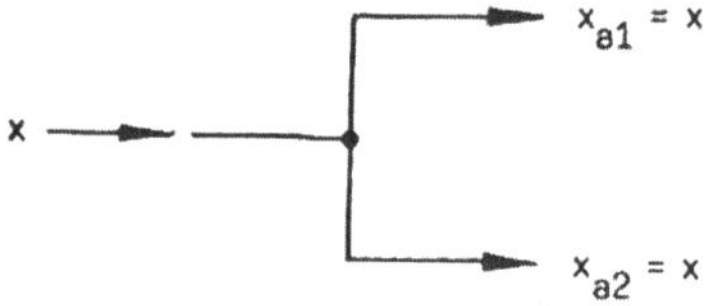

Bild 5 Signalverzweigung

1.1.2 Blockschaltbild

Wir sind nun in der Lage, die gerätetechnische Struktur des beispielhaft betrachteten Wasserdruckreglers in einem Blockschaltbild darzustellen (Bild 6).

Für die <u>Regelgröße</u> (Istwert) und die <u>Führungsgröße</u> (Sollwert) werden dabei im folgenden immer die allgemeinen Symbole x und x_S verwendet. Die Regelgröße x durchläuft zwei Blockstellen. Zunächst hat sie die Gestalt des gemessenen statischen Drucks p, dann erfolgt die erste Umwandlung in die Kolbenkraft $F_p = p\,A_K$ und schließlich eine zweite Umwandlung in das Moment $M_p = F_p$ a. Gerätetechnisch sind diese beiden Blockstellen das Messwerk des Reglers. Verglichen wird das Istmoment M_p mit dem Sollwert x_S in der Gestalt des konstanten Sollmoments M_G, das von der Gewichtskraft F_G herrührt.

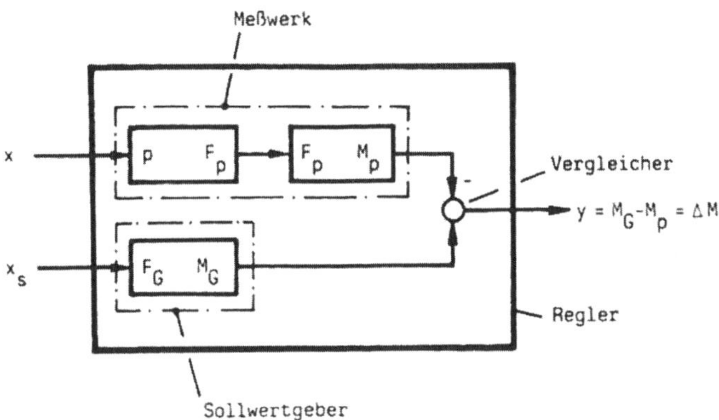

Bild 6 Blockstruktur des Reglers

Da zur Erzeugung von M_G eine einzige Umwandlung genügt, wird hier zur Darstellung nur eine Blockstelle benötigt, die gerätetechnisch den Sollwertgeber darstellt. Wird am Vergleicher $M_p \neq M_G$ festgestellt, gibt der Regler ein Signal an das Stellorgan, das wir zukünftig immer <u>Stellgröße</u> y nennen. Durch die vom Regler ausgesandte Stellgröße y wird im Stellventil der freie Strömungsquerschnitt verändert und damit letztlich ein neuer Wert der Regelgröße x bewirkt. Stellen wir diesen Signalfluss von y nach x ebenfalls in einer Blockstruktur dar, erkennen wir, dass sich das Gesamtsystem nach Bild 1 immer aufteilen lässt in den eigentlichen <u>Regler</u> (Bild 6: x → y) und in ein Restsystem, das Regelstrecke genannt wird (Bild 7: y → x).

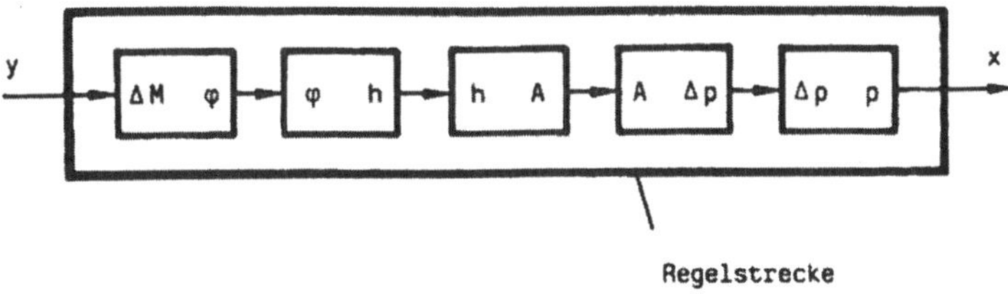

Bild 7 Blockstruktur der Regelstrecke

Ausgehend von der Stellgröße y in Form des Differenzmomentes $\Delta M = M_G - M_p$ (Bild 6) erfolgt die Umwandlung der physikalischen Gestalt dieses Signals in unserem Beispiel (Bild 1) bei der getroffenen Aufteilung des Gesamtsystems innerhalb der Regelstrecke durch fünf Blockstellen. Das Differenzmoment ΔM bewirkt zunächst eine Verdrehung φ des Waagebalkens (1. Blockstelle), die über die kinematische Kopplung in eine Verschiebung h des Ventiltellers (2. Blockstelle) umgewandelt wird. Diese Verschiebung h hat einen neuen freien Strömungsquerschnitt A des Stellventils zur Folge (3. Blockstelle), dem schließlich ein neuer Druckverlust Δp zugeordnet ist (4. Blockstelle). Dieser führt letztlich auf einen neuen Wert des statischen Drucks p (5. Blockstelle), der am Messkolben registriert wird. Der Druck p als Ausgangssignal der Regelstrecke (Bild 7) ist damit gleichzeitig auch das Eingangssignal des Reglers (p = x, Bild 6). Die durch Sichtbarmachen der Blockstrukturen (Signalfluss) gefundenen Teilsysteme <u>Regler</u> und <u>Regelstrecke</u> lassen sich also zusammenschalten. Man erhält so die Blockstruktur des Gesamtsystems, den Regelkreis (Bild 8).

1.2 Regelkreis

Obwohl wir unsere bisherigen Kenntnisse nur anhand eines speziellen Beispiels (Bild 1: Wasserdruckregler) gewonnen haben, sind diese prinzipiell für jeden einfachen Regelkreis richtig. In jedem Fall kann der Regelkreis aufgespalten werden in zwei Teilsysteme <u>Regler</u> und <u>Regelstrecke</u>. Betrachtet man die aufgefundene Struktur ganz grob ohne innere Einzelheiten, ergibt sich das vereinfachte Blockschaltbild 8. Hinzugefügt wurde die <u>Störung</u> z, die das Aktivwerden des Reglers verursacht.

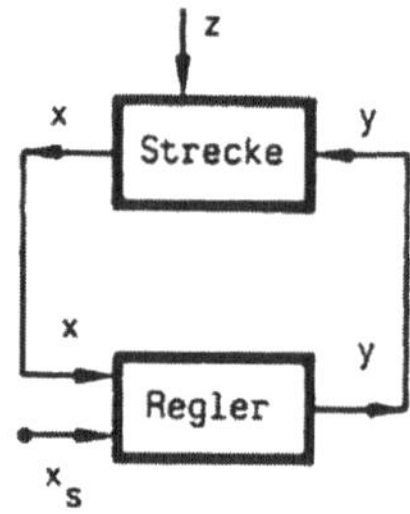

Bild 8 Vereinfachtes Blockschaltbild eines Regelkreises

Der gewählte Angriffspunkt der Störung liegt dabei im Bereich der Regelstrecke, da erwartete Störungen betriebsgemäß dort auftreten. Natürlich ist jede an einer anderen Stelle des Regelkreises auftretende Abweichung vom momentanen Gleichgewichtszustand des Systems auch eine Störung, auf die der Regler reagiert. Legen wir einfachheitshalber die Störung z an den Eingang der Strecke und ziehen aus dem Reglerblock den Vergleicher heraus, ergibt sich die Darstellung nach Bild 9.

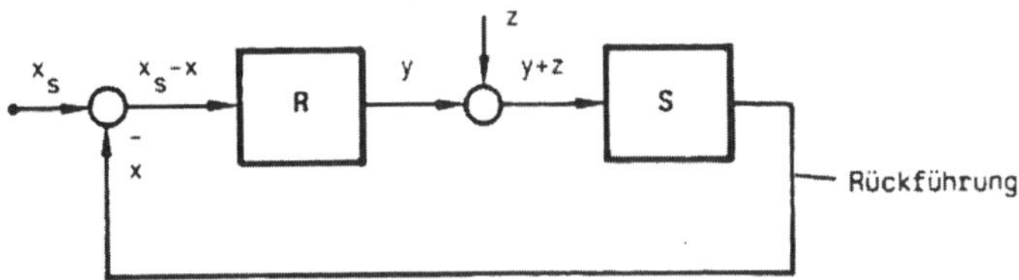

Bild 9 Modifiziertes Blockschaltbild eines Regelkreises

Durch die Modifikation wurde nichts am Signal- oder Wirkungskreislauf geändert. Der Regler (R) und die Strecke (S) sind unverändert im Regelkreis in Reihe geschaltet. Man erkennt aber in Bild 9 besonders deutlich die Rückführung des Ausgangssignals der Strecke zum Regler bzw. Vergleicher. Diese Rückführung ist das wesentliche Element, das jede Regelung von einer Steuerung unterscheidet. Nur so ist die Ausführung einer Vorschrift zu überwachen. Durch das Einführen der Rückführung wird aus der offenen Wirkungskette einer Steuerung mit der von der Störung z abhängigen Ausgangsgröße $x = x$ (y, z) der geschlossene Wirkungskreis einer Regelung (Bild 10) mit der im Idealfall von der Störung unabhängigen Ausgangsgröße $x = x$ (x_s). Stillschweigend wird dabei vorausgesetzt,

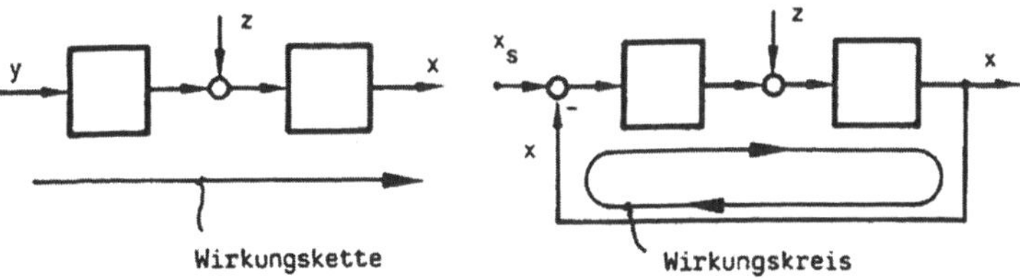

Bild 10 Zum Unterschied zwischen Steuerung und Regelung

dass sich die Teilsysteme rückwirkungsfrei verhalten. Außerdem muss wie bereits diskutiert die Rückführung oder Rückkoppelung negativ sein (Minuszeichen am Rückführungssignal in den Vergleicher), damit Wirkungsumkehr oder Gegenkoppelung vorliegt. Die Begriffe Rückkoppelung und Gegenkoppelung (negative Rückkoppelung) werden meist von Elektrotechnikern synonym für Rückführung und Wirkungsumkehr verwendet. Obwohl die Regelungstechnik in den Anwendungsbereichen Maschinenbau, Verfahrenstechnik und Elektrotechnik oft fachspezifische Züge trägt, ist gerade die Regelungstechnik besonders geeignet, eine interdisziplinäre Wissenschaft zu sein. Nur durch Loslösen von allzu fachspezifischen Dingen kann ein möglichst universeller Erkenntnisstand erreicht werden. Deshalb lassen sich die Methoden einer abstrakten Regelungstechnik nicht nur im Technikbereich, sondern auch in der Biologie, Medizin, Ökonomie, Psychologie, Ökologie usw. anwenden. So sinnvoll die Installation einer übergeordneten Regelungstheorie (Kybernetik) aus erkenntnistheoretischer Sicht auch sein mag, muss doch gleichzeitig auf die Gefahr einer allzu abstrakten Übertheorie im Hinblick auf konkrete Anwendungen und eine relevante Ingenieurausbildung hingewiesen werden. Die Abstraktion im Anwenderbereich darf nicht so weit führen, dass eine Systemtheorie ganz ohne fachliche Inhalte betrieben wird.

Zum Abschluss dieser mehr allgemein gehaltenen Gedanken wollen wir es nicht versäumen, die Regelungstechnik klar als Schrittmacher der Automation zu erkennen. Selbst im einfachsten Fall, wenn die zu erfüllende Vorschrift eine Konstante ist (Festwertregelung: x_s = const), kann ein Vorgang oder Prozess ohne menschliche Aufsicht sich selbst überlassen werden. Das System ist automatisiert, es überwacht sich selbst. Man kann sich nun leicht Anwendungen denken, bei denen die Vorschrift über die Zeit variiert wird (Folgeregelung: x_s = f(t)). Um etwa die Temperatur eines Glühofens in Abhängigkeit von der Zeit nach einem Programm abfahren zu können, muss bei vorhandener Regelung nur der Sollwert x_s des Reglers in entsprechender Weise verstellt werden. Die Regelung des Systems bewirkt ganz automatisch, dass die aktuelle Temperatur ständig an den sich ändernden Sollwert angepasst wird, denn auch die durch Änderung der Vorschrift entstehende Situation wird vom Regler als Störung interpretiert. Das System folgt dem aufgeprägten Programm. Mögliche Anwendungen reichen bis hin zur voll automatisierten Fabrik, einem sehr komplexen, programmgesteuerten Regelkreis.

1.3 Regler

Es ist die Aufgabe des Reglers aus dem Istwert x, der vom Sollwert x_s abweicht, eine Stellgröße y zu erzeugen, die im Regelkreis wieder zur Annäherung $x \rightarrow x_s$

führt. Diese Aufgabe kann gerätetechnisch (Hardware) oder aber auch durch Anwendungen mathematischer Algorithmen (Software) gelöst werden.

Historisch begann die Entwicklung der Regler mit rein mechanischen Geräten. Beispiele hierfür sind die Fliehkraftregler und Waagebalkenregler (s. Wasserdruckregler nach Bild 1). Die Entwicklung führte dann über elektrische Geräte-Regler schließlich hin zu Software-Reglern, die das Stellsignal y auf linguistische Art erzeugen.

1.3.1 Geräte-Regler

Ursprünglich waren Geräte-Regler auf die jeweils spezielle physikalische Natur der zu regelnden Strecken zugeschnitten. Von Vorteil war hier die damit verbundene Eigenenergieversorgung durch die Regelstrecke selbst. Dafür war für n physikalisch verschiedene Regelstrecken ein Sortiment von n physikalisch verschiedenen Reglern erforderlich. Um alle Regelaufgaben mit einem Regler einer einzigen physikalischen Bauart (Standard-Regler) lösen zu können, musste die Eigenenergieversorgung aufgegeben werden. Dieses Konzept führte zur Einführung der elektrischen Regler mit Fremdenergieversorgung. Damit aber die Regelgrößen der Regelstrecken unterschiedlichster physikalischer Natur vom elektrischen Regler verstanden werden können, müssen jetzt zusätzlich Übersetzer eingebaut werden, die die Regelgrößen der Strecken elektrisch umformen. Technisch werden diese Umsetzer oder Dolmetscher Messumformer genannt.

1.3.2 Software-Regler

Ein Geräte-Regler kann sich nur starr entsprechend seiner konstruktiv fest vorgegebenen Eigenschaften verhalten. Diese Situation kann überwunden und damit flexibilisiert werden, wenn das Stellsignal auf linguistische Art erzeugt wird. Durch Programmierung von Algorithmen mit bedingten Anweisungen kann aktiv auf die zeitliche Entwicklung des Stellsignals Einfluss genommen werden. Die Möglichkeiten spannen sich hier von etwa mit Fuzzy-Logik erzeugten Algorithmen für anspruchsvolle Anwendungen bis hin zu einfachsten Algorithmen, die in ihrer Wirkung denen klassischer Geräte-Regler ähnlich sind. Da die   Elektronik billig und beliebig schnell ist, sind Software-Regler den Geräte-Reglern überlegen. Der Anteil des klassischen Maschinenbaus wird sich durch die Anwendung der linguistischen Regelungstechnik zukünftig auf das Stellglied reduzieren.

2 Stationäres Verhalten

Nach Auftreten einer Störung z ist der Regelvorgang im Idealfall beendet, wenn am Vergleicher (Bild 4 und 9) wieder

$$x_a = \sum x_{ei} = 0 \tag{2.1}$$

gilt. Das Stellglied verharrt dann in der entsprechend der Störung angenommenen Stellung, es herrscht Gleichgewicht. Dieses stationäre oder statische Verhalten ist immer zu beobachten, wenn die statische Gleichgewichtsbedingung (2.1) erfüllt ist. Im einfachsten Fall stehen sich dabei zwei Effekte gegenüber, die sich gerade kompensieren.

2.1 Erzeuger-Verbraucher-System ohne Regler

Zum Einstieg betrachten wir zunächst ein einfaches Erzeuger-Verbraucher-System ohne Regler (Bild 11). Der Erzeuger sei in unserem Beispiel etwa ein Elektromotor und der Verbraucher eine Arbeitsmaschine mit starrer Ankopplung.

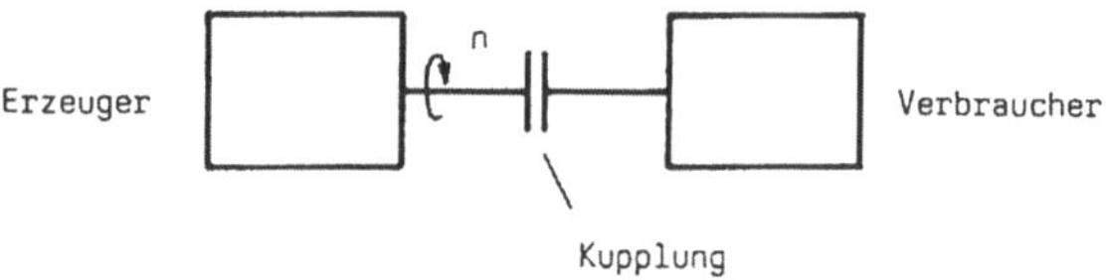

Bild 11 Erzeuger-Verbraucher-System

Die interessierende Drehbewegung des Systems gehorcht dem dynamischen Grundgesetz der Mechanik:

$$\Theta \ddot{\varphi} = \sum M_i = M_E - M_V \tag{2.2}$$

Dabei ist θ das Gesamtmassenträgheitsmoment (Motor, Kupplung, Arbeitsmaschine), $\ddot{\varphi}$ die Winkelbeschleunigung, M_E das antreibende Moment des Motors und M_V das die Drehzahl n begrenzende Moment der Arbeitsmaschine. Beim Anschalten des Motors läuft das System aus der Ruhe heraus los und erreicht nach einiger Zeit die Betriebsdrehzahl $n = n_B = $ const und damit den stationären

Zustand. Konstante Drehzahl heißt aber auch konstante Winkelgeschwindigkeit $\dot{\varphi}$, woraus das Verschwinden der Winkelbeschleunigung $\ddot{\varphi}$ folgt:

$$\dot{\varphi} = const \rightarrow \ddot{\varphi} = 0 \qquad (2.3)$$

Im stationären Zustand reduziert sich also die dynamische Grundgleichung (2.2) auf die statische Gleichgewichtsbedingung. Entsprechend (2.1) gilt hier:

$$\Sigma\, M_i = M_E - M_V = 0 \qquad (2.4)$$

Die sich einstellende Betriebsdrehzahl n_B lässt sich aus (2.4) berechnen, wenn die statischen Kennlinien $M_E(n)$, $M_V(n)$ des Erzeugers und des Verbrauchers bekannt sind.

2.1.1 Statische Kennlinien

Die statischen Kennlinien denken wir uns hier beschafft durch separate Erzeuger- und Verbraucherexperimente. Zur Bestimmung der Motor-Kennlinie werden dem Motor bekannte Bremsmomente aufgeschaltet (Bremsversuche) und die dazugehörigen Drehzahlen gemessen, die sich dabei jeweils stationär einstellen. Da wegen der Stationarität das antreibende Motormoment jeweils gleich dem bekannten Bremsmoment ist, erhält man so die Wertepaare (n, M_E) der Motorkennlinie. Mathematisch lässt sich eine so ermittelte Motorkennlinie etwa durch

$$M_E(n) = M_{Eo} - a\, n^2 \qquad (2.5)$$

darstellen. Die Werte M_{Eo}, a sind dabei motorspezifische Konstanten. Aus der anschaulichen Darstellung der Motor-Kennlinie (2.5) in Bild 12 entnehmen wir, dass M_{Eo} das Anfahrmoment des Motors ist und sich Drehzahlen im Bereich $0 \leq n \leq n_0$ verwirklichen lassen. Das Motormoment verschwindet, wenn die Leerlaufdrehzahl n_0 ($M_E = 0 \rightarrow n_0 = \sqrt{M_{Eo}/a}$) erreicht wird.

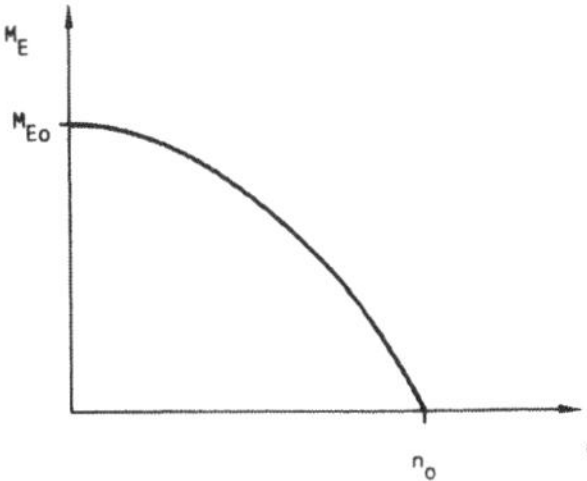

Bild 12 Statische Kennlinie des Motors

Ganz entsprechend wird bei der experimentellen Beschaffung der Kennlinie der Arbeitsmaschine verfahren. Der Arbeitsmaschine werden jetzt bekannte Antriebsmomente angelegt (Schleppversuche) und wiederum die sich dabei jeweils stationär einstellenden Drehzahlen gemessen. Die so erhaltenen Wertepaare (n, M_V) der Kennlinie der Arbeitsmaschine sind typischerweise durch etwa

$$M_V(n) = M_{V_0} + b\, n^2 \tag{2.6}$$

beschreibbar. Der bildlichen Darstellung (Bild 13) von (2.6) entnehmen wir die anschauliche Bedeutung von M_{V_0} als Anlaufmoment der Arbeitsmaschine.

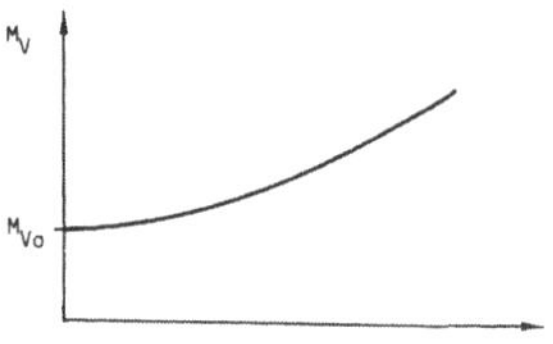

Bild 13 Statische Kennlinie der Arbeitsmaschine

2.1.2 Gleichgewicht, Selbstregelungseigenschaft

Wir denken uns jetzt den Erzeuger und den Verbraucher wieder zusammengeschaltet und fragen nach der stationären Drehzahl (Betriebsdrehzahl n_B), gegen die das System aus der Ruhe heraus hochläuft, wenn der Motor eingeschaltet wird. Wie diskutiert, wird stationäres Verhalten erreicht, wenn die statische Gleichgewichtsbedingung (2.4) erfüllt ist. Es gilt dann $M_E = M_V$, und durch Einsetzen der statischen Kennlinien (2.5), (2.6) erhält man:

$$M_{E_0} - a\, n^2 = M_{V_0} + b\, n^2 \tag{2.7}$$

Die so erhaltene Gleichung (2.7) ist die Bestimmungsgleichung für die Betriebsdrehzahl n_B. Durch Auflösen nach dieser Drehzahl folgt:

$$n_B = \sqrt{\frac{M_{E_0} - M_{V_0}}{a + b}} > 0 \tag{2.8}$$

mit $M_{E_0} > 0$, $M_{V_0} > 0$, $a > 0$, $b > 0$

Aus (2.8) erkennen wir nebenbei, dass das System überhaupt nur für $M_{E_0} > M_{V_0}$ anläuft. Nur bei hinreichend großem Anfahrmoment des Motors M_{E_0} ist die Betriebsdrehzahl n_B reell. Das zugehörige Betriebsmoment berechnet sich aus (2.5) oder (2.6) durch Einsetzen von (2.8) zu:

$$M_B = \frac{M_{Vo}\,a + M_{Eo}\,b}{a+b} \tag{2.9}$$

Bildlich stellt sich der stationäre Betriebspunkt als Schnittpunkt der beiden statischen Kennlinien von Motor und Arbeitsmaschine dar (Bild 14).

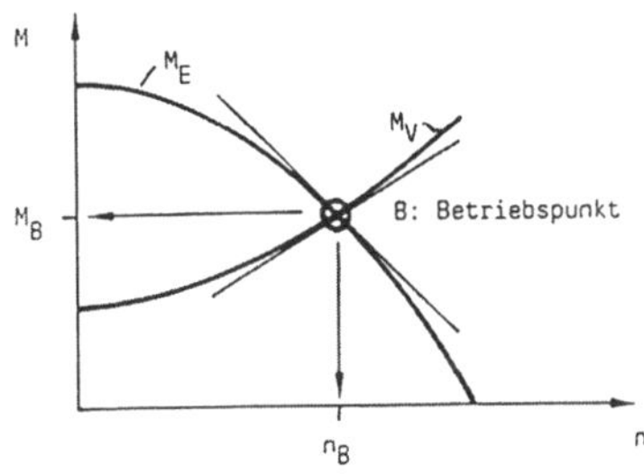

Bild 14 Stationärer Betriebspunkt B(n_B,M_B) als Schnittpunkt der statischen Kennlinien

Außerdem ist der Betriebspunkt in unserem Beispiel statisch stabil. Sackt nämlich durch eine vorübergehende Störung die Drehzahl ab ($n < n_B$), gilt nach Bild 14 $M_E > M_V$. Das System beschleunigt und erreicht wieder den alten Betriebspunkt B. Auch bei einer positiven Drehzahlstörung ($n > n_B$) haben wir das gleiche Ergebnis. Dann gilt $M_E < M_V$. Deshalb verzögert das System jetzt und erreicht auch in diesem Fall wieder den ursprünglichen Betriebspunkt. Das System verhält sich also in diesem Sinn stabil. Notwendige Voraussetzung für die angestellten Überlegungen ist offensichtlich, dass nur solche Kennlinien zugelassen sind, die der lokalen Eigenschaft (2.10) genügen:

$$\frac{dM_V}{dn}\bigg|_B > \frac{dM_E}{dn}\bigg|_B \tag{2.10}$$

Man denke sich hierzu die Kennlinien im Betriebspunkt durch die zugehörigen Tangenten ersetzt (Bild 14). Nur durch Erfüllen der Bedingung (2.10) kann ein stationärer Betriebszustand realisiert werden. Die Kennlinie des Verbrauchers (Arbeitsmaschine) muss im Betriebspunkt stets eine größere Steigung besitzen als die Kennlinie des Erzeugers (Motor).

Wir verallgemeinern das betrachtete Beispiel nun noch dadurch, dass verschiedene Belastungszustände des Verbrauchers zugelassen werden. Diese können leicht durch verschiedene Werte b der Kennlinie (2.6) simuliert werden. Die Konstante $b = b_i$ wird somit zum Belastungsparameter, der eine jeweils ganz bestimmte Belastung charakterisiert. Diese Verallgemeinerung führt auf die Kennlinienschar der Arbeitsmaschine

$$M_V\,(n,b_i) = M_{Vo} + b_i\,n^2 \tag{2.11}$$

die in Bild 15 dargestellt ist.

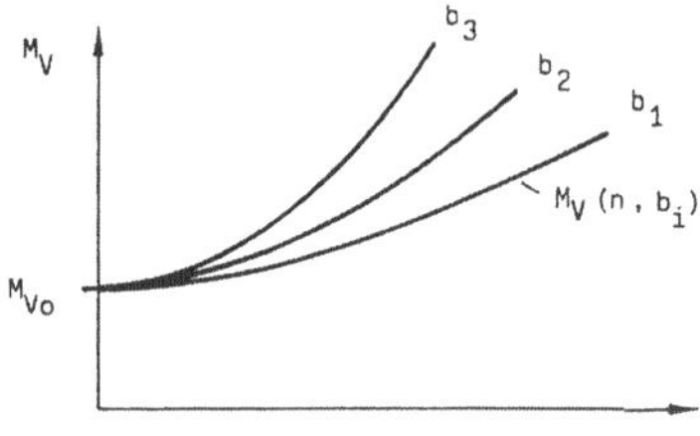

Bild 15 Statische Kennlinienschar bei unterschiedlichen Belastungen der Arbeitsmaschine

Aufgrund dieser Kennlinienschar existiert jetzt eine belastungsabhängige Anzahl von stationären Betriebspunkten (Bild 16). Entsprechend Bild 14 sind dies die Schnittpunkte zwischen der Kennlinienschar der Arbeitsmaschine und der Kennlinie des Motors.

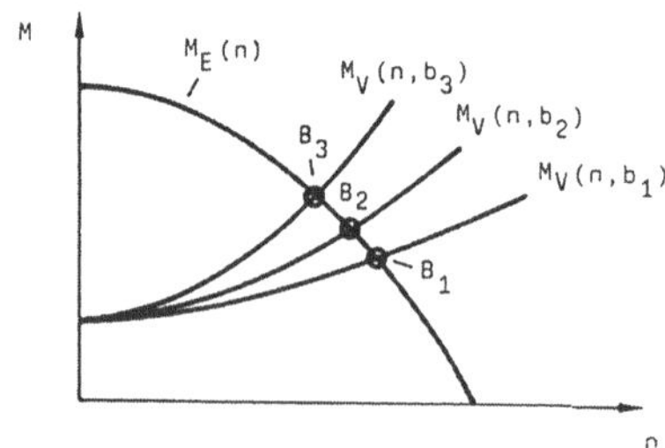

Bild 16 Belastungsabhängige Betriebspunkte

Der jeweilige stationäre Betriebszustand des betrachteten Erzeuger-Verbraucher-Systems stellt sich offensichtlich ohne jede Zusatzeinrichtung ganz von selbst ein, wenn die statischen Kennlinien die Eigenschaft (2.10) besitzen. Das System hat <u>Selbstregelungseigenschaft</u>. Soll etwa bei unterschiedlichen Belastungen (Störungen) die Betriebsdrehzahl konstant bleiben (Vorschrift), ist dies in umso besserer Näherung zu erreichen, je steiler die Motorkennlinie im Schnittbereich mit der Kennlinienschar des Verbrauchers verläuft. Asynchronmotoren besitzen diese Eigenschaft und erfreuen sich auch aus diesem Grund großer Beliebtheit. Ist die Bandbreite der Drehzahländerung infolge des Belastungskollektivs tolerierbar klein, kann in vielen technischen Anwendungsfällen allein wegen der Steilheit der Erzeuger-Kennlinie auf eine zusätzliche Regeleinrichtung verzichtet werden.

Abschließend sei nochmals auf die Allgemeingültigkeit auch der Überlegungen zum Erzeuger-Verbraucher-System hingewiesen. Nicht zuletzt denke man dabei an unser in vielen Dingen erfolgreiches Wirtschaftssystem. Aufgrund der Selbstregelungseigenschaft, die einem sinnvollen Erzeuger-Verbraucher-System innewohnt, regulieren sich in einer freien Marktwirtschaft ohne allzu große Störungen (Subventionen) Angebot und Nachfrage ganz von selbst.

2.2 Erzeuger-Verbraucher-System mit Regler

Reicht die Selbstregelungseigenschaft eines Systems nicht aus oder ist sie gar nicht vorhanden, muss ein Regler eingebaut werden. Zum Verstehen eines solch geregelten Systems betrachten wir wie zuvor exemplarisch ein elementares Beispiel. Der verwendete Regler ist dabei wiederum von derart einfacher Natur, dass sich dessen Funktion anschaulich verstehen lässt.

2.2.1 Beispiel mit Volumenstromregler

Wir betrachten das in Bild 17 dargestellte hydraulische Antriebssystem mit einem Stromregelventil, das dafür sorgen soll, dass der Hydraulikmotor (Verbraucher) selbst bei Belastungsänderungen immer mit konstanter Drehzahl läuft. Gewährleistet wird dies durch Erfüllen der Vorschrift $\dot{V} = $ const.

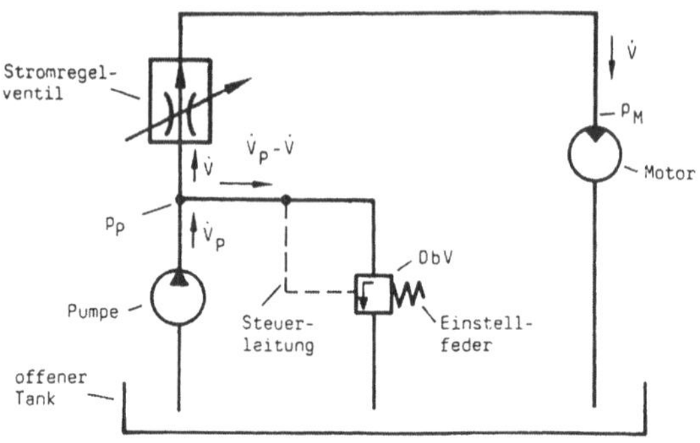

Bild 17 Hydraulisches Antriebssystem mit Volumenstrom-Regelung

Dabei ist zu beachten, dass sich einerseits der von der hydrostatischen Pumpe (Erzeuger) erzeugte Druck über das Druckbegrenzungsventil (DbV) fest zu $p = p_P$[1] einstellen lässt, andererseits der Druck p_M am Motoreingang von der jeweiligen Motorbelastung abhängt. Trotz der somit variablen Druckdifferenz $\Delta p = p_P - p_M$, die letztlich Ursache für den sich einstellenden Volumenstrom $\dot{V}$ zum Motor hin ist, soll $\dot{V}$ unabhängig von der Belastung immer von der gleichen Größe sein: Vorschrift $\dot{V} = const.$ Dies ist nur möglich, wenn auch der Widerstand des eingebauten Stromventils belastungsabhängig geändert wird. Bekanntlich[2] kann für die Druckdifferenz zwischen Pumpe und Motor

$$\Delta p = p_P - p_M \sim \zeta \; \dot{V}^2 \tag{2.12}$$

---

[1] Die Pumpe ist so ausgelegt, das stets $\dot{V}_P > \dot{V}$ gilt. Der zuviel produzierte Anteil $\dot{V}_P - \dot{V}$ muss über das DbV abfließen. Dieses ist nur möglich, wenn das DbV geöffnet ist, der von der Pumpe erzeugte Druck p dem Einstelldruck p_P dieses Ventils entspricht. Die Öffnung des Ventils erfolgt durch die hydraulische Kraft $F_{hyd} \sim p_P$, die aufgeprägt über die Steuerleitung gegen die entsprechend vorgespannte Einstellfeder wirkt.

[2] Bei stationärer Strömung längs einer Rohrleitung mit Widerstand ist die treibende Druckdifferenz Δp gleich dem Druckverlust $\Delta p_V = \zeta \; \rho \, u^2/2$ ($\rho \, u^2/2$: Staudruck der Zu- bzw. Abströmung, $\zeta = \Delta p_V / (\rho \, u^2/2)$: Widerstandsbeiwert oder relativer Druckverlust). Bei Beachtung des Volumenstroms $\dot{V} = u\,A$ (u: mittlere Strömungsgeschwindigkeit, A: zugehöriger Querschnitt der Zu- bzw. Abströmung) gilt dann: $\Delta p = \zeta \, (\rho / 2A^2) \; \dot{V}^2$.

geschrieben werden, woraus mit der Vorschrift $\dot{V}$ = const $\zeta \sim \Delta p$ folgt. $\dot{V}$ = const ist also nur dann zu erfüllen, wenn der Widerstand zwischen Pumpe und Motor bzw. der zugehörige Widerstandsbeiwert ζ proportional Δp verstellt wird. Genau diese Verstellung wird von dem Regler bewirkt, der in Form eines Stromregelventils in das hydraulische Antriebssystem nach Bild 17 eingebaut ist. Das Stromregelventil (Bild 18) besteht im wesentlichen aus zwei Widerständen: einer fest einstellbaren Messblende und einer verstellbaren Regelblende.

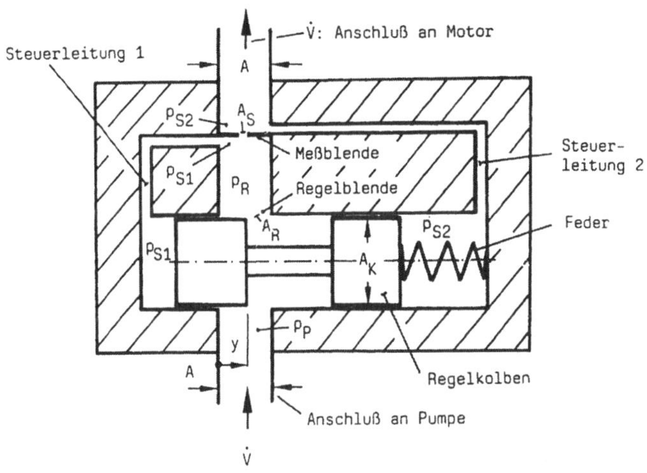

Bild 18 Stromregelventil

Der freie Durchflussquerschnitt A_R der Regelblende wird über die Stellung y des Regelkolbens gesteuert, die sich im Gleichgewichtszustand aus der resultierenden hydraulischen Kraft und der Federkraft ergibt, welche beide am Regelkolben angreifen. Der Gesamtwiderstand des Stromregelventils dominiert gegenüber dem Rohrwiderstand der hydraulischen Verbindung zwischen Pumpe und Motor, so dass der Widerstandsbeiwert ζ im wesentlichen der der beiden Blenden (Regelblende, Messblende) des Stromregelventils ist. Wird etwa der Hydraulikmotor stärker belastet, steigt der Druck p_M vor dem Motor an. Mit dem so reduzierten Druckgefälle $\Delta p = p_P - p_M$ würde bei festgehaltenem Regelkolben (ζ = const) des Stromregelventils auch der Volumenstrom entsprechend $\dot{V} \sim \sqrt{\Delta p}$ absacken. Gerade dies wird aber durch die sich einstellende Verschiebung des Regelkolbens verhindert. Der Regelkolben bewegt sich in diesem Fall nach links. Dadurch wird der freie Strömungsquerschnitt A_R der Regelblende vergrößert, der Widerstand des Stromregelventils ζ so verringert, dass dem Abfall des Volumenstroms entgegengewirkt werden kann. Die Verschiebung des Regelkolbens wird hervorgerufen durch eine Verkleinerung der resultierenden hydraulischen Kraft $F_{hvd} = (p_{S1} - p_{S2}) A_K$ am Regelkolben, die von der Messblende herrührt. Denn bei Vergrößerung von p_M steigt p_{S2} wegen der vorhandenen Messblende stärker als p_{S1} an. Die über die Steuerleitungen 1,2 auf die Enden des Regelkolbens (Kolbenquerschnitt A_K) wirkenden statischen Drücke p_{S1}, p_{S2} erzeugen so eine kleinere nach rechts gerichtete hydraulische Kraft, die nur dann mit der wegabhängigen Federkraft erneut ins Gleichgewicht kommen kann, wenn diese den Regelkolben nach links verschiebt. Einer Verringerung des Volumenstroms $\dot{V}$ infolge stärkerer Belastung des Hydraulikmotors wird so entgegengewirkt (Wirkungsumkehr).

2.2.1.1 Statische Kennlinien

Wir wollen nun das statische Verhalten des Reglers und der Regelstrecke beschreiben. Entsprechend der Definition für die Teilsysteme Regler und Strecke nach Bild 8 sind die folgenden Darstellungen gesucht

$$\text{Regler} \quad y = y\,(x) \tag{2.13}$$

$$\text{Strecke} \quad x = x\,(y,\,z) \tag{2.14}$$

die jetzt das Erzeuger-Verbraucher-Verhalten mit dem Regler als Erzeuger und der Strecke als Verbraucher beschreiben. Wie zuvor vereinbart, sei y die Stellgröße, x die Regelgröße und z die Störung des Systems (Regelkreis). Dabei erinnern wir uns, dass es nicht auf die jeweilige physikalische Gestalt der entsprechenden Größen, sondern allein auf deren Informationsgehalt ankommt (Abs. 1.1). So kann die eigentliche Regelgröße $\dot{V}$ auch unmittelbar durch die an der Messblende abgenommene Druckdifferenz Δp_W (Wirkdruck) beschrieben werden, da diese die gleiche Information beinhaltet: $\Delta p_W = \Delta p_W(\dot{V})$. Identifizieren wir Δp_W mit x, zeigt sich, dass der gesuchte Zusammenhang (2.13) für den Regler nichts anderes ist als das Kräftegleichgewicht am Regelkolben (Bild 19).

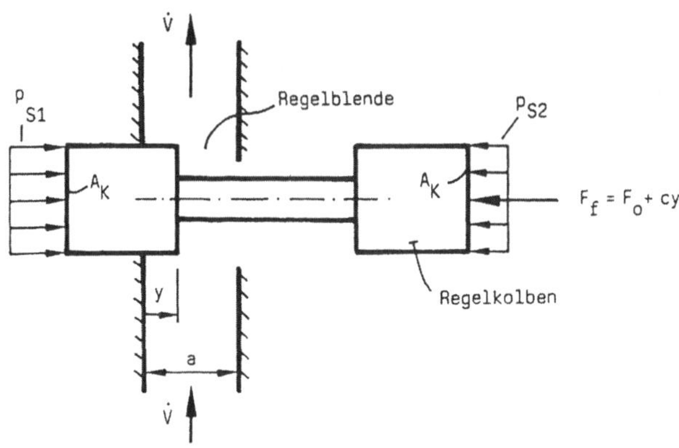

Bild 19 Kräftegleichgewicht am Regelkolben

Mit dieser Vorstellung folgt aus der Bilanz aller Kräfte in y-Richtung

$$\sum F_y = 0 = (p_{S1} - p_{S2}) A_K - (F_0 + cy) \tag{2.15}$$

sofort

$$x = \Delta p_W = p_{S1} - p_{S2} = \frac{F_0}{A_K} + \frac{c}{A_K} y \tag{2.16}$$

oder

$$y = -\frac{F_0}{c} + \frac{A_K}{c} x \tag{2.17}$$

wobei für die Feder mit der Federkonstanten c eine Vorspannkraft $F_0 = F_f(0)$ und lineares Verhalten $F \sim y$ unterstellt wurde (Bild 20).

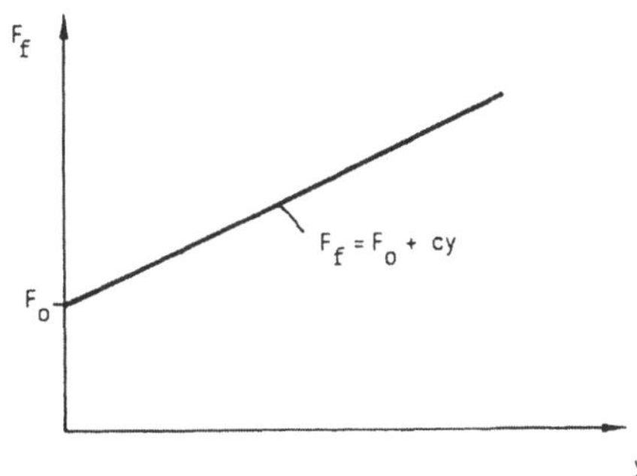

Bild 20 Zur Federkraft F_f

Der gefundene Zusammenhang y = y(x) nach (2.17) ist die statische Kennlinie
des Reglers. Prägen wir dem Regler die Regelgröße x (Eingangsgröße, unabhängige Variable) auf, stellt sich stationär die zugehörige Stellgröße y (Ausgangsgröße, abhängige Variable) ein. Die inverse Darstellung x = x(y) nach (2.16) ist
zum späteren Gebrauch in Bild 21 dargestellt. Dabei wurde beachtet, dass die
Regelgröße x nur von solchen Werten der Stellgröße y abhängig sein kann, die

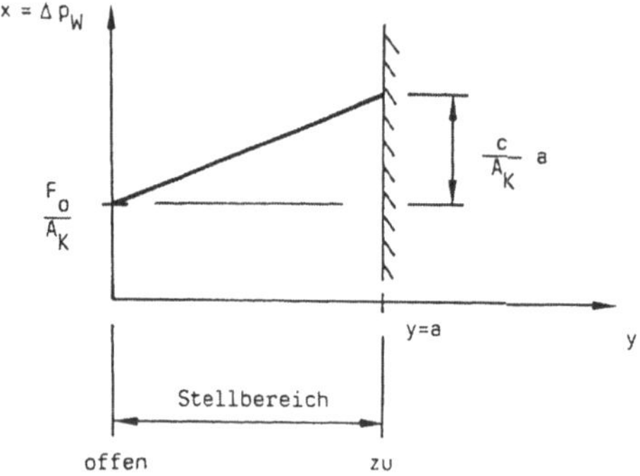

Bild 21 Statische Kennlinie des Reglers

innerhalb des Stellbereichs der Regelblende liegen: $0 \leq y \leq a$. Im Grenzfall x = 0
ist die Regelblende ganz offen und im Grenzfall y = a ganz geschlossen (Bild
19). Für die Regelstrecke, die man sich modellhaft als Rohrleitung mit einer fest
eingestellten Messblende und einer variablen Regelblende vorstellen kann (Bild
22)

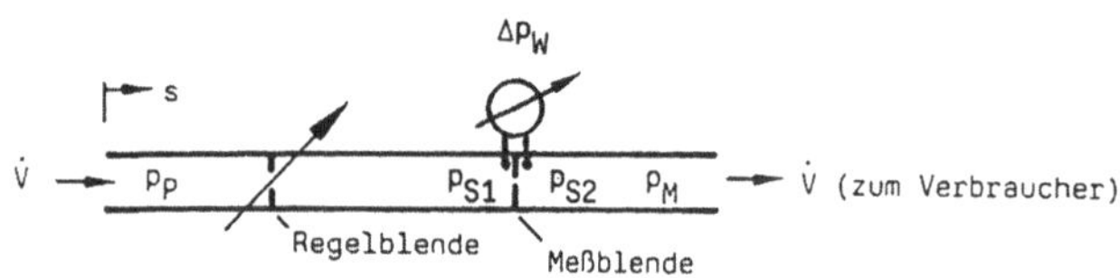

Bild 22 Regelstrecke

lässt sich die Kennlinienschar x = x(y,z) nach Bild 23 ermitteln.

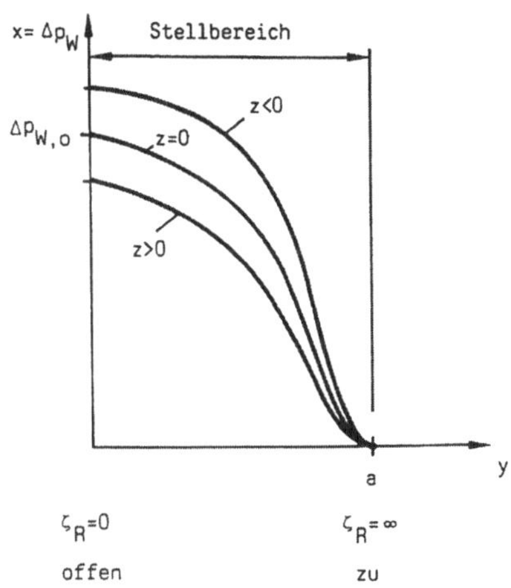

Bild 23 Statische Kennlinienschar der Regelstrecke

Dabei sind die Störungen die Abweichungen $z = \Delta p_{S2} = p_{S2} - p_{S2,o}$ die durch unterschiedliche Belastungen des Hydraulikmotors (Verbraucher) aufgeprägt werden. Der Nenn- oder Sollbetrieb wird durch $p_{S2} = p_{S2,o}$ mit $z = 0$ beschrieben.

Im Grenzfall der ganz geschlossenen Regelblende (Regelkolben an Ort $y = a$) ergibt sich unabhängig von jeder Störung z wegen des verschwindenden Durchflusses der Fixpunkt mit dem Wert $x(a,z) = 0$. Dagegen ist die Regelgröße im anderen Grenzfall mit ganz offener Regelblende (Regelkolben an Ort $y = 0$) von der jeweiligen Störung z abhängig. Bei Nennbelastung des Hydraulikmotors mit $z = 0$ erhält man $x(0,0) = \Delta p_{W,o} = p_P - p_{S2,o}$. Dabei gilt $p_{S1} = p_P$, da die ganz offene Regelblende keinen Druckverlust verursacht. Für Belastungen des Hydraulikmotors $z > 0$ bzw. $z < 0$ ergeben sich zugehörige Werte der Regelgröße $x(0, z > 0) < x(0,0)$ bzw. $x(0, z < 0) > x(0,0)$. Diese Überlegungen gelten auch für alle anderen Kolbenstellungen. Damit ist auch die experimentelle Vorgehensweise zur Bestimmung der Kennlinienschar geklärt. Für jeweils eine feste Stellung des Regelkolbens sind bei unterschiedlichen Belastungen des Hydraulikmotors die Wirkdruckdifferenzen $x = \Delta p_W$ abzulesen, die sich an der Messblende einstellen, die zugleich ein Maß für den Durchfluss als auch für die Drehzahl des Hydraulikmotors sind.

2.2.1.2 Gleichgewicht, Arbeits- und Regelpunkt

Ein stationärer Gleichgewichtszustand wird im Schnittpunkt der Kennlinie des Reglers mit der jeweiligen Kennlinie der Strecke bei festgehaltener Störung des Systems angenommen. Regler und Regelstrecke sind selbst ein Erzeuger-Verbraucher-System. Da für unterschiedliche Störungen z = const auch unterschiedliche Kennlinien der Strecke (Kennlinienschar) gültig sind, erhalten wir nicht nur einen Betriebspunkt, sondern störungsabhängig eine ganze Anzahl solcher stationärer Betriebspunkte. Wir machen diese sichtbar durch die gemeinschaftliche Darstellung sowohl der Kennlinie des Reglers als auch der Kennlinienschar der Strecke im (x, y)-Betriebspunkt-Diagramm (Bild 24).

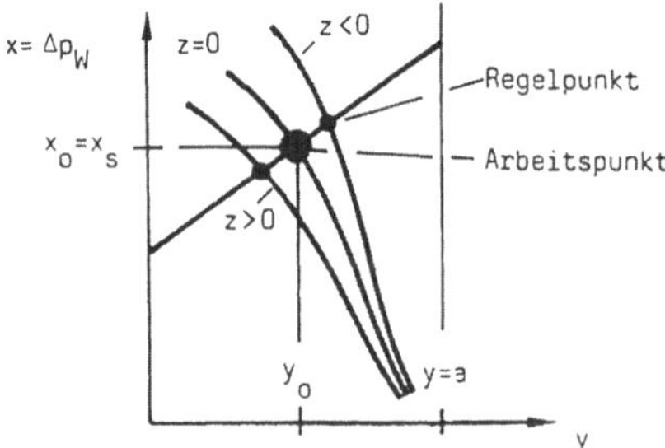

Bild 24 Betriebspunkt-Diagramm des Stromregelventils

Der besonders ausgezeichnete Betriebspunkt ($x_o = x_S$, y_o), der sich im ungestörten Zustand des Systems (Störung z = 0) einstellt, heißt Arbeitspunkt. Das Ziel x = $x_o = x_S$ (Sollwert) kann für Störungen $z \neq 0$ offensichtlich mit dem untersuchten einfachen Stromregelventil nicht erreicht werden. Für Störungen $z \neq 0$ erhält man Betriebspunkte, die sich nicht mit dem Arbeitspunkt decken. Diese Betriebspunkte, die sich bei Abweichung der Belastung des Hydraulikmotors von der Nenn- oder Sollbelastung ergeben, nennen wir Regelpunkte. Die Abweichung $\Delta x = x - x_o$ (Regelabweichung) der Regelgröße x vom Sollwert $x_o = x_S$ kann durch Verändern der Steigung der Regler-Kennlinie beeinflusst werden (Bild 25).

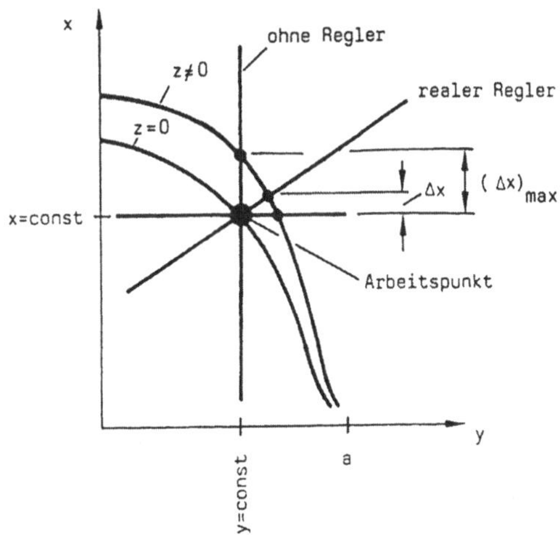

Bild 25 Zum Einfluss der Kennlinie des Reglers auf den sich einstellenden Regelpunkt

Δx verschwindet formal im Grenzfall $x = x_o$ = const (Regler mit horizontaler Kennlinie: $\Delta x \rightarrow 0$) und im anderen Grenzfall y = const (Regler mit vertikaler Kennlinie: $\Delta x \rightarrow \Delta x_{max}$) ergibt sich die maximal mögliche Abweichung Δx_{max}, die sich auch ganz ohne Reglerwirkung (Regelkolben festgehalten) allein aufgrund der Eigenschaft der Strecke ergeben hätte. Das reale Verhalten des Systems mit Regler liegt zwischen diesen beiden Extremsituationen. Die Wirksamkeit des Reglers zeigt sich im Vergleich zwischen der tatsächlich vorliegenden Abweichung Δx und der maximal möglichen Abweichung Δx_{max} (Bild 26).

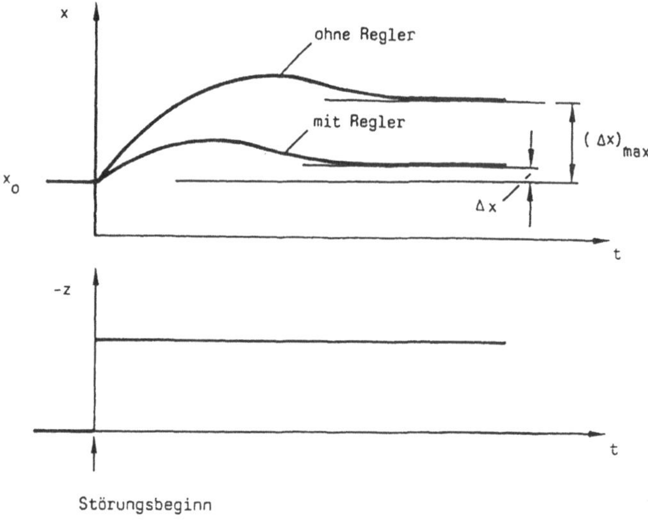

Bild 26   Zum statischen oder asymptotischen Verhalten mit und ohne Regler bei Selbstregelungseigenschaft der Strecke

Wenn auch die Vorschrift $x = x_0 = x_S$ der Festwertregelung vom hier exemplarisch betrachteten Stromregelventil nicht vollständig erfüllt wird, werden bei hinreichend flacher Kennlinie $x = x(y)$ Regelabweichungen Δx erreicht, die wesentlich kleiner als die maximalen Abweichungen Δx_{max} ausfallen, die sich ohne Regelventil ergeben hätten. Bild 26 zeigt einen möglichen zeitlichen Verlauf des Regelvorgangs bei einer konstant aufgeschalteten Störung. Im Rahmen der bisher rein statischen Überlegungen können wir hierüber zwar noch keine Aussagen machen, doch liefern unsere Überlegungen das richtige asymptotische Verhalten, gegen das die Regelgröße x für große Zeiten t läuft:

$$\lim_{t \to \infty} x = x_0 + \Delta x \tag{2.18}$$

Bleibt zu bemerken, dass der Grenzfall der horizontalen Reglerkennlinie $x(y) = x_0 =$ const technisch nicht realisiert werden kann. Die Regelabweichung Δx infolge einer aufgeprägten Störung z kann vom Stromregelventil nicht vollständig zum Verschwinden gebracht werden.

2.3 Einfache Regelkreise

Die am Beispiel „Stromregelventil" gewonnenen Erkenntnisse sind prinzipiell auch für alle anderen Regelkreise[3] gültig, wenn wir uns, wie bisher, auf Regelstrecken beschränken, die Selbstregelungseigenschaft besitzen (ohne Regler $\rightarrow$ $\Delta x_{max} < \infty$). Unter dieser Einschränkung, die erst später fallen gelassen wird, wollen wir hier die „speziellen Ergebnisse" noch einmal allgemein zusammenstellen und dann mathematisch soweit vereinfachen bzw. vereinheitlichen, dass sich beliebige Probleme aus dieser Klasse von Regelkreisen universell und gerade deshalb einfach beschreiben lassen. Die Vereinfachungen werden in zwei Schritten durchgeführt. Im 1. Schritt führen wir anstelle der absoluten Beschreibung jetzt eine relative Beschreibung durch die Betrachtung der Abweichungen um den Arbeitspunkt ein. Da zulässige Störungen stets nur Abweichungen verursachen, die klein gegen die absoluten Größen im Arbeitspunkt sind (Katastrophen sind ausgeschlossen!), genügt dabei die Betrachtung einer hinreichend kleinen Umgebung des Arbeitspunktes, um den es zu regeln gilt. Dies gestattet als 2. vereinfachende Maßnahme schließlich zusätzlich die Linearisierung der Kennlinien von Strecke und Regler.

2.3.1 Beschreibung um den Arbeitspunkt

Bei nicht vorhandener Störung $z = 0$ befindet sich das System (Regelkreis) im Nenn- oder Sollzustand, der durch den Arbeitspunkt ($x = x_o = x_S$, $y = y_o$) gekennzeichnet ist (Bild 27). Regelpunkte, die sich nicht mit dem Arbeitspunkt decken, werden nur bei vorhandenen Störungen $z \neq 0$ angenommen. Die Abweichung zwischen diesen Regelpunkten und dem Arbeitspunkt wird durch die Differenzen (Bild 27)

$$\Delta x = x - x_o,$$

$$\Delta y = y - y_o \tag{2.19}$$

---

[3] Konkret denken wir an alle einfachen Regelkreise (Bild 8), die einmaschig ausgeführt sind. In solchen Systemen existiert nur eine einzige Rückführung, und entsprechend wird nur eine einzige Größe des Systems (Eingrößenregelung) geregelt.

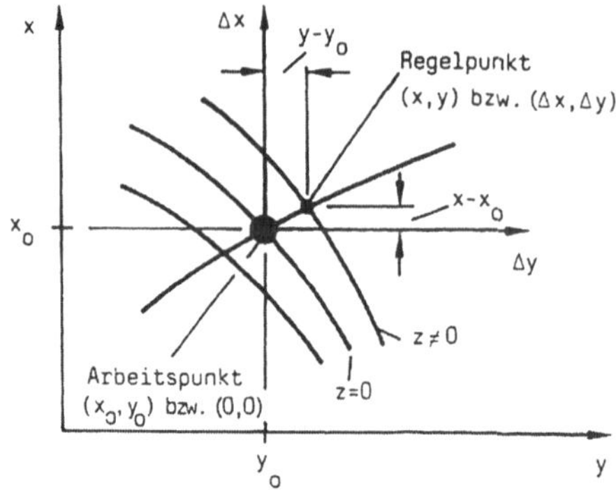

Bild 27 Zur Verschiebungstransformation in den Arbeitspunkt

beschrieben. Da primär nur die Abweichungen des Systems vom Arbeitspunkt interessieren, stellen wir das Betriebspunkt-Diagramm jetzt in den neuen Koordinaten (2.19) dar. Mathematisch bedeutet dies, dass der alte Koordinatenursprung $(x = 0, y = 0)$ in den neuen Ursprung mit $(\Delta x = 0, \Delta y = 0)$ verschoben wird. Für die neuen Koordinaten setzen wir dann einfachheitshalber wieder $x: = \Delta x$, $y: = \Delta y$ und vereinbaren, dass künftig unter x immer die <u>Abweichung der Regelgröße</u> und unter y immer die <u>Abweichung der Stellgröße</u> vom Arbeitspunkt zu verstehen ist. In diesen so definierten neuen Koordinaten x, y zeichnet sich der Arbeitspunkt (Bild 28) durch die besonders einfache Darstellung $(x, y, z) = (0,0,0)$ aus.

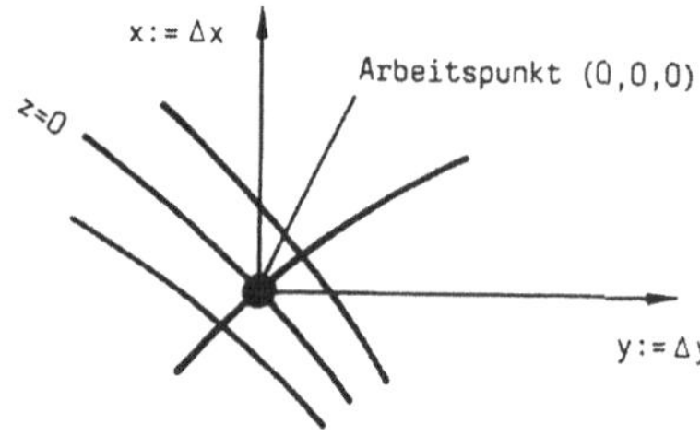

Bild 28 Betriebspunkt-Diagramm mit Arbeitspunkt als Koordinatenursprung

Dies hat auch Konsequenzen für die Darstellung des Regelkreises nach Bild 9. Da jetzt definitionsgemäß nach (2.19) für den Sollwert $x_S = 0$ gilt, erübrigt sich die Darstellung des Sollwertvergleichers in Bild 9. Legen wir noch vereinfachend die Vorzeichenumkehr hinter den Regler, ergibt sich das Blockschaltbild 29. Wenn sich das System im Arbeitspunkt befindet, gibt es keine Abweichungen.

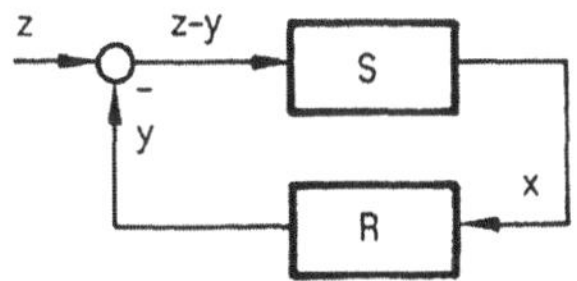

Bild 29 Blockschaltbild zur Beschreibung der Abweichungen x, y, z vom Arbeitspunkt (x = 0, y = 0, z = 0)

Im gesamten System haben alle Größen den Wert null. Dieser homogene Grundzustand wird nur dann gestört, wenn eine Störung $z \neq 0$ aufgeschaltet wird.

2.3.2 Linearisierung der Kennlinien

Ein Regler wird seiner Aufgabe nur dann gerecht, wenn etwa bei einer Festwertregelung die Vorschrift $x = x_S = 0$ möglichst gut erfüllt wird. Die zugelassenen Regelpunkte dürfen also nur in einer hinreichend kleinen Umgebung (Regelfenster, Bild 30) um den Arbeitspunkt liegen. Wegen dieser eingeschränkten Nach-

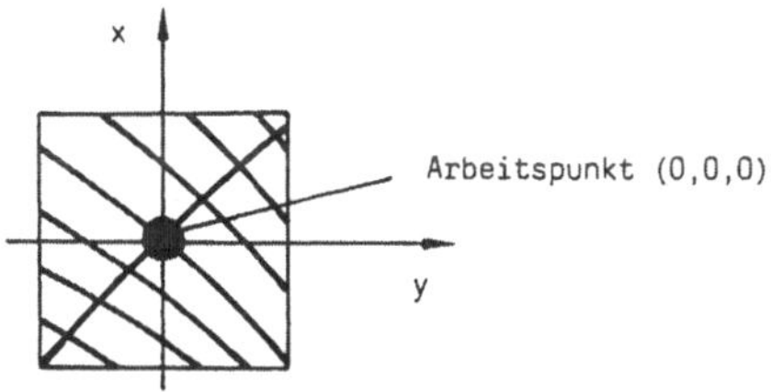

Bild 30 Statische Kennlinien im Regelfenster um den Arbeitspunkt

barschaft aller zugelassenen Regelpunkte zum Arbeitspunkt benötigen wir nicht die komplette Information über die statischen Kennlinien. Es genügt allein diejenige Information, die gerade noch die Beschreibung der unmittelbaren Umgebung des Arbeitspunktes gestattet. Diese auf das Wesentliche reduzierte Beschreibung beschaffen wir uns durch Linearisieren der Kennlinien. Zu diesem

Zweck stellen wir die Kennlinien in Form von Taylor-Entwicklungen dar, die wir nach dem linearen Glied abbrechen. Entwickelt wird um den Arbeitspunkt.

Für die statische Kennlinie des Reglers in der allgemeinen Form y = y(x) gilt die Taylor-Entwicklung

$$y(x) \; = y(0) + \frac{dy}{dx}(0) \; x + \dots \tag{2.20}$$

mit der Entwicklungsstelle x = 0. Entsprechend der Definition des Arbeitspunktes gilt y(0) = 0. Die Konstante dy/dx(0) ist eine Gerätekonstante, die das Ausgangssignal y des Reglers gegenüber dessen Eingangssignal x je nach Größe der Konstanten mehr oder weniger verstärkt. Wir nennen diese Gerätekonstante deshalb die Verstärkung V_R des Reglers. Somit lässt sich die linerarisierte Kennlinie des Reglers in der Form

$$y = V_R \; x \tag{2.21}$$

schreiben. Aufgrund der Proportionalität zwischen der Regelgröße x und der Stellgröße y bezeichnen wir Regler dieser Machart als Proportional-Regler (P-Regler). Geometrisch ist die Verstärkung V_R ein Maß für die Steigung der Reglerkennlinie.

In ganz entsprechender Weise linearisieren wir die Kennlinienschar der Regelstrecke. Dabei ist jedoch zu beachten, dass die jetzt zu entwickelnde Funktion x = x(y,z) nicht nur von der Stellgröße y, sondern auch noch von der jeweils aufgeprägten Störung z abhängt. Zunächst denken wir uns aber z festgehalten. Dann liegt die gleiche Situation vor (nur eine unabhängige Variable) wie im Fall der Regler-Kennlinie, und wir können sofort die Taylor-Entwicklung um die Entwicklungsstelle y = 0

$$x \; (y,z = \text{const}) = x \; (0,z) + \frac{\partial x}{\partial y}(0,z) \; y + \dots \tag{2.22}$$

anschreiben. Die partielle Schreibweise für die Ableitung wird hier vorsorglich benutzt, da wir uns im nächsten Schritt z wieder variabel denken. Wir linearisieren jetzt auch bezüglich der Störung z und entwickeln zu diesem Zweck die von der Variablen z abhängigen Funktionen x (0,z), $\partial x / \partial y$ (0,z) in (2.22) um z = 0:

$$x \; (0,z) \; = x \; (0,0) + \frac{\partial x}{\partial z}(0,0) \; z + \dots \tag{2.23}$$

$$\frac{\partial x}{\partial y}(0,z) = \frac{\partial x}{\partial y}(0,0) \; + \dots \tag{2.24}$$

Durch Einsetzen von (2.23), (2.24) in (2.22) ergibt sich:

$$x(y,z) = x(0,0) + \frac{\partial x}{\partial z}(0,0)\, z + \frac{\partial x}{\partial y}(0,0)\, y + \ldots \qquad (2.25)$$

Wir sehen sofort ein, dass von der Entwicklung (2.24) in der Tat nur das absolute Glied benötigt wird, denn das nächsthöhere würde beim Einsetzen in (2.22) bereits ein quadratisch kleines Glied $\sim yz$ liefern, das im Rahmen einer konsequenten Linearisierung um den Arbeitspunkt weggelassen werden muss. Entsprechend der Definition des Arbeitspunktes gilt $x(0,0) = 0$. Für die beiden Konstanten $\partial x/\partial z\,(0,0)$, $\partial x/\partial y\,(0,0)$, die wieder Gerätekonstanten sind, schreiben wir V_S, V_Z. Die linerarisierte Kennlinienschar der Regelstrecke schreibt sich dann in der Form:

$$x = V_S\, y + V_Z\, z \qquad (2.26)$$

V_S ist, ganz analog zum Regler, die Verstärkung der Strecke, und V_Z geben wir den Namen Störverstärkung. Die geometrische Bedeutung dieser beiden Gerätekonstanten machen wir uns mit Hilfe des Bildes 31 klar. Bei Störungsfreiheit ($z = 0$) reduziert sich (2.26) auf $x = V_S\, y$. Offensichtlich ist V_S geometrisch die Steigung der Kennlinie der Strecke im störungsfreien Fall, die im Rahmen der durchgeführten Linearisierung aber auch die Steigung aller Nachbar-Kennlinien mit konstant aufgeprägten Störungen $z \neq 0$ ist. Das Kennlinienfeld wird somit durch Parallelverschiebung der Kennlinie ohne Störung ($z = 0$) erzeugt. Der Betrag der Parallelverschiebung wird durch das Produkt aus Störverstärkung V_Z und der Größe der aufgeprägten Störung $z \neq 0$ bestimmt.

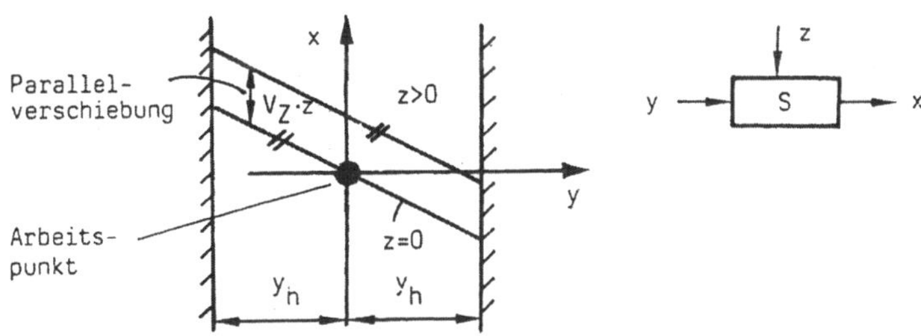

Bild 31 Zur Interpretation der linerarisierten Kennlinienschar der Strecke

2.3.3 Bleibende Regelabweichung

Wie bereits schon diskutiert, ist ein einfacher P-Regler (Stromventil gehört zur Klasse der P-Regler) nicht in der Lage, die Vorschrift x = 0 trotz Störungen z ≠ 0 zu erfüllen. Bei aufgeschalteter Störung stellt sich asymptotisch über der Zeit eine bleibende Regelabweichung x = x_W ein. Das System (Regelkreis) befindet sich dann im statischen Gleichgewichtszustand, der im (x,y)-Betriebspunkt-Diagramm (Bild 32) durch den Regelpunkt (x_W, y_W) dargestellt wird.

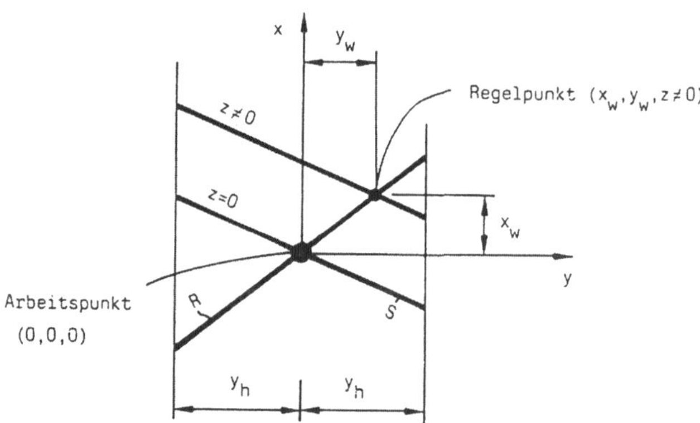

Bild 32 Darstellung der bleibenden Regelabweichung x_W im (x,y)-Betriebspunkt Diagramm

Der Regelpunkt (x_W, y_W) ist der Schnittpunkt der Kennlinie des Reglers mit der Kennlinie der Strecke für eine fest aufgeschaltete Störung z ≠ 0, wobei die statischen Kennlinien wegen der vorgenommenen Linearisierung durch die beiden Geradengleichungen (2.21), (2.26) dargestellt

$$\text{Regler} \quad y = V_R\, x \tag{2.27}$$

$$\text{Strecke} \quad x = V_S\, y + V_Z\, z \tag{2.28}$$

werden. Im Regelpunkt stimmen Regel- und Stellgröße überein (Schnittbedingung), so dass sich etwa durch Gleichsetzen der Stellgröße aus (2.27), (2.28) sofort die Regelabweichung

$$x_W = \frac{V_Z}{1 - V_R\, V_S}\, z \tag{2.29}$$

und durch Einsetzen dieses Ergebnisses in (2.27) auch noch die zugehörige Stellgröße

$$y_W = V_R\, x_W = \frac{V_Z\, V_R}{1 - V_R\, V_S}\; z \qquad (2.30)$$

berechnen lässt. Beachtet man, dass mit $V_R > 0$, $V_S < 0$ stets $V_R\, V_S < 0$ gilt, ist der Nenner von (2.29) bzw. (2.30) stets positiv. Bei fest vorgegebener Strecke (V_S, V_Z: fest) kann die bleibende Regelabweichung x_W allein durch Vergrößerung der Verstärkung des Reglers reduziert werden. Ansonsten fällt die bleibende Regelabweichung umso größer aus, je größer die Störung z selbst ist. Es gilt $x_W \sim z$. Individuelle Systeme aus der betrachteten Klasse von Regelkreisen (Strecken mit Selbstregelungseigenschaft, Proportional-Regler) unterscheiden sich allein durch entsprechende Datensätze für die charakteristischen Gerätekonstanten V_R, V_S, V_Z. Bleibt noch zu bemerken, dass im allgemeinen die am Regler mögliche Einstellung der Verstärkung zur Verkleinerung der Regelabweichung nicht beliebig groß gewählt werden kann, da sonst der Regelkreis instabil wird. Im Rahmen der Stabilitätsuntersuchungen werden wir dieses Phänomen noch eingehend behandeln.

3 Zeitverhalten

Es wird nun das zeitliche Verhalten der Regelkreisglieder (Regelstrecken, Regler) untersucht. Zu diesem Zweck denken wir uns theoretisch oder experimentell Störungen auf diese Systeme aufgeschaltet. Verwendet man immer das gleiche Störsignal, erzeugen die verschiedensten zu untersuchenden Systeme wohl zugeordnete Ausgangssignale (Antworten), die systembedingte Eigenschaften offenbaren und somit eine Klassifizierung (Ordnung) dieser Systeme gestatten. Wir wählen als Teststörung eine zeitlich sprunghafte Veränderung (Bild 33). Diese technisch etwa mit einem Schalter leicht erzeugbare Teststörung $x_e = z(t)$ lässt

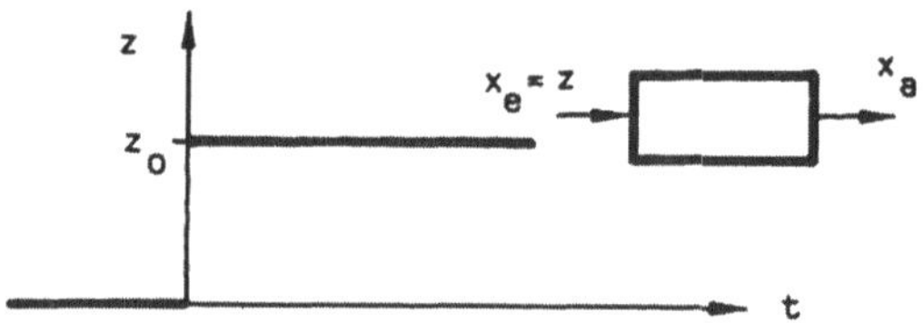

Bild 33 Zur Zeit t = 0 aufgeschaltete Teststörung $z(t) = \begin{cases} 0 \\ z_o \end{cases}$ für $\begin{matrix} t < 0 \\ t \geq 0 \end{matrix}$

in den meisten Anwendungsfällen eine mathematisch einfache Behandlung zu und ist andererseits für einen Regler gleichzeitig der extremste Störfall. Die Reaktion oder Antwort $x_a(t)$ eines Systems auf solch einen Eingangssprung von $z(t < 0) = 0$ auf $z(t \geq 0) = z_o$ nennen wir Sprungantwort. Insbesondere aufgrund des asymptotischen Verhaltens $x_{a,\infty} = x_a(t \to \infty)$ können alle Systeme in zwei Grundklassen eingeordnet werden. Entweder bleibt die Sprungantwort (Bild 34) für große Zeiten $t \to \infty$ beschränkt (Fall I: $x_{a,\infty} < \infty$) oder sie wächst über alle

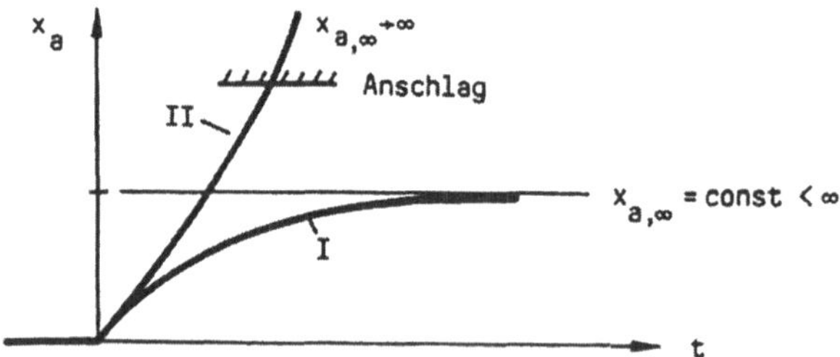

Bild 34 Beschränktes und unbeschränktes Anwachsen der Sprungantwort mit der Zeit

Grenzen an (Fall II: $x_{a,\infty} \to \infty$). Im Fall I läuft die Sprungantwort asymptotisch gegen einen konstanten nach oben begrenzten Wert. Systeme mit diesem Verhalten haben wir bereits in Abs. 2 kennengelernt und das vorliegende Verhalten mit dem Merkmal „Selbstregelungseigenschaft" gekennzeichnet. Wir sprechen hier auch von <u>Systemen mit Ausgleich</u>. Bei fehlendem Ausgleich dagegen wächst die Antwort $x_a(t)$ mit wachsender Zeit t ungehemmt an. In diesem Fall II haben wir es mit Systemen ohne Selbstregelungseigenschaft zu tun, die auch als <u>Systeme ohne Ausgleich</u> bezeichnet werden. Gerätetechnisch gibt es natürlich immer einen Anschlag. Dies ist aber keine systemspezifische Begrenzung, denn beim Wegrücken des Anschlags läuft die Reaktion eines Systems ohne Ausgleich einfach weiter.

3.1 Regelstrecken

Im folgenden werden zunächst ausschließlich Regelstrecken betrachtet. Deshalb ist das Eingangssignal die Stellgröße y und das Ausgangssignal die Regelgröße x. Prägen wir solch einem System etwa zur Zeit t = 0 am Eingang die sprunghafte Teststörung $y(t) = y_0\, \sigma(t)$ mit dem Einheitssprung

$$\sigma(t) = \begin{cases} 0 \\ 1 \end{cases} \text{für} \begin{array}{l} t<0 \\ t\geq 0 \end{array} \tag{3.1}$$

auf, erhalten wir am Ausgang die zugehörige Sprungantwort x(t), aus deren Bild sofort auf die Art des getesteten Systems (Regelstrecke) geschlossen werden kann. Wir beschränken uns hier auf lineare Systeme mit konzentrierten und zeitlich unveränderlichen Parametern (Bild 35)

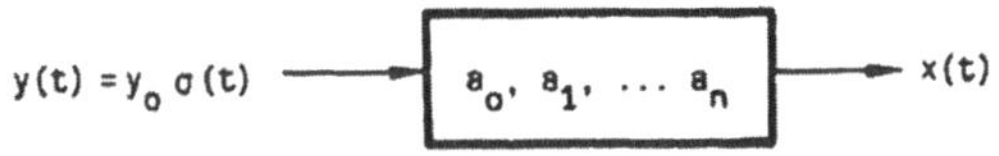

$y(t) = y_0\, \sigma(t)$ ⟶ [$a_0,\ a_1,\ \dots\ a_n$] ⟶ $x(t)$

Bild 35 Regelstrecke mit Parametern a_i = const und aufgeschalteter Sprungfunktion $y_0\, \sigma(t)$

deren Verhalten durch lineare gewöhnliche Differentialgleichungen (Dgln.) der Form [1]

---

[1] Für allgemeinere Systeme mit verteilten Parametern werden zur Beschreibung partielle Dgln. benötigt, da die gesuchten Lösungsfunktionen sowohl orts- als auch zeitabhängig

$$\sum_{i=0}^{n} a_i x^{(i)} = a_n x^{(n)} + \ldots + a_2 \ddot{x} + a_1 \dot{x} + a_o x = y = y_o \, \sigma(t) \qquad (3.2)$$

mit konstanten Koeffizienten a_i beschrieben werden kann. Für diese Klasse von Dgln. gibt es eine allgemeine Lösungstheorie, die wir hier zur späteren Anwendung bereitstellen wollen.

Da die Dgl. (3.2) linear ist, gilt das Superpositions- oder Überlagerungsprinzip. Die allgemeine Lösung lässt sich additiv aus Teillösungen aufbauen. Wir betrachten zunächst die zu (3.2) zugehörige homogene Dgl. (3.3), die sich aus der inhomogenen Dgl. (3.2) ergibt, wenn wir für die Störfunktion (rechte Seite der inhomogenen Dgl.) $y = 0$ setzen:

$$a_n x^{(n)} + \ldots + a_2 \ddot{x} + a_1 \dot{x} + a_o x = 0 \qquad (3.3)$$

Ist x_1 eine Teillösung von (3.3), so ist auch $C_1 x_1$ eine Lösung von (3.3). Dabei ist C_1 irgend eine beliebige Konstante, die sich beim Einsetzen in (3.3) ausklammern und damit herausdividieren lässt. Kennt man n linear unabhängige Teillösungen $x_1, x_2, \ldots, x_n$ [2] (Fundamentalsystem) der homogenen Dgl., ist die Linearkombination (Superposition)

$$x_{hom} = C_1 x_1 + C_2 x_2 + \ldots + C_n x_n \qquad (3.4)$$

die allgemeine Lösung von (3.3). Die allgemeine Lösung besitzt entsprechend der Ordnung n der Dgl. n freie Konstanten, die aus physikalischen Bedingungen (Anfangsbedingungen $\rightarrow$ Anpassen der allgemeinen Lösung an das spezielle Problem) zu bestimmen sind. Konkret erhält man die Teillösungen $x_1, x_2, \ldots, x_n$ von (3.4) durch den wirksamen Ansatz

$$x = e^{\lambda t} \rightarrow \dot{x} = \lambda \, e^{\lambda t} = \lambda x, \; \ddot{x} = \lambda^2 e^{\lambda t} = \lambda^2 x, \ldots, x^{(n)} = \lambda^n e^{\lambda t} = \lambda^n x \quad (3.5)$$

der die homogene Dgl. wegen der vorausgesetzten Linerarität stets algebraisiert. Durch Einsetzen von (3.5) in (3.3) erhält man

$$(a_n \lambda^n + \ldots + a_2 \lambda^2 + a_1 \lambda + 1) \, x = 0 \qquad (3.6)$$

so dass für nichttriviale Lösungen $x \neq 0$ anstelle der Dgl. (3.3) <u>die charakteristische Gleichung</u> (3.7) in Form eines Polynoms n-ten Grades für die λ-Werte des Exponentialansatzes (3.5) zu lösen ist:

---

sind. Im hier allein betrachteten Sonderfall von Systemen mit konzentrierten Parametern entfällt die Ortsabhängigkeit. Die gesuchten Lösungsfunktionen sind allein Zeitfunktionen, so dass zur Beschreibung solcher Systeme gewöhnliche Dgln. genügen.

[2] Die Teillösungen x_i sind genau dann linear unabhängig und bilden ein Fundamentalsystem, wenn die zugehörige Wronskische Determinante von Null verschieden ist.

$$P_n(\lambda) = a_n \lambda^n + \dots + a_2 \lambda^2 + a_1 \lambda + 1 = 0 \tag{3.7}$$

$$\rightarrow \quad \lambda_i = \{\lambda_1, \lambda_2, \dots, \lambda_n\}$$

Sind die Lösungen oder Wurzeln λ_i von (3.7) alle voneinander verschieden, lässt sich mit den n linear unabhängigen Teillösungen $x_i = e^{\lambda_i t}$, i = {1, 2, ..., n} schließlich die allgemeine Lösung der homogenen Dgl. (3.3) als Linearkombination

$$x_{\text{hom}}(t) = C_1 e^{\lambda_1 t} + C_2 e^{\lambda_2 t} + \dots + C_n e^{\lambda_n t} \tag{3.8}$$

aufbauen. Die letztlich interessierende Lösung der nicht verkürzten Dgl. (3.2) mit der Störfunktion y(t) erhalten wir durch additives Hinzufügen irgend eines beliebigen Partikularintegrals y_p dieser inhomogenen Gleichung:

$$x(t) = x_{\text{hom}}(t) + x_p(t) \tag{3.9}$$

Um dies zu verstehen, denken wir uns die gesuchte Lösung x und irgendein beliebiges Partikularintegral x_p der inhomogenen Dgl. (3.2) gegeben. Durch Einsetzen von x, x_p in (3.2) erhält man zunächst

$$a_n x^{(n)} + \dots + a_2 \ddot{x} + a_1 \dot{x} + x = y \tag{3.10}$$

$$a_n x_p^{(n)} + \dots + a_2 \ddot{x}_p + a_1 \dot{x}_p + x_p = y \tag{3.11}$$

und durch Subtraktion dieser beiden Gleichungen (3.10), (3.11) schließlich:

$$a_n(x^{(n)} - x_p^{(n)}) + \dots + a_2(\ddot{x} - \ddot{x}_p) + a_1(\dot{x} - \dot{x}_p) + (x - x_p) = 0 \tag{3.12}$$

Die so entstandene Gl. (3.12) ist aber die homogene Dgl. (3.3) mit der Linearkombination (3.8)

$$x_{\text{hom}} = x - x_p \tag{3.13}$$

als allgemeine Lösung, womit die Darstellung (3.9) bestätigt wird. Die Ermittlung der allgemeinen Lösung der inhomogenen Dgl. (3.2) reduziert sich somit auf die Berechnung der allgemeinen Lösung der zugehörigen homogenen Dgl. (3.3) und der zusätzlichen Beschaffung eines beliebigen Partikularintegrals der inhomogenen Gleichung. Prinzipiell lässt sich dieses partikulare Integral immer mit der Methode der Variation der Konstanten finden, doch ist es meist einfacher, einen Ansatz von der Form der Störfunktion (Inhomogenität der Dgl. $\rightarrow$ rechte Seite) zu versuchen. Ein solcher Direktansatz führt immer dann zum Ziel, wenn er so allgemein angelegt ist, dass sich die freien Konstanten in der Ansatzfunktion beim Einsetzen in die inhomogene Dgl. durch Koeffizientenvergleich bestimmen lassen. Dabei haben wir vorausgesetzt, dass kein „Resonanzfall" vorliegt, die Störfunktion nicht zufälligerweise ein Partikularintegral der zugehörigen

homogenen Dgl. ist. In solchen Fällen führen spezielle Resonanzansätze zum
Ziel, die ebenso wie verallgemeinerte Fundamentalsysteme zum Aufbau allgemeiner Lösungen der zugehörigen homogenen Dgl. beim Auftreten mehrfacher
Nullstellen des charakteristischen Polynoms $P_n(\lambda)$ in einschlägigen Lehrbüchern
über gewöhnliche Dgln. nachzulesen sind.

3.1.1 Regelstrecken mit Ausgleich

Alle Regelstrecken mit Ausgleich haben Selbstregelungseigenschaft, so dass
Sprungantworten für große Zeiten stets gegen einen Grenzwert

$$\lim_{t \to \infty} x(t) = x_\infty = const \tag{3.14}$$

streben. Unterschiede bestehen lediglich im zeitlichen Verlauf, der zum asymptotischen Verhalten (Gleichgewicht) hinführt.

3.1.1.1 P-Strecken ohne Verzögerung

Im einfachsten Fall wird eine Regelstrecke durch die nicht mehr weiter zu vereinfachende algebraische Gleichung

$$a_o x = y \tag{3.15}$$

dargestellt, die wir aus der alle linearen Systeme mit festen Systemparametern
beschreibenden Dgl. (3.2) durch Nullsetzen aller Koeffizienten $a_i = 0$, $i \geq 1$ erhalten. Prägen wir solch einem System einen Testsprung $y(t) = y_o \sigma(t)$ auf, erhalten wir die Sprungantwort

$$x(t) = \frac{1}{a_o} y(t) = \frac{1}{a_o} y_o \sigma(t) = x_\infty \tag{3.16}$$

die in Bild 36 dargestellt ist.

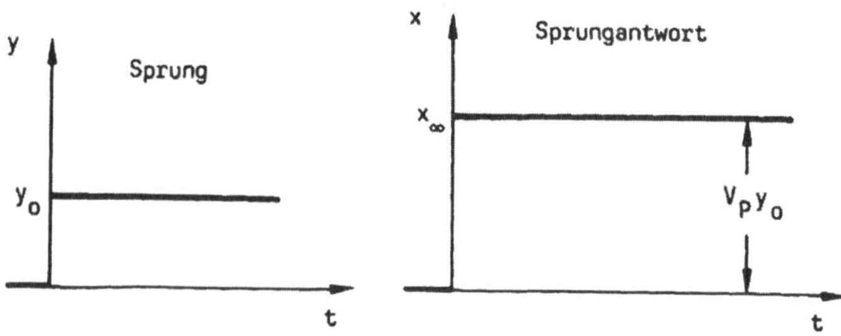

Bild 36 Sprungantwort einer P-Strecke

Die Antwort x ist proportional zum Eingangssignal y. Wir nennen deshalb eine Strecke mit einem solch proportionalen Verhalten P-Strecke. Die Sprungantwort einer P-Strecke ist die Reproduktion des Eingangssprungs. Je nach Größe des Koeffizienten a_0 kann diese verstärkt ($a_0<1$), verkleinert ($a_0>1$) oder identisch ($a_0=1$) ausfallen. Offensichtlich ist der Kehrwert des Koeffizienten a_0 die Verstärkung der Regelstrecke, die wir in Abs. 2.3.2 mit V_S bezeichnet haben. Formal ergibt sich dies aus der Gleichung für die statische Kennlinienschar (2.26), wenn wir beachten, dass die Teststörung über die Stellgröße y vorgenommen und ansonsten keine Störung ($z = 0$) aufgeprägt wird. Aus (2.26) folgt dann sofort

$$x = V_p y \tag{3.17}$$

mit $V_p=1/a_0$. Da für alle Zeiten $t \geq 0$ sofort der asymptotische oder stationäre Gleichgewichtswert x_∞ angenommen wird, kann für die Sprungantwort

$$x(t) = x_\infty = V_p y_0 \tag{3.18}$$

geschrieben werden. Die Verstärkung V_p ist der einzige Systemparameter der P-Strecke. P-Strecken unterscheiden sich somit allein durch ihre Verstärkungen.

3.1.1.2 P-Strecken mit Verzögerung 1. Ordnung

Wir verallgemeinern das soeben betrachtete P-System, indem wir jetzt zusätzlich das nächste Glied $a_1\dot{x}$ der allgemeinen Dgl. (3.2) berücksichtigen. Mit $a_i = 0$, jetzt für $i \geq 2$, haben wir es mit einer Regelstrecke zu tun, die der inhomogenen Dgl. 1. Ordnung

$$a_1\dot{x} + a_o x = y \tag{3.19}$$

gehorcht. Zur Auffindung der allgemeinen Lösung der zugehörigen homogenen Dgl.

$$a_1\dot{x} + a_o x = 0 \tag{3.20}$$

algebraisieren wird das mathematische Problem wieder durch Anwendungen des wirksamen Ansatzes:

$$x = e^{\lambda t} \rightarrow \dot{x} = \lambda x \tag{3.21}$$

Durch Einsetzen von (3.21) in (3.20) ergibt sich die charakteristische Gleichung

$$a_1 \lambda + a_o = 0 \tag{3.22}$$

mit nur einer einzigen Lösung

$$\lambda = \lambda_1 = -\frac{a_o}{a_1} \qquad (3.23)$$

da (3.22) im hier vorliegenden Fall (Dgl. 1. Ordnung) linear ausfällt. Die Lösung von (3.20) lautet somit:

$$x_{\text{hom}} = C_1\, e^{\lambda_1 t} = C_1\, e^{-(a_0/a_1)t} \qquad (3.24)$$

Um die allgemeine Lösung der inhomogenen Dgl. (3.19) angeben zu können, muss noch ein beliebiges Partikularintegral von (3.19) beschafft werden. Hierzu machen wir den Direktansatz

$$x_p = A = \text{const} \rightarrow \dot{x}_p = 0 \qquad (3.25)$$

von der Form der Störfunktion [3], die für $t \geq 0$ mit $y = y_0 = \text{const}$ ist. Durch Einsetzen von (3.25) in die inhomogene Dgl. (3.19) folgt

$$a_0 A = y_0 \qquad (3.26)$$

so dass mit $A = y_0/a_0$ sofort das Partikularintegral

$$x_p = y_0/a_0 \qquad (3.27)$$

angegeben werden kann, das zugleich der Gleichgewichtslösung x_∞ entspricht. Die allgemeine Lösung der inhomogenen Dgl. (3.19) lautet somit

$$x(t) = C_1 e^{-(a_0/a_1)t} + y_0/a_0 \qquad (3.28)$$

und muss jetzt noch an das spezielle Problem angepasst werden. Hierzu bestimmen wir die noch freie Konstante C_1 aus der Anfangsbedingung (AB) $x(0) = 0$, die besagt, dass unser System Regelstrecke zur Zeit $t = 0$ aus dem für alle Zeiten $t < 0$ (Vergangenheit) ungestörten Zustand $x = 0$ startet. Die AB liefert die Bestimmungsgleichung

$$0 = C_1 + y_0/a_0 \qquad (3.29)$$

für C_1. Mit $C_1 = -y_0/a_0$, eingesetzt in (3.28), erhalten wir schließlich die gesuchte Sprungantwort

$$x(t) = \frac{y_0}{a_o}\,(1 - e^{-(a_0/a_1)t}) \qquad (3.30)$$

die in Bild 37 dargestellt ist.

---

[3] Das Partikularintegral ist bei einem Sprungtest so einfach, dass es auch direkt erraten werden kann. Der Direktansatz wird hier allein der Allgemeinheit wegen gemacht.

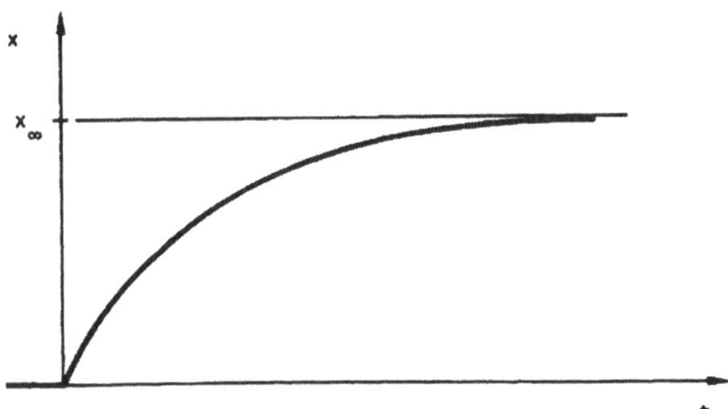

Bild 37 Sprungantwort einer PT_1-Strecke

Für große Zeiten t strebt die Antwort x gegen den asymptotischen Wert x_∞ = y_0/a_0. Dies ist genau der Wert, der auch von einer entsprechenden P-Strecke angenommen wird. Beachten wir, dass wie zuvor $1/a_0 = V_P$ gilt, kann für die Asymptote

$$x_\infty = V_p y_0 \tag{3.31}$$

geschrieben werden. Dies erkennt man auch durch Betrachtung der Ableitung der Antwort (3.30) nach der Zeit

$$\dot{x}\,(t) = \frac{dx}{dt} = \frac{y_0}{a_1}\,e^{-(a_0/a_1)t} \tag{3.32}$$

denn für $t \to \infty$ strebt $\dot{x} \to 0$. Nur für Zeiten $t < \infty$ spielt das zusätzlich in der Dgl. berücksichtigte Glied $a_1\,\dot{x}$ eine Rolle. Gegenüber reinem P-Verhalten findet eine zeitlich verzögerte Reaktion (Antwort) statt. Die betrachtete Regelstrecke hat also Verzögerungseigenschaft (T) und wird deshalb als Verzögerungsstrecke bezeichnet. Da hier eine ganz bestimmte Art der Verzögerung vorliegt, die gegenüber dem reinen P-Verhalten durch das 1. zusätzliche Glied in der allgemeinen Dgl. (3.2) beschrieben wird, bezeichnen wir diese als Verzögerung 1. Ordnung und nennen die Reaktion des System PT_1-Verhalten. Werden ganz allgemein n zusätzliche Glieder der Dgl. (3.2) berücksichtigt, spricht man entsprechend von PT_n-Verhalten:

$$a_n x^{(n)} + \dots + a_2\,\ddot{x} + a_1\,\dot{x} + a_0 x = y$$

$$\tag{3.33}$$

$$\underbrace{\qquad P \qquad}\quad \text{0. Ordnung}$$

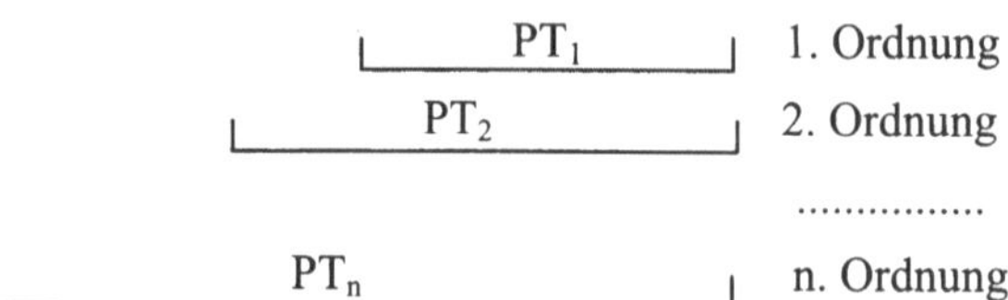

Die Intensität der Verzögerung einer PT_1-Strecke wird durch den Koeffizienten a_1 in der zugehörigen Dgl. (3.19) beschrieben und ist damit ein Systemparameter. Die anschauliche Deutung dieses Parameters erhalten wir, wenn wir uns die tatsächliche Antwort x(t) durch die Anfangstangente

$$x_T(t) = \dot{x}(0) \cdot t = (y_o/a_1)\, t \tag{3.34}$$

und die Asymptote

$$x_\infty = V_P y_o \tag{3.35}$$

approximiert denken (Bild 38).

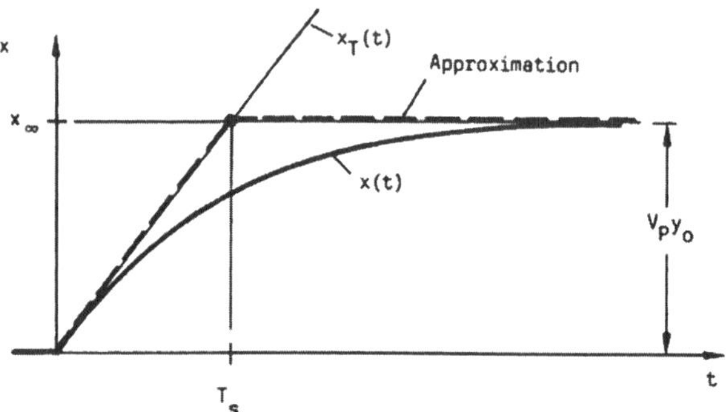

Bild 38 Anstiegszeit T_s als Maß der Zeitverzögerung einer PT_1-Strecke

In der Approximation wird der Schnittpunkt zwischen der Anfangstangente (Asymptote für kleine Zeiten) und der Gleichgewichtslösung (Asymptote für große Zeiten) zur charakteristischen Zeit $t = T_s$ erreicht, die wir Anstiegszeit nennen. Aus der Schnittbedingung $x_T = x_\infty$ folgt dann sofort

$$\frac{y_o}{a_1}\, T_s = V_p y_o = \frac{1}{a_o}\, y_o \tag{3.36}$$

so dass sich mit $a_1/a_o = T_s$ schließlich die Sprungantwort einer PT_1-Strecke in der physikalisch deutbaren Form

$$x(t) = x_\infty \left(1 - e^{-t/T_s} \right) \tag{3.37}$$

ergibt. Eine PT_1-Strecke wird durch die beiden Systemparameter V_P, T_s beherrscht. Die Anstiegszeit T_s ist ein Maß für die Zeitverzögerung der Sprungantwort $x(t)$, und die Verstärkung V_P legt das asymptotische Verhalten für große Zeiten fest (Bild 38). Für immer kleinere Zeitkonstanten T_s nähert sich das PT_1-Verhalten immer mehr dem P-Verhalten und wird im Grenzfall $T_s = 0$ mit diesem identisch. Für $T_s = 0$ stimmt die asymptotische Lösung x_∞ mit der Sprungantwort $x(t)$ zu allen Zeiten überein (Bild 39).

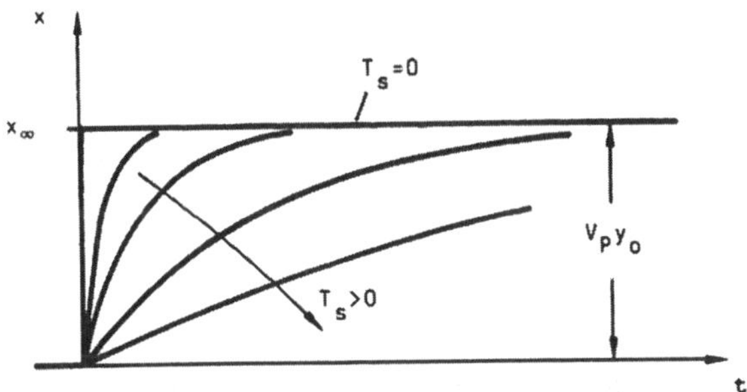

Bild 39 P-Strecke als Grenzfall der PT_1-Strecke

3.1.1.3 *P-Strecken mit Verzögerung höherer Ordnung*

Wir verallgemeinern das zuletzt betrachtete PT_1-System nochmals, indem jetzt zusätzlich auch noch das Glied mit der nächsthöheren Ableitung $a_2\,\ddot{x}$ berücksichtigt wird. Die Dgl. lautet dann

$$a_2\,\ddot{x} + a_1\,\dot{x} + a_0 x = y \tag{3.38}$$

und beschreibt nach (3.33) eine PT_2-Regelstrecke. Wir beschaffen uns zunächst wieder die allgemeine Lösung dieser Dgl., die von 2. Ordnung ist. Mit dem wirksamen Ansatz (3.5) ergibt sich jetzt entsprechend ein Polynom 2. Grades als charakteristische Gleichung

$$a_2\,\lambda^2 + a_1\,\lambda + a_0 = 0 \tag{3.39}$$

das die beiden Lösungen

$$\lambda_{1,2} = -\frac{1}{2}\frac{a_1}{a_2} \pm \sqrt{\left(\frac{1}{2}\frac{a_1}{a_2}\right)^2 - \frac{a_o}{a_2}} \qquad (3.40)$$

besitzt. Damit kann die Linearkombination

$$x_{hom} = C_1 e^{\lambda_1 t} + C_2 e^{\lambda_2 t} \qquad (3.41)$$

mit λ_1, λ_2 nach (3.40) als allgemeine Lösung der zugehörigen homogenen Dgl. angegeben werden. Die letztlich gesuchte allgemeine Lösung der inhomogenen Dgl. (3.38) erhalten wir dann wieder durch additives Hinzufügen eines Partikularintegrals von (3.38). Dieses Partikularintegral lässt sich bei Beachtung des Testsprungs auf $y = y_o$ für $t \geq 0$ sofort zu $y_p = y_o/a_o = V_p y_o$ aus (3.38) ablesen oder auch durch einen Ansatz von der Form der Störfunktion berechnen (wie in Abs. 3.1.1.2 gezeigt) und ist für alle PT_n-Systeme identisch, da es allein das asymptotische P-Verhalten beschreibt, das allen PT_n-Systemen (Systeme mit Ausgleich) gemein ist. Die allgemeine Lösung von (3.38) lautet somit:

$$x(t) = C_1 e^{\lambda_1 t} + C_2 e^{\lambda_2 t} + V_p y_o \qquad (3.42)$$

Um mit der rein mathematischen Lösung (3.42) etwas anfangen zu können, muss man noch die freien Integrationskonstanten C_1, C_2 bestimmen. Wir bestimmen die Konstanten C_1, C_2 aus der physikalischen Vorstellung, dass das betrachtete System vor der Störung in Ruhe war. Zur Zeit $t = 0$ sind deshalb die Start- oder Anfangsbedingungen (AB) vorzuschreiben. Da das hier untersuchte PT_2-System von 2.Ordnung ist, benötigen wir als AB jetzt neben $x(0) = 0$ eine weitere Bedingung. Denken wir etwa an einen Bewegungsvorgang ($x(t) \to$ Weg, $\dot{x}(t) \to$ Geschwindigkeit), ist klar, dass dies nur die Bedingung $\dot{x}(0) = 0$ sein kann. Im Startzustand zur Zeit $t = 0$ befindet sich ein betrachtetes Objekt am Ort $x(0) = 0$ mit der Geschwindigkeit $\dot{x}(0) = 0$ im ungestörten Zustand der Ruhe. Diese beiden Bedingungen liefern uns gerade die erforderlichen Bestimmungsgleichungen zur Festlegung der freien Integrationskonstanten. Mit $x(0) = 0$ folgt aus (3.42) die 1. Bestimmungsgleichung

$$0 = C_1 + C_2 + V_P y_o \qquad (3.43)$$

und aus der Ableitung von (3.42) mit $\dot{x}(0) = 0$ schließlich auch die 2. Bestimmungsgleichung

$$0 = \lambda_1 C_1 + \lambda_2 C_2 \qquad (3.44)$$

für die beiden Konstanten C_1, C_2. Die Ausrechnung ergibt dann

$$C_1 = - \frac{1}{1 - \lambda_1 / \lambda_2} \; V_p y_o \qquad (3.45)$$

$$C_2 = \frac{\lambda_1 / \lambda_2}{1 - \lambda_1 / \lambda_2} \; V_p y_o$$

und durch Einsetzen in (3.42) entsteht explizit die gesuchte Sprungantwort

$$x(t) = V_p y_o \left(1 - \frac{1}{1 - \lambda_1 / \lambda_2} \; e^{\lambda_1 t} + \frac{\lambda_1 / \lambda_2}{1 - \lambda_1 / \lambda_2} \; e^{\lambda_2 t} \right) \qquad (3.46)$$

mit λ_1, λ_2 nach (3.40).

Die Lösungsmannigfaltigkeit der betrachteten PT_2-Strecke erhöht sich gegenüber einer PT_1-Strecke nochmals. Das PT_2-Verhalten wird jetzt durch die drei Parameter a_0, a_1, a_2 bestimmt. Anders als bei der Verallgemeinerung vom P- zum PT_1-System tritt jetzt bei der Erweiterung zum PT_2-System ein physikalisch neues Phänomen auf: das PT_2-System kann schwingen. Im Sonderfall mit $a_1 = 0$ zeigt sich dieses Schwingen am ausgeprägtesten. Mit $a_1 = 0$ werden die beiden λ-Werte rein imaginär. Nach (3.40) gilt

$$\lambda_{1,2} = {\textstyle +\atop\textstyle -} \sqrt{a_o / a_2} \; i \;\; \rightarrow \;\; \lambda_2 / \lambda_1 = -1 \qquad (3.47)$$

und (3.46) reduziert sich zunächst formal auf die Lösung

$$x(t) = V_p y_o \left(1 - \frac{1}{2} \; e^{\sqrt{a_o / a_2} \; it} - \frac{1}{2} \; e^{-\sqrt{a_o / a_2} \; it} \right) \qquad (3.48)$$

die sich letztlich reell darstellen lassen muss, da das Schwingen ja real beobachtet wird. Dies gelingt mit Hilfe der Eulerschen Formel

$$e^{\pm i \sqrt{a_o / a_2} \; t} = \cos \sqrt{a_o / a_2} \; t \; \pm \; i \sin \sqrt{a_o / a_2} \; t \qquad (3.49)$$

die auf die Darstellung

$$x(t) = V_p y_o \left(1 - \cos \sqrt{a_o / a_2} \, t \right) = V_p y_o \left(1 - \cos \omega_o t \right) \qquad (3.50)$$

der Sprungantwort führt. Das Ergebnis (3.50) ist eine ungedämpfte Schwingung um die Gleichgewichtslage x_∞ (Bild 40) mit der zugehörigen Eigenkreisfrequenz $\omega_o = \sqrt{a_o / a_2}$.

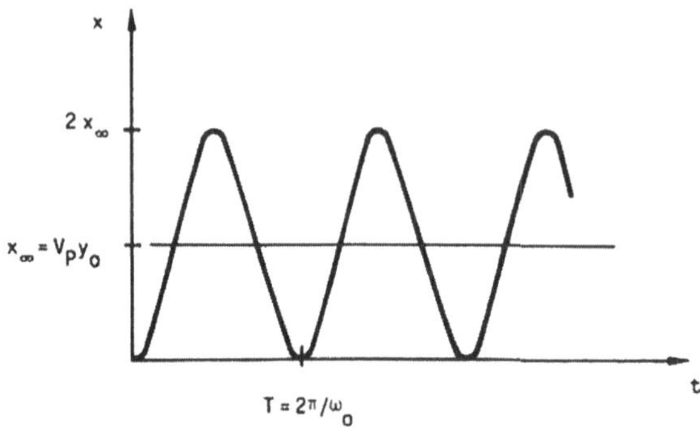

Bild 40 Periodischer Grenzfall

Die Dgl. (3.38) nimmt dann für diesen periodischen Sonderfall nach Division mit a_o die Form

$$\frac{a_2}{a_o}\,\ddot{x} + x = \frac{1}{a_o}\,y \tag{3.51}$$

an, so dass mit $1/\omega_o = T$ auch

$$T^2\,\ddot{x} + x = V_p y \tag{3.52}$$

geschrieben und zugleich die physikalische Bedeutung der zunächst rein formalen Koeffizienten a_2, a_o gezeigt werden kann.

Um auch den Einfluss des Terms $a_1\,\dot{x}$ für $a_1 \neq 0$ herausarbeiten zu können, wird ein anderer Sonderfall betrachtet, der sich dadurch auszeichnet, dass das zuvor betrachtete Schwingen des Systems gerade nicht auftritt. Dies ist der Fall, wenn die Wurzel in (3.40) verschwindet und die beiden λ-Werte gerade reell und zugleich identisch werden:

$$\lambda_1 = \lambda_2 = \lambda = -\frac{1}{2}\frac{a_1}{a_2} \tag{3.53}$$

Da beim Einsetzen von (3.53) in (3.46) die Nenner in (3.46) verschwinden und damit die Brüche singulär werden, schreiben wir die Lösung zunächst für zwei benachbarte λ-Werte

$$\lambda_1 = \lambda, \quad \lambda_2 = \lambda + \varepsilon \quad \rightarrow \quad \frac{\lambda_1}{\lambda_2} = \frac{\lambda}{\lambda + \varepsilon} \tag{3.54}$$

an und ermitteln den Sonderfall $\lambda_1 = \lambda_2$ dann durch Grenzübergang $\varepsilon \to 0$. Mit (3.54) geht (3.46) über in

$$x(t) = V_p y_0 \left[1 - e^{\lambda t} \left(\frac{\lambda + \varepsilon}{\varepsilon} - \frac{\lambda}{\varepsilon} e^{\varepsilon t} \right) \right] \tag{3.55}$$

und durch Grenzübergang $\varepsilon \to 0$ erhält man schließlich die gesuchte Sprungantwort

$$x(t) = V_p y_0 \left[1 - (1 - \lambda t)\, e^{\lambda t} \right] \, , \quad \lambda < 0 \tag{3.56}$$

im Fall $\lambda_1 = \lambda_2 = \lambda$. Dabei wurde zum Zweck des Grenzübergangs die Taylorentwicklung

$$e^{\varepsilon t} = 1 + \varepsilon t + \varepsilon^2 t^2 / 2 + \dots \tag{3.57}$$

für $\varepsilon\, t \ll 1$ verwendet:

$$\lim_{\varepsilon \to 0} \left[\frac{\lambda + \varepsilon}{\varepsilon} - \frac{\lambda}{\varepsilon} \left(1 + \varepsilon t + \varepsilon^2 t^2 / 2 + \dots \right) \right] = \tag{3.58}$$

$$= \lim_{\varepsilon \to 0} \left[1 - \lambda t - \varepsilon \lambda t^2 / 2 - \dots \right] \; = 1 - \lambda t$$

Die gefundene Lösung (3.56) beschreibt den aperiodischen Grenzfall. Es findet gerade kein Überschwingen statt. Es gilt stets $\dot{x}(t) \geq 0$. Der asymptotische Gleichgewichtswert $x_\infty = V_p y_0$ wird vom Startpunkt $x(0) = 0$ aus monoton erreicht (Bild 41), die Lösung kriecht gegen den Endwert x_∞. Aus dem Verschwinden der Wurzel in (3.40) ergibt sich

$$\frac{a_1}{a_0} = \sqrt{4 \frac{a_2}{a_0}} = 2 \frac{1}{\omega_0} \tag{3.59}$$

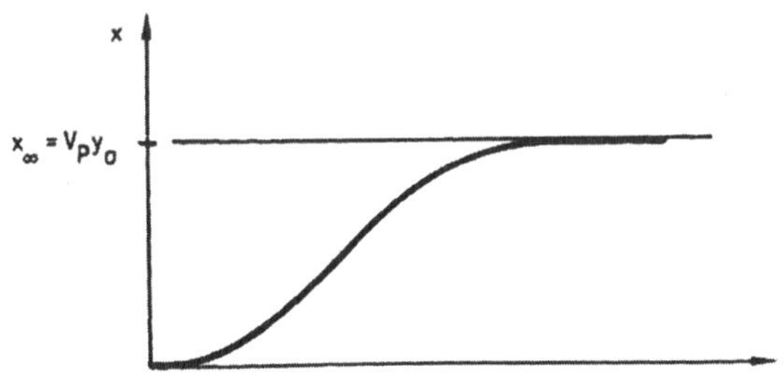

Bild 41 Aperiodischer Grenzfall

und es zeigt sich zugleich auch die physikalische Bedeutung des Koeffizienten a_1 als Dämpfungsparameter. Im Zusammenhang mit der bereits bekannten Deutung der Koeffizienten a_2, a_0, kann für den aperiodischen Grenzfall die Dgl. (3.38) mit $a_2/a_0 = 1 / \omega_o^2 = T^2$ und $a_1/a_0 = 2 / \omega_o = 2T$ dann explizit in die Darstellung

$$T^2\, \ddot{x} + 2T\, \dot{x} + x = V_p y \tag{3.60}$$

gebracht werden, der die Sprungantwort

$$x\,(t) = V_p y_o\, [\, 1 - (1 + t/T)\, e^{-t/T}\,] \tag{3.61}$$

zugeordnet ist. Durch Einführen des Dämpfungsfaktors D lässt sich schließlich für alle PT$_2$-Strecken mit sehr schwacher bis ganz starker Dämpfung die Dgl. allgemein in der Form

$$T^2\, \ddot{x} + 2DT\, \dot{x} + x = V_p y \tag{3.62}$$

schreiben. Die betrachteten Sonderfälle der ungedämpften Schwingung und des aperiodischen Kriechens sind mit D = 0 und D = 1 in (3.62) enthalten. Einen Gesamtüberblick gibt Bild 42, das für feste Parameterwerte V_P, T die zugehörigen Sprungantworten in Abhängigkeit vom Dämpfungsfaktor D zeigt.

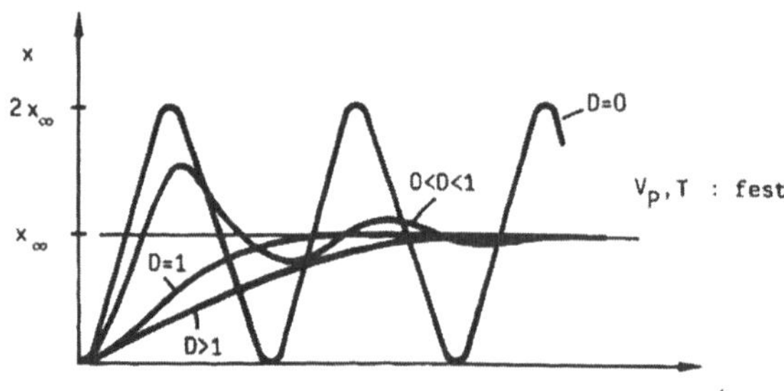

Bild 42 Mögliche Sprungantworten einer PT$_2$-Strecke mit den Parametern V_P, T, D

Für Kriechvorgänge mit D > 1 und insbesondere im aperiodischen Grenzfall mit D = 1, der hier nochmals besonders betrachtet werden soll, hat die Zeitkonstante die anschauliche Bedeutung nach Bild 43. Die Sprungantwort x(t) durchläuft zur Zeit t = T gerade den Wendepunkt (WP), der durch $\ddot{x}\,(T) = 0$ charakterisiert ist.

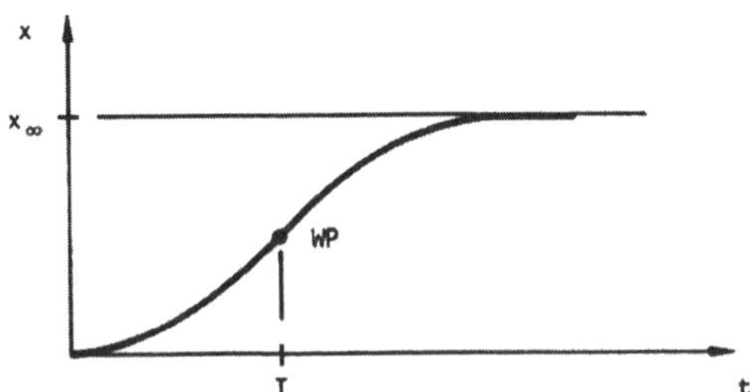

Bild 43 Zur Bedeutung der Zeitkonstanten T einer PT_2-Strecke mit $D = 1$

Durch Anlegen der Tangente im Wendepunkt (Bild 44) kann die Sprungantwort dieses gerade nicht mehr schwingungsfähigen Systems wiederum wie im Fall des PT_1-Systems (Bild 38) durch einen Polygonzug approximiert werden.

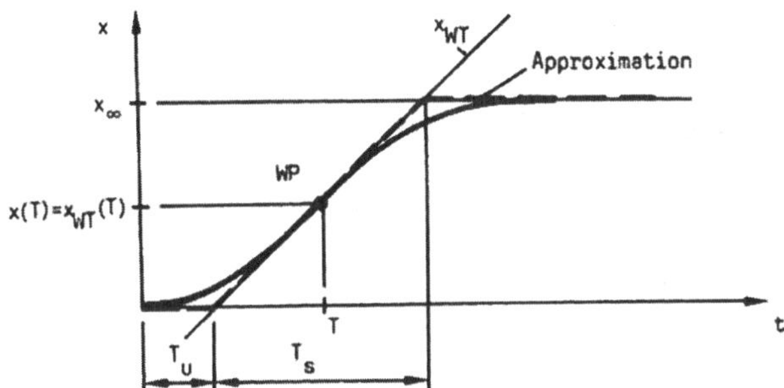

Bild 44 Verzugszeit T_u und Anstiegszeit T_s einer PT_2-Strecke mit $D = 1$

In der Approximation des typisch s-förmigen Zeitverlaufs werden durch die Tangente im Wendepunkt sowohl die Zeitachse $x = 0$ als auch die Asymptote $x = x_\infty$ geschnitten. Dabei ergeben sich zwei charakteristische Zeitkonstanten T_u, T_s. In der Approximation reagiert die PT_2-Strecke verspätet um die Verzugszeit T_u und erreicht die asymptotische Gleichgewichtslösung nach der Zeit $T_u + T_s$. Dabei ist T_s wie im Fall der PT_1-Strecke als Anstiegszeit zu interpretieren. Im Grenzfall, wenn der Wendepunkt in den Ursprung rutscht, wird das PT_2-Verhalten mit dem PT_1-Verhalten identisch. Das wegen $\dot{x}(0) = 0$ (horizontale Anfangstangente) typische PT_2-Verzugsverhalten zu Beginn der Störung verschwindet. Die horizontale Anfangstangente wird durch eine Anfangstangente mit endlichem Anstieg $\dot{x}(0) > 0$ ersetzt (PT$_1$-Verhalten $\rightarrow$ Bild 37). Bleibt noch zu bemerken, dass die beiden Zeiten T$_u$, T$_s$ nicht voneinander unabhängig sind. Es gilt: T$_u$ = T$_u$ (T), T$_s$ = T$_s$ (T). Durch die Zeit T, die im WP angenommen wird, liegen bereits beide Zeiten T$_u$, T$_s$ fest.

Für Regelstrecken mit noch stärkerer Verzögerung (PT$_n$, n > 2) und hinreichender Dämpfung, die sich etwa durch n in Reihe geschaltete PT$_1$-Strecken realisieren lassen, ergeben sich qualitativ gleich aussehende Kriechkurven (Bild 45) wie für PT$_2$-Strecken. Die Approximation nach Bild 44 (mit den beiden Zeitkonstantem T$_u$, T$_s$ definierter Polygonzug) ist deshalb auf alle hinreichend gedämpften PT$_n$-Strecken n $\geq$ 2 anwendbar. Wie wir noch später sehen werden, ist das Verhältnis T$_s$/T$_u$ ein Maß für die Regelbarkeit einer Strecke. Insbesondere für den Praktiker ist die Approximation nach Bild 44 deshalb von Bedeutung. Das Verhältnis T$_s$/T$_u$ kann leicht experimentell ermittelt werden. Zusätzlich mit eingezeichnet ist in Bild 45 noch das Verhalten einer PT$_1$- bzw. P-Strecke, das sich wegen der Anfangstangenten mit $\dot{x}(0) > 0$ bzw. $\dot{x}(0) \rightarrow \infty$ deutlich vom PT$_n$-Verhalten mit $\dot{x}(0) = 0$ für n $\geq$ 2 abhebt.

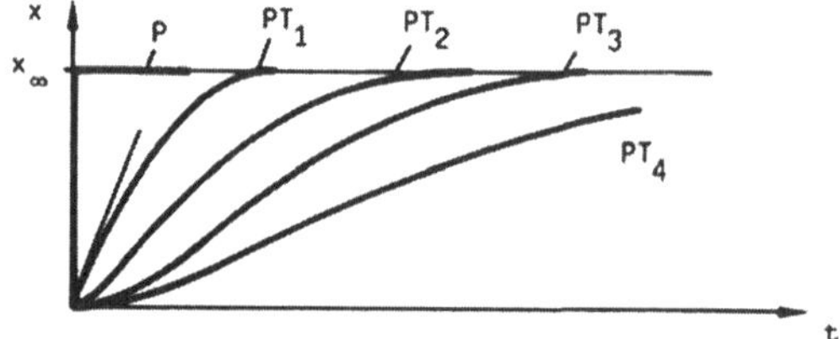

Bild 45 Sprungantworten für Strecken höherer Ordnung mit D = 1

3.1.1.4   *P-Strecken mit Verzögerung und Vorhalt*

Es wird jetzt eine Verzögerungsstrecke 1.Ordnung mit zusätzlichem Vorhalt betrachtet. Zur Motivation denke man sich einen zunächst kalten Raum, der auf eine bestimmte Temperatur aufgeheizt werden soll. Um möglichst schnell auf die gewünschte Endtemperatur zu kommen, wird die Heizung zunächst soweit wie möglich aufgedreht. Es wird vorgehalten und erst während des Aufheizvorgangs die Beheizung wieder soweit zurückgenommen, dass es zu keinem Überschießen über die gewollte Endtemperatur kommt. Um auch das soeben geschilderte Zeitverhalten mathematisch beschreiben zu können, wird jetzt die rechte Seite der Dgl. (3.19) verallgemeinert. Der gewünschte Effekt wird in aller Schärfe dadurch erreicht, dass zum Eingangssignal y additiv noch ein Term $\sim \dot{y}$ hinzugefügt wird, der beim Aufschalten des Testsprungs unbeschränkt groß wird und demgemäss momentan auch ein Ausgangssignal x > 0 bewirkt. Die Dgl. (3.19) für eine PT_1-Strecke mit den Koeffizienten $a_o = 1/V_P$, $a_1 = T_s / V_P$

$$T_s \dot{x} + x = V_p y \tag{3.63}$$

lautet dann verallgemeinert

$$T_s \dot{x} + x = V_p (y + T_D \dot{y}) \tag{3.64}$$

wobei aus Dimensionsgründen der Proportionalitätsfaktor T_D eine Zeitkonstante ist. Da der Zusatzeffekt in (3.64) von differentieller Natur (D) ist, bezeichnet man das durch (3.64) beschriebene System jetzt als PDT_1-Stecke. Die Zeit $T_V = T_D$ wird Vorhaltezeit genannt. Ein Blick auf die verallgemeinerte Dgl. (3.64) zeigt, dass beim Aufprägen eines Testsprungs der Zusatzterm $\sim \dot{y}$ nur zum Zeitpunkt t = 0 des Sprungs einen Beitrag liefert. Für alle Zeiten t > 0 ist die Dgl. (3.64) mit der Dgl. (3.63) für einfaches PT_1-Verhalten identisch. Für Zeiten t > 0 muss deshalb die allgemeine Lösung (3.28) der PT_1-Strecke mit $a_o = 1/V_P$, $a_o/a_1 = 1/T_s$

$$x(t) = C_1 e^{-t/T_s} + V_p y_0 \tag{3.65}$$

auch für die PDT_1-Strecke gültig sein. Verschieden ist allein der Startwert x(0) zur Sprungzeit t = 0, der als Anfangsbedingung (AB) zur Berechnung der noch freien Konstanten C_1 benötigt wird. Man findet den Anfangswert durch formale Integration der Dgl. (3.64), wobei das Hilfs-Eingangssignal y* nach Bild 46 verwendet wird, das einerseits für ε > 0 einen endlichen D-Anteil liefert und

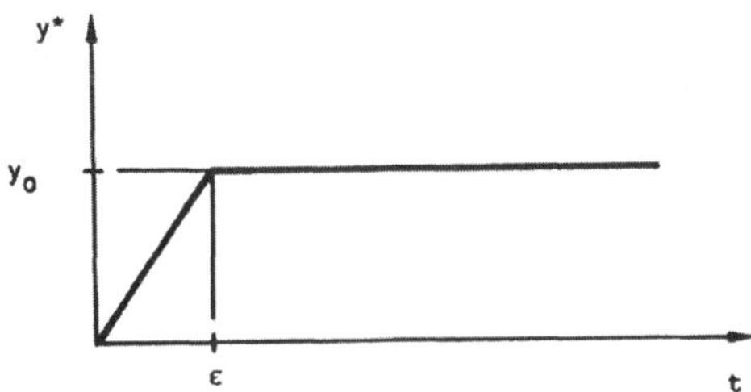

Bild 46 Hilfs-Testsignal

andererseits für $\varepsilon \to 0$ mit dem Testsprung $y = y_0 \sigma (t)$ identisch wird. Wir integrieren (3.64) von t = 0 bis t = ε

$$T_s \int_0^\varepsilon \dot{x}\,dt + \int_0^\varepsilon x\,dt = V_p \left(\int_0^\varepsilon y^*\,dt + T_D \int_0^\varepsilon \dot{y}^*\,dt \right) \tag{3.66}$$

und erhalten:

$$T_s \left[x(\varepsilon) - x(0) \right] + \int_0^\varepsilon x\,dt = V_p \left(\int_0^\varepsilon y^*\,dt + T_D \left[y^*(\varepsilon) - y^*(0) \right] \right) \tag{3.67}$$

Mit $x(0) = 0$, $y^*(0) = 0$, $y^*(\varepsilon) = y_o$ reduziert sich (3.67) auf

$$T_s\, x(\varepsilon) + \int_0^\varepsilon x\,dt = V_p \left(\int_0^\varepsilon y^*\,dt + T_D\, y_o \right) \tag{3.68}$$

so dass durch den Grenzübergang $\varepsilon \to 0$, wobei die beiden Integrale wegen deren endlichen Integranden verschwinden, für die gesuchte AB

$$x(0) = V_p y_o\, \frac{T_D}{T_s} \tag{3.69}$$

folgt. Die mit (3.69) bestimmte freie Konstante in (3.65) lautet dann

$$C = V_p y_o \left(\frac{T_D}{T_s} - 1 \right) \tag{3.70}$$

so dass als Sprungantwort einer PDT_1-Strecke

$$x(t) = V_p y_o \left[1 + \left(\frac{T_D}{T_s} - 1 \right) e^{-t T_s} \right] \tag{3.71}$$

angeschrieben werden kann. Das Bild 47 der Sprungantwort (3.71) zeigt uns den durch den D-Anteil von $x = 0$ auf $x = V_p y_o T_D/T_s$ verursachten sprunghaften Anstieg für $T_D/T_s > 1$ zur Zeit $t = 0$ und das sich anschließende Relaxieren gegen den asymptotischen Gleichgewichtswert x_∞. Die Zeitkonstante T_s ergibt sich wie bei PT_1-Verhalten aus dem Schnittpunkt der Anfangstangente mit der Asymptote für große Zeiten. Als Maßstabsfaktor der Amplitude offenbart sich der Einfluss der Vorhaltezeit $T_V = T_D$.

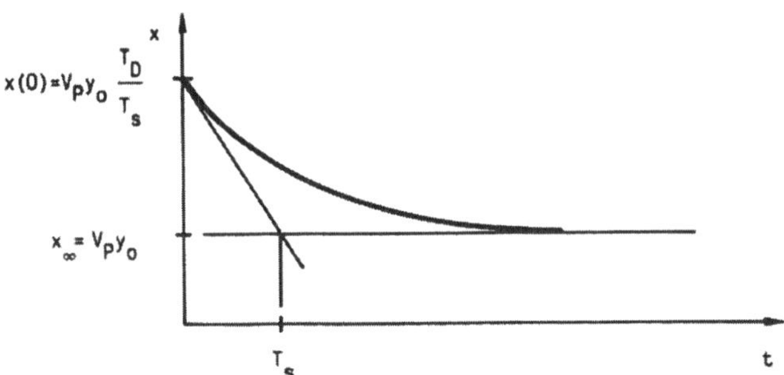

Bild 47 Sprungantwort einer PDT$_1$-Strecke für Zeitkonstanten T$_D$/T$_s$ > 1

Der Effekt des Vorhaltens schwindet mit abnehmender Vorhaltezeit (Bild 48). Im Sonderfall T$_D$ = T$_s$ ergibt sich als Sprungantwort der PDT$_1$-Strecke reines P-Verhalten. Die Eindeutigkeit bei der Zuordnung von Sprungantworten zu bestimmten Systemen ist also nicht immer gegeben. Im Grenzfall T$_D$ = 0 schließlich verhält sich eine PDT$_1$-Strecke identisch als PT$_1$-Strecke, es findet beim Aufschalten der Teststörung zur Zeit t = 0 gerade kein Sprung statt.

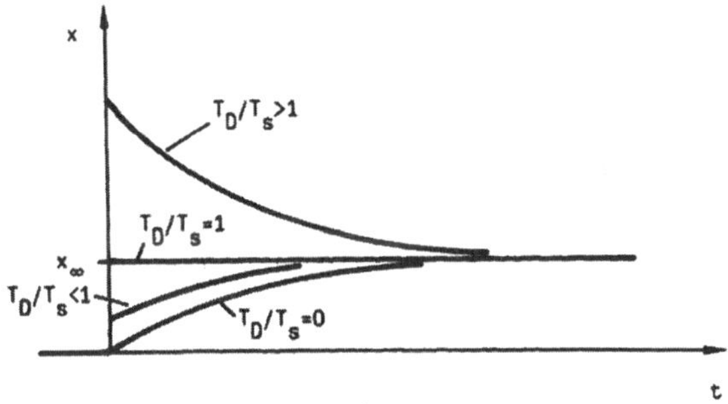

Bild 48 Sprungantworten einer PDT$_1$-Stecke für Zeitkonstanten T$_D$/T$_s$ ≥ 0

Für T$_D$/T$_s$ < 0 ergibt sich das Verhalten nach Bild 49, das als Allpaßverhalten (hier Allpaß 1. Ordnung) bezeichnet wird. Gemeint ist damit der überraschende Effekt, dass ein System auf eine positive Sprunganregung zunächst eine Wirkung x(t) in umgekehrter Richtung zeigt (negativer Vorhalt) und erst dann

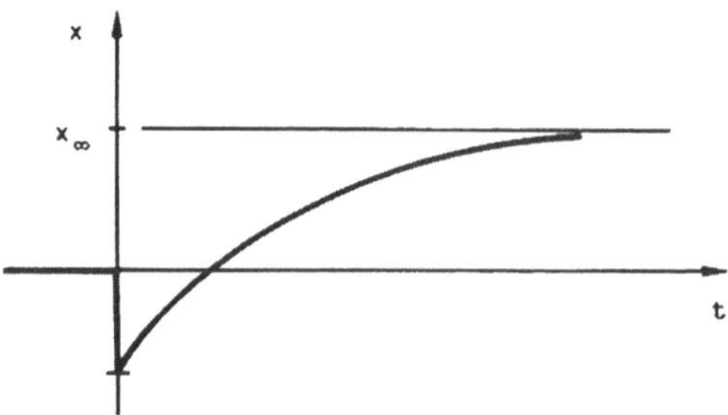

Bild 49 Allpaßverhalten 1. Ordnung

asymptotisch gegen den Gleichgewichtszustand strebt. Ein sofort einleuchtendes
Beispiel hierzu ist die Steuerung einer Wasserturbine. Durch plötzliches Öffnen
des Steuerventils wird aus Kontinuitätsgründen die Durchflussgeschwindigkeit
im Ventil zunächst absacken, um dann allmählich gegen eine gegenüber dem
Anfangszustand erhöhte Endgeschwindigkeit zu streben, die erst nach entsprechender Beschleunigung der Wassermasse in der Speiseleitung erreicht wird. Der
Schönheitsfehler einer negativen Vorhaltezeit $T_D < 0$ lässt sich leicht durch Um-
definieren mit $T_D : = - T_D > 0$ beseitigen. Die zugehörige Dgl. lautet dann

$$T_s \, \dot{x} + x = V_p \, (y - T_D \, \dot{y}) \tag{3.72}$$

und hat die Lösung

$$x(t) = V_p y_o \left[1 - \left(\frac{T_D}{T_s} + 1 \right) e^{-t/T_s} \right] \tag{3.73}$$

die auch als das Ergebnis einer Parallelschaltung eines PT_1-Glieds mit einem
DT_1-Glied einschließlich Vorzeichenumkehr interpretiert (Bild 50) werden kann.

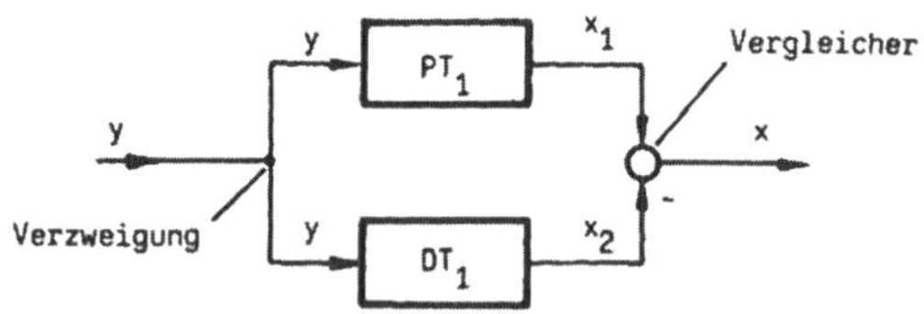

Bild 50 Allpaß-Schaltung 1.Ordnung

Wir bestätigen dieses sofort durch Anschreiben des Ausgangssignals $x = x_1 - x_2$ mit x_1 aus der Dgl. des PT_1-Glieds

$$PT_1: \quad T_s \dot{x}_1 + x_1 = V_p y \tag{3.74}$$

und x_2 aus der Dgl. des DT_1-Glieds

$$DT_1: \quad T_s \dot{x}_2 + x_2 = V_p T_D \dot{y} \tag{3.75}$$

denn durch Subtraktion von (3.74), (3.75) folgt sofort die Dgl. (3.72)

$$T_s(\dot{x}_1 - \dot{x}_2) + (x_1 - x_2) = V_P(y - T_D \dot{y}) \tag{3.76}$$

wenn man $x = x_1 - x_2$ bzw. $\dot{x} = \dot{x}_1 - \dot{x}_2$ beachtet. Eine PDT_1-Strecke entsprechend (3.71) ist demgemäss ebenfalls als Parallelschaltung interpretierbar, allerdings fehlt hier der Vorzeichenumkehrer, denn es gilt $x = x_1 + x_2$.

3.1.2 Regelstrecken ohne Ausgleich

Alle Regelstrecken ohne Ausgleich haben keine Selbstregelungseigenschaft. Eine stationäre Beschreibung wie in Abs. 2 ist unmöglich, da für diese Systeme keine Kennlinien existieren. Nur in der erweiterten dynamischen Betrachtung (Zeitverhalten) werden auch die Systeme ohne Ausgleich beschreibbar und lassen sich schließlich gesamtheitlich zusammen mit den Systemen mit Ausgleich darstellen. Zur Beherrschung solcher Systeme ist ein Regler unabdingbar. Sich selbst überlassen, driftet beim Aufprägen einer Störung die zugehörige Sprungantwort $x(t)$ mit zunehmender Zeit ungehemmt ab:

$$\lim_{t \to \infty} x(t) = \infty \tag{3.77}$$

Sprungantworten verschiedenartiger Strecken ohne Ausgleich unterscheiden sich allein durch die Art des Wachstums, das stets über alle Grenzen hinausführt. Damit sich asymptotisch kein Gleichgewichtszustand $x_\infty = $ const einstellen kann, muss in der allgemeinen Dgl. (3.2) genau der Term entfallen, der dies bei Regelstrecken mit Ausgleich bewirkt. Bereits aus dem Studium der P-Strecken (Abs. 3.1.1.1) wissen wir, dass dies der ableitungsfreie Term $a_o x$ in (3.2) leistet. Mit der Einschränkung $a_o = 0$ erhalten wir aus (3.2) so die allgemeine Dgl. (3.78) für Strecken ohne Ausgleich

$$\sum_{i=1}^{n} a_i x^{(i)} = a_n x^{(n)} + \ldots + a_2 \ddot{x} + a_1 \dot{x} = y \tag{3.78}$$

in der zumindest der ableitungsfreie Term fehlt.

3.1.2.1 *I-Strecken ohne Verzögerung*

Die allgemeine Dgl. (3.78) für Strecken ohne Ausgleich enthält nur Ableitungen. Im einfachsten Fall, wenn nur die 1. Ableitung $\dot{x}$ bestimmend ist ($a_i = 0$ für $i \geq 2$, $i = 0$), gilt

$$a_1\,\dot{x} = y \tag{3.79}$$

und man erhält beim Aufschalten eines Testsprungs $y(t) = y_0\,\sigma\,(t)$ durch formale Integration die Sprungantwort

$$x = \frac{y_0}{a_1}\int dt + C = \frac{y_0}{a_1}t + C \tag{3.80}$$

die sich bei Beachtung der Anfangsbedingung $x(0) = 0$ schließlich wegen dem daraus folgenden Verschwinden der Integrationskonstanten ($C = 0$) auf

$$x = \frac{y_0}{a_1}t \tag{3.81}$$

reduziert. Da hier die Sprungantwort $x(t)$ als Integral auftritt, werden Regelstrecken ohne Ausgleich auch als I-Strecken bezeichnet. Wie in Bild 51 dargestellt, erfolgt die linear mit der Zeit über alle Grenzen anwachsende Sprungantwort (3.81) ohne Verzögerung. Die Antwort $x(t)$ nach (3.81) ist für alle Zeiten t mit

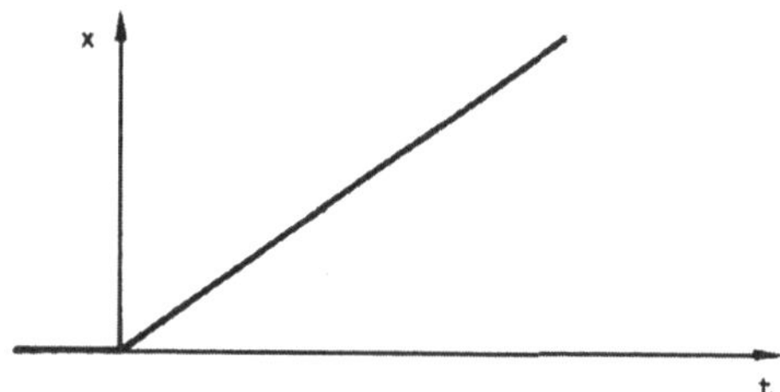

Bild 51 Sprungantwort einer I-Strecke

dem asymptotischen Verhalten $x_\infty(t)$ identisch. Für den Kehrwert des zunächst formalen Koeffizienten a_1 führen wir wieder den Begriff Verstärkung ein (wie in Abs. 3.1.1.1 für die P-Systeme, jetzt aber gekennzeichnet mit dem Index I)

$$V_I = 1/a_1 \tag{3.82}$$

so dass für die Sprungantwort (3.81) explizit

$$x(t) = V_I y_0\, t \tag{3.83}$$

geschrieben werden kann. I-Strecken unterscheiden sich somit allein durch ihre Verstärkungen V_I, die ein Maß für den Anstieg der Sprungantworten sind.

3.1.2.2 I-Strecken mit Verzögerung 1.Ordnung

Wie zuvor verallgemeinern wir das gerade betrachtete I-System, indem wir zusätzlich die nächsthöhere Ableitung berücksichtigen ($a_i = 0$ für $i \geq 3$, $i = 0$). Zugeordnet zu der dann zu betrachtenden Dgl.

$$a_2\ddot{x} + a_1\dot{x} = y \tag{3.84}$$

ist die charakteristische Gleichung

$$a_2\lambda^2 + a_1\lambda = \lambda(a_2\lambda + a_1) = 0 \tag{3.85}$$

mit den Lösungen

$$\lambda_1 = 0, \quad \lambda_2 = -\frac{a_1}{a_2} \tag{3.86}$$

die auf die homogene Lösung

$$x_{\text{hom}} = C_1 + C_2\, e^{-(a_1/a_2)\,t} \tag{3.87}$$

führen. Ein Partikularintegral erhalten wir etwa durch den Direktansatz

$$\dot{x}_p = \frac{y_o}{a_1} \quad \rightarrow \quad x_p = \frac{y_o}{a_1}t \tag{3.88}$$

so dass im Fall einer aufgeprägten Sprungfunktion mit der Amplitude y_o die allgemeine Lösung

$$x = C_1 + C_2\, e^{-(a_1/a_2)t} + \frac{y_o}{a_1}t \tag{3.89}$$

von (3.84) angeschrieben werden kann. Die beiden Integrationskonstanten ergeben sich aus den Anfangsbedingungen $x(0) = 0$, $\dot{x}(0) = 0$ zu

$$C_1 = -C_2 \tag{3.90}$$

$$C_2 = \frac{a_2}{a_1^2}y_o \tag{3.91}$$

womit sich aus (3.89) schließlich die spezielle Lösung des Problems ergibt:

$$x(t) = \frac{a_2}{a_1^2}y_o\left[\, e^{-(a_1/a_2)t} - 1\,\right] + \frac{y_o}{a_1}\, t \tag{3.92}$$

Wir erkennen unschwer die asymptotische Lösung für große Zeiten

$$x_\infty(t) = \frac{y_o}{a_1}\left(t - \frac{a_2}{a_1}\right) \tag{3.93}$$

und entnehmen hieraus, dass das Verhältnis der Koeffizienten a_2/a_1 offensichtlich eine Zeit ist. Wir nennen diese Zeitkonstante $a_2/a_1 = T_I$, so dass mit der bereits bekannten Bedeutung für $a_1 = 1/V_I$ die Sprungantwort

$$x(t) = V_I T_I\, y_o \left[\frac{t}{T_I} - 1 + e^{-t/T_I}\right] \tag{3.94}$$

und deren asymptotisches Verhalten

$$x_\infty(t) = V_I T_I\, y_o \left(\frac{t}{T_I} - 1\right) \tag{3.95}$$

explizit angegeben werden kann. Die anschauliche Bedeutung der Zeitkonstanten T_I entnehmen wir der Darstellung von $x(t)$, $x_\infty(t)$ in Bild 52. Wir sehen deutlich die zeitliche Verzögerung (T) der Sprungantwort, die wir in der bereits vertrauten Klassifizierung als IT_1-Verhalten kennzeichnen. IT_1-Verhalten deshalb, weil die hier diskutierte spezielle Verzögerung 1.Ordnung von dem 1. zusätzlichen Glied höherer Ableitung in der Dgl. (3.84) hervorgerufen wird. Die Zeitkonstante T_I, die sich aus dem Schnittpunkt der asymptotischen Lösung mit der Zeit-Achse ergibt, ist ein Maß dieser Verzögerung. Im Grenzfall $T_I = 0$ geht das IT_1-Verhalten in das reine I-Verhalten ohne Verzögerung (Bild 51) über. Verzögerungen höherer Ordnung sind durch die entsprechende Hinzunahme von Gliedern noch höherer Ableitung in der Dgl. zu berücksichtigen.

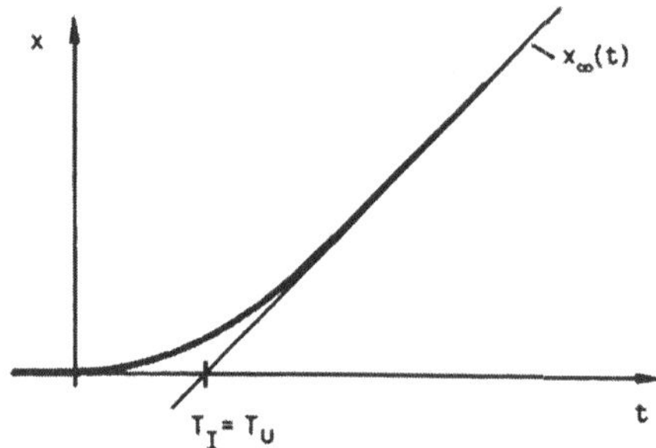

Bild 52 Sprungantwort einer IT_1-Strecke

3.1.3 Regelstrecken mit Totzeit

Es gibt noch eine andere Art von Zeitverzögerung. Diese wird durch die soge-
nannte Totzeit T_t beschrieben. Hierbei wird das Ausgangssignal x einer Regelstrecke in seiner Form nicht verzerrt, aber es kommen alle Werte um dieselbe Zeit
T_t verspätet an (Bild 53). Die Antwort x wird undeformiert wie ein Paket um die
Zeit T_t verschoben.

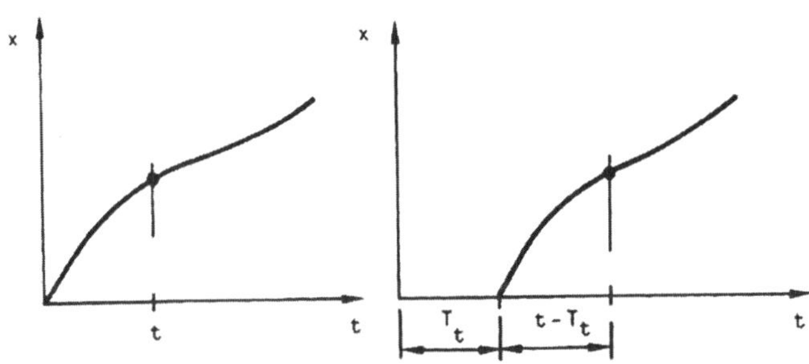

Bild 53 Ausgangssignal einer Regelstrecke mit und ohne Totzeit

Erst für Zeiten $t - T_t > 0$ oder $t > T_t$ findet eine Reaktion statt:

$$x(t) = \begin{cases} 0 & \\ x(t - T_t) & \end{cases} \quad \text{für} \quad \begin{array}{l} t < T_t \\ t \geq T_t \end{array} \tag{3.96}$$

Ursache für die Existenz einer Totzeit ist die endliche Ausbreitungsgeschwindigkeit U einer Störung zwischen dem Stell- und dem Messort. Zur Erläuterung
betrachten wir als typisches Beispiel ein Förderband (Bild 54).

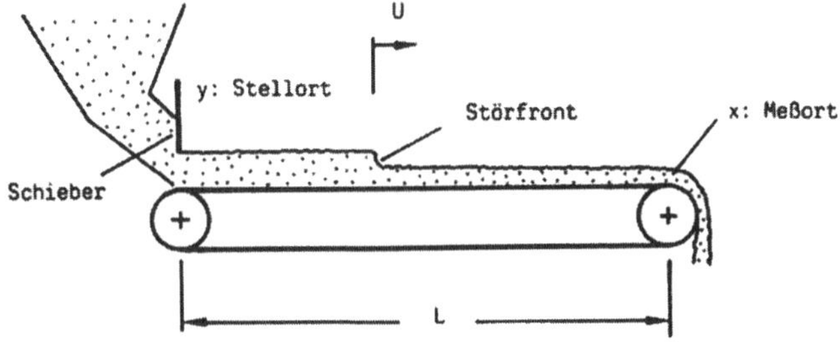

Bild 54 Förderband als Regelstrecke

Am Messort wird eine Änderung des Ausgangssignals x erst registriert, wenn die Störfront, die mit der konstanten Geschwindigkeit U des Förderbandes läuft, den Messort erreicht hat. Die Zeit, die vom Zeitpunkt des Störbeginns (Verstellung y des Schiebers) bis zur Registrierung durch einen Messfühler (Sensor) vergeht, ist die Totzeit

$$T_t = L/U \tag{3.97}$$

die sich aus dem Förderweg L und der Fördergeschwindigkeit U berechnet. Wird die Schieberstellung zum Zeitpunkt t = 0 etwa plötzlich um y = y_o verändert, ergibt sich die Sprungantwort

$$x(t) = V_p\, y(t - T_t) \;=\; y_o\, \sigma\,(t - T_t) \;=\; \begin{cases} 0 \\ y_o \end{cases} \text{für} \quad \begin{matrix} t < T_t \\ t \geq T_t \end{matrix} \tag{3.98}$$

wenn man beachtet, dass es sich bei dem System Förderband um eine P-Anordnung mit der Verstärkung $V_P = 1$ handelt. Das durch die Totzeit T_t modifizierte Verhalten nennen wir PT_t-Verhalten.

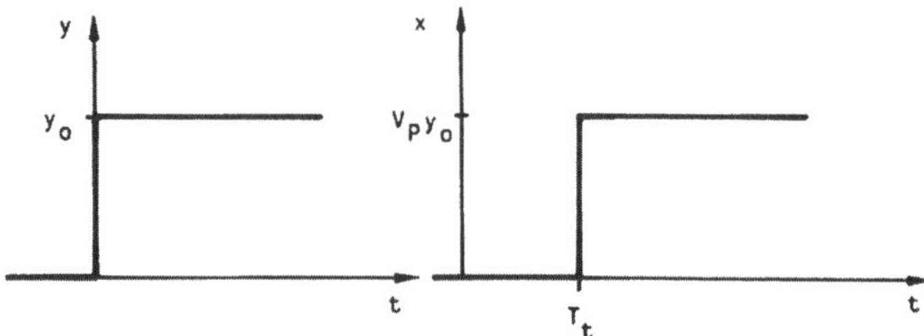

Bild 55 Sprung und Sprungantwort des PT_t-Systems Förderband

3.1.4 Beispiele

Unsere bisherigen Überlegungen zum Zeitverhalten haben wir unter der Voraussetzung durchgeführt, dass sich reale technische Systeme auch tatsächlich durch gewöhnliche lineare Differentialgleichungen mit konstanten Koeffizienten beschreiben lassen. Anhand einer Reihe exemplarisch ausgewählter Beispiele wollen wir nun zeigen, dass dies für die gebräuchlichsten Systeme in der Tat der Fall ist.

3.1.4.1 Systeme mit Ausgleich

Wir beginnen mit einem **mechanisch-hydraulischen** Beispiel (Bild 56).

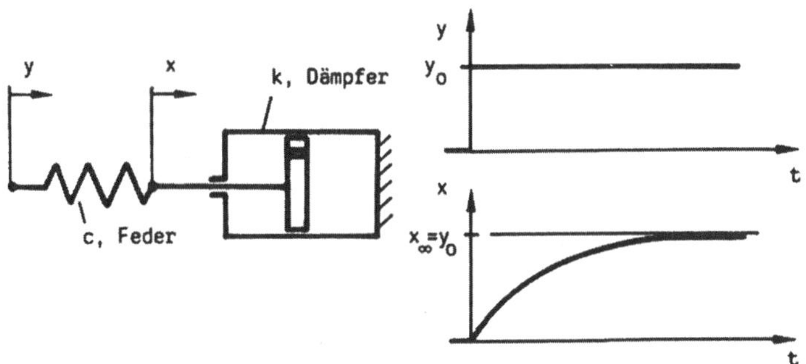

Bild 56 Sprung und Sprungantwort eines mechanisch-hydraulischen Systems

Auf das betrachtete System wird am Federende eine plötzliche Verschiebung y_0 aufgeprägt. Somit wirkt über die Feder (Federkonstante c) die Kraft

$$F_f = c\,(y_0 - x) \tag{3.99}$$

auf den Kolben des geschwindigkeitsproportionalen Dämpfers (Dämpferkonstante k, laminare Strömung durch Ausgleichsbohrung). Lassen wir dabei nur kriechende Bewegung zu (Dämpfung sei so stark, dass Massenkräfte vernachlässigt werden können), steht die Reaktionskraft des Dämpfers

$$F_D = k\,\dot{x} \tag{3.100}$$

mit der Federkraft im Gleichgewicht und es folgt durch Gleichsetzen der beiden Kräfte sofort die Dgl. für ein PT_1-Glied

$$\frac{k}{c}\,\dot{x} + x = y_0 \tag{3.101}$$

mit der Zeitkonstanten $T_s = k/c$ und der Verstärkung $V_p = 1$. Den Grenzfall reinen P-Verhaltens erreicht man bei endlichem Kraftaufwand mit $k \to 0$ (verschwindende Dämpferwirkung).

Das nächste Beispiel ist ein **pneumatisches System.**

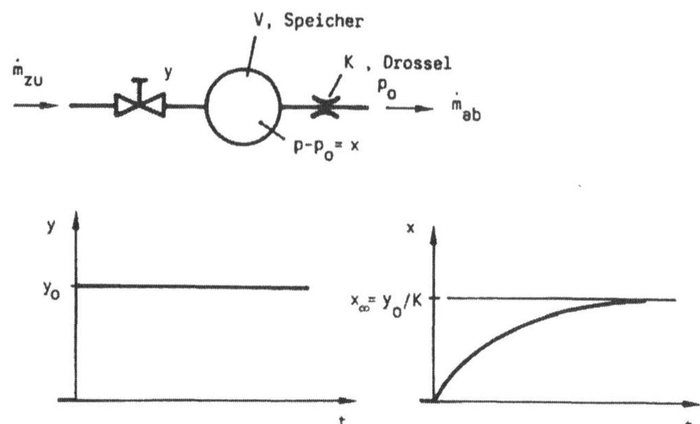

Bild 57 Sprung und Sprungantwort eines pneumatischen Systems

Nach dem Öffnen des Zuflussventils steigt der Druck p im Speicher gegenüber dem Umgebungsdruck p_0 um $x = p - p_0$ (Überdruck) von $x = 0$ an und erreicht asymptotisch den Endwert $x = x_\infty$. Die zeitliche Änderung der Masse $M = \rho V$ im Speicher entspricht dabei der Differenz aus dem zufließendem und dem abfließendem Massenstrom:

$$\dot{M} = \dot{m}_{zu} - \dot{m}_{ab} \tag{3.102}$$

Für den sprunghaft aufgeschalteten Massenstrom kann

$$\dot{m}_{zu} = y_0 \tag{3.103}$$

und für den abfließenden Massenstrom

$$\dot{m}_{ab} = K\,(p - p_0) = K\,x \tag{3.104}$$

angeschrieben werden, wobei beim Abström- bzw. Drosselgesetz (3.104) wiederum laminare Strömungsverhältnisse unterstellt werden. Wenn weiter ein ideales Gas und somit die Gültigkeit des thermischen Zustandsgesetzes

$$pV = MRT \tag{3.105}$$

vorausgesetzt wird, kann die zeitliche Änderung $\dot{M}$ der Masse im Speicher aus der Gasgleichung zu

$$\dot{M} = \frac{V}{RT}\,\dot{p} = \frac{V}{RT}\,\dot{x} \tag{3.106}$$

durch Differenzieren unter Beachtung von V = const und isothermer Zustandsänderung T = const gewonnen werden, so dass zusammen mit (3.103) und (3.104) aus (3.102) schließlich die PT_1-Gleichung

$$\frac{V}{RTK}\,\dot{x} + x = \frac{1}{K}\,y_o \tag{3.107}$$

mit T_S = V/RTK, V_p = 1/K folgt. P-Verhalten ergibt sich beim Verschwinden des Speichervolumens V → 0.

Auch das folgende **thermische System** (Bild 58) zeigt PT_1-Verhalten. Wir denken an einen Raum oder Körper (Masse M, Wärmekapazität C) mit bester Konvektion

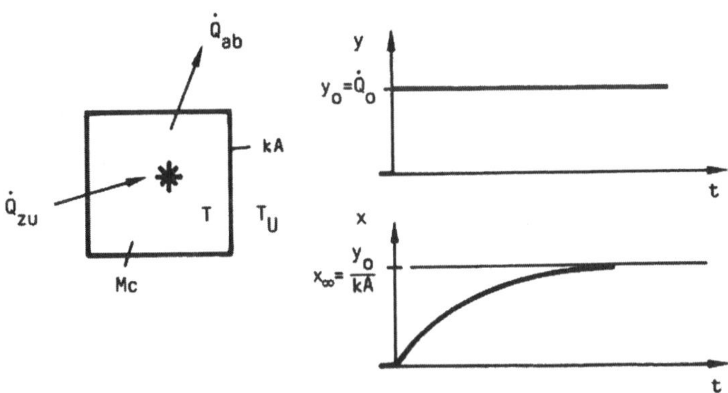

Bild 58 Beheizter Raum oder Körper

bzw. Leitfähigkeit, der zunächst die Temperatur T_U inne hatte und dann sprunghaft beheizt wird. Die Differenz zwischen der zugeführten Wärmeleistung Q_{zu} und der abgeführten Wärmeleistung Q_{ab} dient der Aufheizung des Systems:

$$Mc\,\dot{T} = \dot{Q}_{zu} - \dot{Q}_{ab} \tag{3.108}$$

Mit der sprunghaft konstant zugeführten Wärmeleistung $\dot{Q}_{zu} = \dot{Q}_o = y_o$ und der nach dem Wärmeübertragungsgesetz (Wärmeübertragungskoeffizient k, Wärmeübertragungsfläche A) abgeführten Wärmeleistung

$$\dot{Q}_{ab} = kA\,(T - T_U) \tag{3.109}$$

ergibt sich bei Vernachlässigung von Strahlungseffekten aus (3.108) dann sofort

$$\frac{Mc}{kA}\dot{T} + (T - T_U) = \frac{\dot{Q}_o}{kA} \tag{3.110}$$

und mit der Temperaturerhöhung $x = T - T_U$ als Differenz zwischen der Raum- bzw. Körpertemperatur und der Umgebungstemperatur bzw. deren Ableitung $\dot{x} = \dot{T}$ folgt die PT_1-Gleichung

$$\frac{Mc}{kA}\dot{x} + x = \frac{1}{kA}y_o \tag{3.111}$$

mit $T_s = Mc/(kA)$, $V_p = 1/(kA)$. P-Verhalten ergibt sich für $Mc \to 0$.

Ein analoges **elektrisches System** (Bild 59) besteht aus den Elementen Widerstand R und Kondensator C.

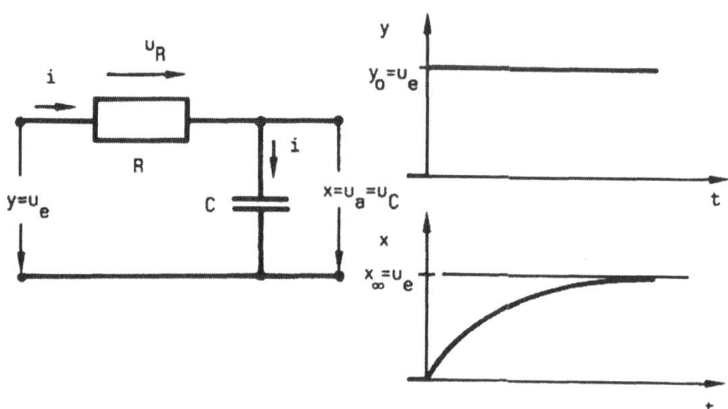

Bild 59 RC-Schaltung

Für die Schaltung gilt die Maschenregel

$$u_e = u_R + u_C \tag{3.112}$$

und bei Beachtung der Gesetze für den Widerstand

$$u_R = R\,i \tag{3.113}$$

und den Kondensator

$$i = C\,\dot{u}_C \tag{3.114}$$

folgt bei Elimination der Stromstärke i aus (3.113) und (3.114) zunächst das Zwischenresultat

$$u_R = RC\ \dot{u}_C \qquad (3.115)$$

das eingesetzt in (3.112) sofort auf

$$u_e = RC\ \dot{u}_C + u_C \qquad (3.116)$$

führt. Da als Ausgangsgröße gerade die Kondensatorspannung $u_C = u_a = x$ nach Bild 59 abgegriffen wird, die sich einstellt, wenn plötzlich die Eingangsspannung $u_e = y_0$ angelegt wird, folgt sofort in der Schreibweise der Regelungstechnik die bekannte PT_1-Gleichung

$$RC\ \dot{x} + x = y_0 \qquad (3.117)$$

mit $T_S = RC$, $V_P = 1$. Ein Stromfluss ist in dem betrachteten System nur solange zu beobachten, bis der Kondensator C aufgeladen ist, die Kondensatorspannung gleich der angelegten Konstantspannung geworden ist. P-Verhalten wird für $C \rightarrow 0$ erreicht.

Ein nicht-technisches Beispiel ist etwa der **Produktionsablauf** in einer Fabrik (Bild 60)

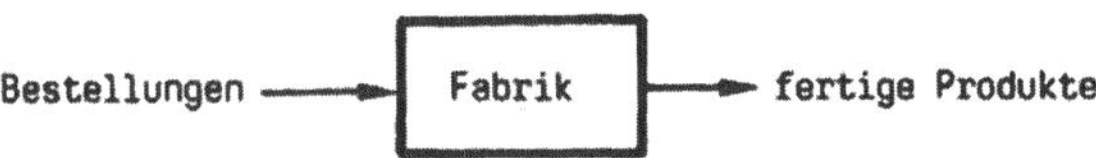

Bild 60 Produktionsablauf

Die zeitliche Änderung des Auftragsbestandes a wird bestimmt durch die Differenz zwischen der Bestellrate f_B (Stück/Zeit) und der Auslieferrate f_A (Stück/Zeit) der Produkte:

$$\dot{a} = f_B - f_A \qquad (3.118)$$

Berücksichtigt man noch die Abhängigkeit der Auslieferrate vom Auftragsbestand durch den linearen Zusammenhang

$$f_A = C\ a \qquad (3.119)$$

ergibt sich durch Einsetzen von (3.119) in (3.118) sofort die PT_1-Gleichung

$$\dot{a} + C\ a = f_B \qquad (3.120)$$

die mit $f_A = C\ a = x$ und $f_B = y_0$ in die regelungstechnisch übliche Schreibweise

$$\frac{1}{C} \dot{x} + x = y_0 \tag{3.121}$$

überführt werden kann. Das System Fabrik reagiert auf eine plötzliche Änderung der Bestellrate $f_B = y_0$ zeitlich verzögert mit der erforderlichen Steigerung der Produktions- bzw. Auslieferrate $f_A = x$. Die Anpassung an die neue Marktsituation erfolgt umso schneller, je größer die Fabrikkonstante C ist, die als ein Maß für die Flexibilität der Produktionsmittel der Fabrik gesehen werden kann.

Aus der Betrachtung der untersuchten physikalisch sehr unterschiedlichen PT_1-Systeme erkennen wir die Gemeinsamkeit, dass alles PT_1-Systeme stets aus einem Speicher und einem dazu in Reihe geschalteten Drosselelement bestehen. Die Selbstregelungseigenschaft (Systeme mit Beschränkung oder Ausgleich) ist eine Folge dieser Bauart.

Um hier nicht den falschen Eindruck entstehen zu lassen, dass es etwa nur solche domestizierten Systeme 1.Ordnung gibt, betrachten wir abschließend den Zusammenhang mit einem biologischen Beispiel, das auch ökonomische Bedeutung besitzt.

Betrachtet wird eine Population. Die Zahl der Individuen sei x. Diese Zahl ändert sich über der Zeit entsprechend der Differenz zwischen der Wachstumsrate g (Geburten, Zufluss) und der Sterberate d (Todesfälle, Abfluss). Wie in unseren technischen Beispielen gilt dann die Speichergleichung:

$$\dot{x} = g - d \tag{3.122}$$

Die Wachstums- und Todesraten hängen sicherlich von der vorhandenen Zahl von Individuen ab. Im einfachsten Fall kann

$$g = \alpha x, \quad d = \beta x \tag{3.123}$$

angenommen werden. Die Faktoren α und β, durch die äußere Einflüsse (Futter, Klima, Umwelt) beschrieben werden, seien einfachheitshalber konstant. Dann gilt die Populationsgleichung

$$\dot{x} + (\beta - \alpha) x = 0 \tag{3.124}$$

die wegen ihrer Homogenität nur exponentiell wachsende ($\alpha > \beta$) oder exponentiell zerfallende ($\alpha < \beta$) Populationen zulässt. Ein Gleichgewicht wie bei unseren technischen Beispielen (Systeme mit Ausgleich) ist hier gar nicht möglich, denn $\dot{x} = 0$ (Gleichgewicht) kann nur durch die extreme Situation $\alpha = \beta$ erreicht werden, die aber offensichtlich instabil ist. Um ein solches System zu stabilisieren, müssen entweder die Koeffizienten α, β selbst von x abhängen ($\rightarrow$ nichtlineare logistische Gleichung) oder aber die Dgl. muss inhomogen sein. Genau das letztere ist bei unseren technischen PT_1-Beispielen stets der Fall. Die auf das jeweilige System aufgeprägte Größe y ist unabhängig von der Ausgangsgröße x. Die technischen Systeme verhalten sich also entsprechend

$$\dot{x} + \beta x = g \tag{3.125}$$

womit stets ein existierendes Gleichgewicht

$$x = x_\infty = \frac{g}{\beta} \tag{3.126}$$

gegeben ist, das aus der Bedingung $\dot{x} = 0$ folgt. Systeme der betrachteten Art besitzen eine konstante Geburtenrate und sind deshalb in ihrem Verhalten beschränkt. Ein ganz anderes Verhalten zeigen Wirtschaftssysteme, die von der Populationsgleichung

$$\dot{x} - k x = 0 \tag{3.127}$$

beherrscht werden. Auffallend ist hierbei, dass es bei diesen Systemen gar kein Eingangssignal y gibt ($\rightarrow$ homogene Dgl.). Trotzdem führen kleinste Störungen z $= \varepsilon$ zu einem ungehemmten, exponentiellen Wachstum. Wirtschaftssysteme sind autokatalytisch (Bild 61) und erschaffen sich aus sich selbst.

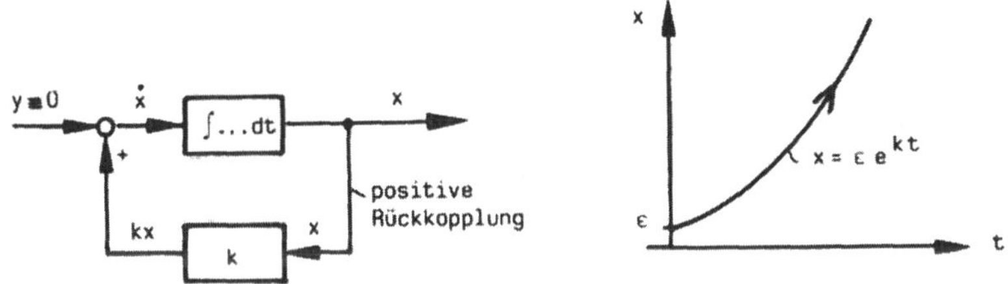

Bild 61 Autokatalytisches System

Dazu rauben sie die erforderlichen Ressourcen aus der Umwelt. Diese Raubeigenschaft macht die mögliche Abschöpfung dieser Systeme zum Zweck des Konsums möglich. Das Entstehen und Wachsen derartiger Systeme setzt offensichtlich nur eine Störung und eine Regel- oder Denkvorschrift voraus, der etwa bei einer Unternehmensgründung die Geschäftsidee und der Wille es zu tun entspricht.

Bleibt noch anzumerken, dass wir allein im Idealfall des elektrischen Beispiels ohne jegliche Voraussetzung oder Einschränkung die linearen Verhältnisse vorgefunden haben, die streng auf eine PT_1-Gleichung führen. In allen anderen Fällen musste die Linearität durch Einschränkungen erzwungen werden.

Dies ist auch letztlich der Hintergrund, der im Rahmen der klassischen Regelungstechnik (linear, konstante Koeffizienten) bevorzugt auf Regler elektrischer Bauart führt, da sich die zum Bau erforderlichen elektrischen Elemente echt linear verhalten.

Systeme mit Verzögerung höherer Ordnung erhält man in einfacher Weise durch entsprechend wiederholtes Hintereinander-Schalten von PT_1-Systemen. Wir zeigen dies exemplarisch für ein **pneumatisches PT_2-System**. Zu diesem Zweck wird das behandelte System nach Bild 57 durch Hinterherschalten (Bild 62) eines weiteren Speicher/Drossel-Elements erweitert. Sind beide Speicher (Volumen V) und beide Drosseln (Drosselkoeffizient K) identisch, gilt entsprechend

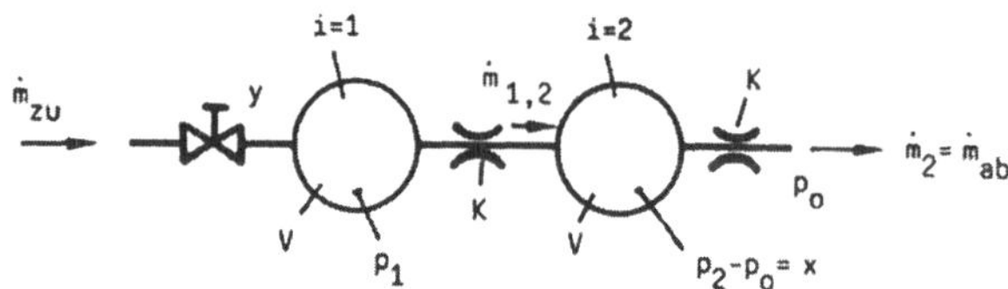

Bild 62 Reihenschaltung zweier pneumatischer PT_1-Systeme

(3.106), (3.102), (3.104) für den hinteren Speicher i = 2

$$\dot{M}_2 = \frac{V}{RT}\,\dot{p}_2 = \dot{m}_{1,2} - \dot{m}_2 = K\,(p_1 - p_2) - K\,(p_2 - p_o) \tag{3.128}$$

und für den vorderen Speicher i = 1 unter Berücksichtigung von (3.103)

$$\dot{M}_1 = \frac{V}{RT}\,\dot{p}_1 = \dot{m}_{zu} - \dot{m}_{1,2} = y_o - K\,(p_1 - p_2) \tag{3.129}$$

so dass durch Auflösen von (3.128) nach

$$p_1 = - p_o + \frac{V}{RTK}\,\dot{p}_2 + 2\,p_2 , \quad \dot{p}_1 = \frac{V}{RTK}\,\ddot{p}_2 + 2\,\dot{p}_2 \tag{3.130}$$

und Einsetzen von (3.130) in (3.129) sofort die PT_2-Gleichung

$$\left(\frac{V}{RTK}\right)^2 \ddot{p}_2 + 3\left(\frac{V}{RTK}\right)\dot{p}_2 + (p_2 - p_o) = \frac{1}{K}\,y_o \tag{3.131}$$

folgt, die in regelungstechnischer Schreibweise mit $x = p_2 - p_o$, der Zeitkonstanten $T = V/(RTK)$ und der Verstärkung $Vp = 1/K$ die Form

$$T^2\ddot{x} + 3T\dot{x} + x = V_p y_o \tag{3.132}$$

annimmt.

Wie dieses letzte Beispiel gezeigt hat, liegt insbesondere PT_2-Verhalten vor, wenn ein System zwei Energiespeicher besitzt. Da dies aber auch bei einem **mechanischen Masse/Feder/Dämpfer-System** (Bild 63) oder einem analogen **elektrischen Spule/Kondensator/Widerstand-System** (Bild 63) der Fall ist, kann PT_2-Verhalten auch mit diesen Anordnungen erreicht werden.

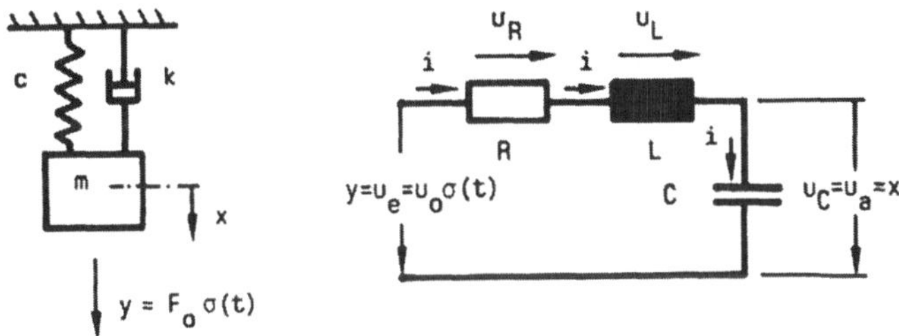

Bild 63 Zur Analogie zwischen mechanischen und elektrischen Schwingungssystemen

Die das mechanische m,k,c-System beschreibende Dgl. erhalten wir durch Anschreiben des dynamischen Grundgesetzes. Dazu denken wir uns die Masse frei gemacht (Bild 64), so dass die Reaktionskräfte der linearen Feder (Federkonstante c) und des geschwindigkeitsproportionalen Dämpfers (Dämpferkonstante k) sichtbar werden, die aufgrund der dem System aufgeprägten Kraft $y_o = F_o \sigma(t)$ entstehen.

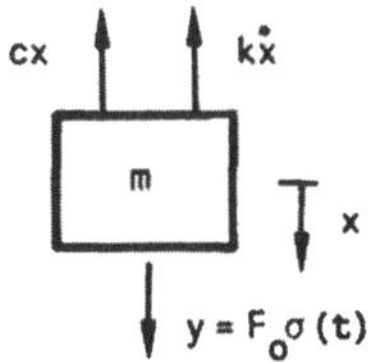

Bild 64 Freigeschnittene Masse mit den Reaktionskräften der Feder und des Dämpfers

Nach Newton gilt dann

$$m\ddot{x} = -cx - k\dot{x} + F_o\sigma(t)\,^4 \tag{3.133}$$

oder in regelungstechnischer Schreibweise

$$T^2\ddot{x} + 2DT\dot{x} + x = V_p y_o \tag{3.134}$$

wenn mit den in Abschnitt 3.1.1.3 definierten Größen $T = 1/\omega_o = 1/\sqrt{c/m}$, $D = k/(2\sqrt{mc})$, $V_p = 1/c$ operiert wird. Eine ganz analoge PT_2-Gleichung erhalten wir für das elektrische LRC-Schwingungssystem. Denn nach der Maschenregel (Bild 63) gilt

$$u_e = u_R + u_L + u_C = u_o\,\sigma(t) \tag{3.135}$$

und mit den Gesetzen für die elektrischen Bauteile

$$R:\quad u_R = R\,i \tag{3.136}$$

$$C:\quad i = C\,\dot{u}_C \tag{3.137}$$

$$L:\quad u_L = L\dot{i} \tag{3.138}$$

kann bei Beachtung von $u_C = u_a$ (3.135) in die Form

$$u_e = R\,i + L\dot{i} + u_a \tag{3.139}$$

gebracht werden, die durch Elimination der Stromstärke i nach (3.137) bzw. deren Ableitung $\dot{i} = di/dt = C\ddot{u}_a$ sofort auf die PT_2-Gleichung

$$LC\,\ddot{u}_a + RC\,\dot{u}_a + u_a = u_e \tag{3.140}$$

führt, die mit $T = \sqrt{LC}$, $D = R/(2\sqrt{L/C})$, $V_p = 1$ identisch mit (3.134) ist. Zwischen den beiden betrachteten Systemen besteht also eine enge Analogie: Masse $\rightarrow$ Induktivität (Spule), Dämpfung $\rightarrow$ elektrischem Widerstand, Feder $\rightarrow$ Kondensator. Die beiden Energiespeicher sind die Masse (kinetische Energie) und die Feder (potentielle Energie) bzw. die Spule und der Kondensator. Das Zeitverhalten mechanischer Systeme kann somit leicht elektrisch simuliert werden. Die praktische Bedeutung dieser Simulation (Analogrechner) ist jedoch durch die mittlerweile große Verfügbarkeit von Digitalrechnern nicht mehr relevant.

Wir betrachten abschließend noch ein System **mechanischer hydraulischer** Bauart mit DT_1-Verhalten. Der Vorhalt wird in diesem Beispiel durch Vertau-

---

[4] Hinweis: Die Schwingung erfolgt um die statische Ruhelage. Deshalb kommt in (3.133) die bereits kompensierte Gewichtskraft nicht vor.

schen der Elemente des bereits studierten Feder/Dämpfer-Systems (Bild 56) erreicht. In der dann vorliegenden Anordnung (Bild 65)

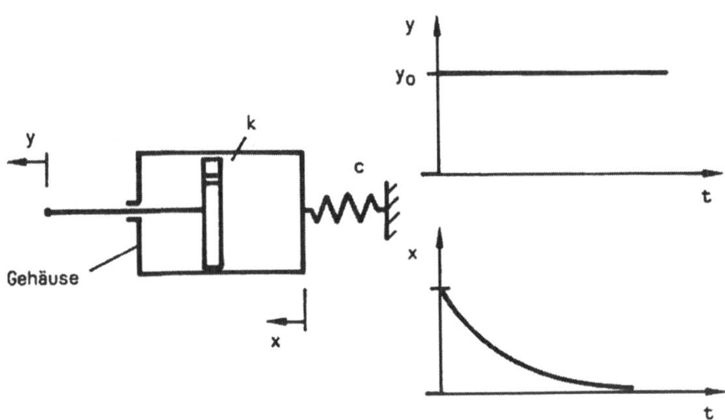

Bild 65 DT_1-Verhalten eines mechanisch-hydraulischen Systems

wirkt auf das Dämpfergehäuse einerseits die Federkraft

$$F_f = c\,x \tag{3.141}$$

und andererseits die Dämpferkraft

$$F_D = k\,\dot{\xi} = k\,(\dot{y} - \dot{x}) \tag{3.142}$$

die sich aus der Relativbewegung $\xi = y - x$ ergibt. Durch Gleichsetzen der Kräfte (masseloses System $\rightarrow$ Statik) folgt sofort die DT_1-Gleichung

$$T_s\,\dot{x} + x = V_p T_D\,\dot{y} \tag{3.143}$$

mit $T_s = V_p T_D = k/c$. Beim Aufprägen einer sprungartigen Verschiebung $y = y_0$ für $t \geq 0$ verhalten sich Kolben und Gehäuse des Dämpfers zunächst starr wie ein Teil ($x = y$), so dass allein die Feder um $x = y_0$ ausgelenkt wird. Mit fortschreitender Zeit zieht dann die Feder das Gehäuse zurück, bis schließlich wieder Gleichgewicht herrscht, die Feder ganz entspannt ist. Die Größe x relaxiert somit vom sprunghaft erreichten Anfangswert $x(0) = y_0$ auf $x_\infty = 0$ und zeigt somit DT_1-Verhalten. Eine entsprechende **elektrische** Schaltung zeigt Bild 66

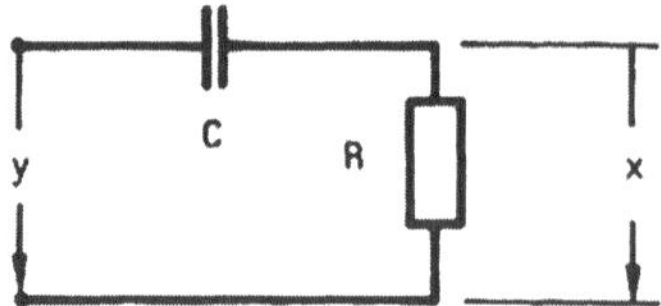

Bild 66 Elektrisches DT1-System

das durch Vergleich mit Bild 59 noch deutlicher die Vertauschung der Elemente zeigt, durch die aus einem PT_1-System ein DT_1-System gemacht werden kann.

3.1.4.2 Systeme ohne Ausgleich

Das einfachste und zugleich auch anschaulichste System ohne Ausgleich ist ein Behälter, der durch ständiges Einspeisen überläuft (Bild 67).

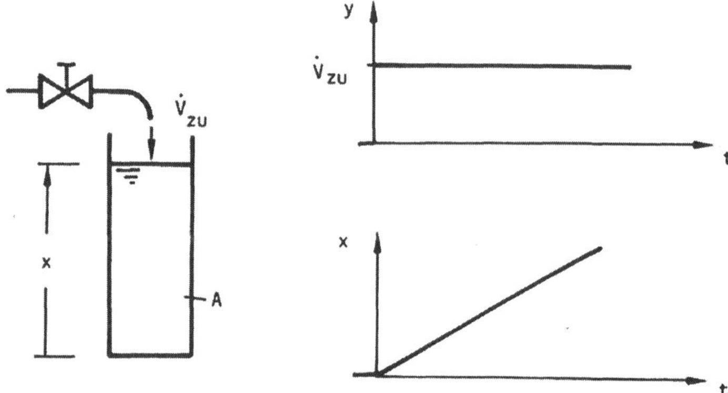

Bild 67 Überlaufen eines Behälters als Sprungantwort

In diesem **hydraulischen** Beispiel sei x die Ortskoordinate zur Beschreibung des Flüssigkeitsstandes (freie Oberfläche) im Behälter. Dann ist $\dot{x}$ die Geschwindigkeit der Flüssigkeitsteilchen an der freien Oberfläche, die vom konstant aufgeprägtem Volumenstrom $\dot{V}_{zu} = y_o$ abhängt. Bei Beachtung des Behälterquerschnitts A kann dann

$$\dot{x} = \frac{1}{A}\,\dot{V}_{zu} = \frac{1}{A}\,y_0 \qquad\qquad (3.144)$$

geschrieben werden. Aus dem Fehlen des Terms ohne Ableitung erkennen wir sofort, dass es sich um ein System ohne Ausgleich (I-System) handelt. In der Schreibweise der Regelungstechnik beschreiben wir ein solches System mit der Gleichung

$$\dot{x} = V_I\, y_0 \qquad\qquad (3.145)$$

wobei die Verstärkung

$$V_I = 1/A \qquad\qquad (3.146)$$

die Bedeutung des reziproken Behälterquerschnitts besitzt.

Eine zusätzliche Zeitverzögerung wird etwa mit der in Bild 68 dargestellten Erweiterung des soeben betrachteten verzögerungsfreien I-Systems erreicht.

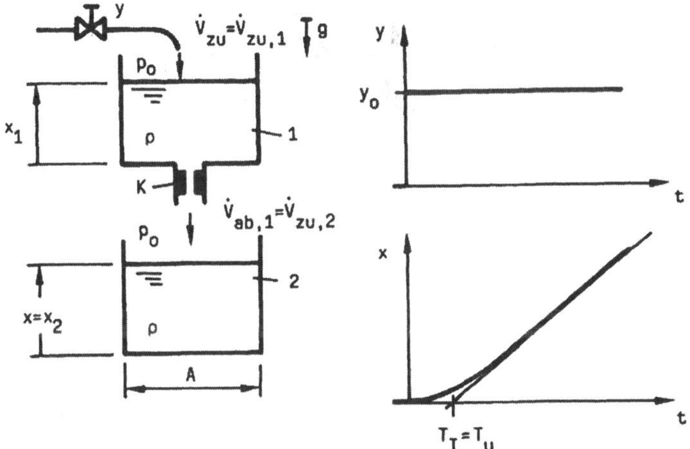

Bild 68 Beispiel für ein IT_1-System

Für den Behälter 1 gilt jetzt

$$\dot{x}_1 = \frac{1}{A}(\dot{V}_{zu,1} - \dot{V}_{ab,1}) \qquad\qquad (3.147)$$

wogegen die Geschwindigkeit der Flüssigkeitsteilchen an der freien Oberfläche des Behälters 2 der Vorschrift

$$\dot{x}_2 = \frac{1}{A}\,\dot{V}_{zu,2} = \frac{1}{A}\dot{V}_{ab,1} \tag{3.148}$$

gehorcht, da wie im Beispiel zuvor kein Abfluss vorhanden ist. Unterstellen wir wieder ein laminares Drosselverhalten (Drosselkoeffizient K) zum Erreichen linearer Verhältnisse, kann für den Abfluss bei Beachtung des statischen Drucks am Behälterboden

$$\dot{V}_{ab,1} = \dot{V}_{zu,2} = K(p - p_o) = Kg\rho\,x_1 \tag{3.149}$$

geschrieben werden. Durch Einsetzen von (3.149) in (3.147) folgt einerseits

$$\dot{x}_1 = \frac{1}{A}(\dot{V}_{zu,1} - Kg\rho\,x_1) \tag{3.150}$$

andererseits findet man durch Gleichsetzen von (3.149) und (3.148)

$$\dot{x}_2 = \frac{1}{A}Kg\rho\,x_1 \tag{3.151}$$

so dass nach der Elimination von x_1, $\dot{x}_1$ in (3.150) mit Hilfe von (3.151) und unter Beachtung der Ableitung

$$\ddot{x}_2 = \frac{1}{A}Kg\rho\,\dot{x}_1 \tag{3.152}$$

schließlich die IT_1-Gleichung

$$\frac{A}{Kg\rho}\ddot{x}_2 = \frac{1}{A}(\dot{V}_{zu,1} - A\,\dot{x}_2) \tag{3.153}$$

erscheint. Mit $x = x_2$, der Zeitkonstanten $T_I = A/(Kg\,\rho)$, der Verstärkung $V_I = 1/A$ und der Störung $y = y_o = \dot{V}_{zu,1}$ erhält man dann die IT_1-Gleichung in der mittlerweile gewohnten Schreibweise

$$T_I\ddot{x} + \dot{x} = V_I y_o \tag{3.154}$$

als Gesetz für das zeitliche Verhalten des Füllstandes im Behälter 2 des betrachteten Systems (Bild 68). Die verzögerte Reaktion tritt ein, weil der Behälter 1 nach Einschalten des Zuflusses sich erst füllen muss, damit der Zufluss in den Behälter 2 stationär wird. Mathematisch wird dies sofort durch einen Blick auf Gl. (3.150) bestätigt, denn diese Gleichung für den Flüssigkeitsstand x_1 im Behälter 1 ist eine PT_1-Gleichung. Unmittelbar zu erkennen ist die zeitliche Verzögerung der Antwort $x = x_2$ des betrachteten Systems an Gl. (3.151), die zur Einschaltzeit $t = 0$ (Behälter 1 ist noch leer $\rightarrow x_1 = 0$) die Anfangsgeschwindigkeit der Flüssigkeitsteilchen an der Oberfläche des letztlich interessierenden Behälters 2 zu $\dot{x}(0) = \dot{x}_2(0) = 0$ ausweist.

3.2 Geräte-Regler und Regelkreis

Wir betrachten jetzt klassische Geräte-Regler, die sich aus P-, I- und D-Gliedern aufbauen lassen.

3.2.1 P-Regler

Die einfachsten Regler besitzen nur ein P-Übertragungsglied. Die Fähigkeit solcher P-Regler haben wir bereits bei der Untersuchung des stationären Verhaltens (Abs. 2.3) kennengelernt. Beim Aufschalten einer Störung z auf einen Regelkreis (RK) stellt sich stets eine bleibende Regelabweichung $x_w = x_\infty$ ein. Um dieses nochmals zu demonstrieren, betrachten wir den besonders einfachen Regelkreis nach Bild 69, der aus einer P-Strecke (V_S) und einem P-Regler (V_R) besteht.

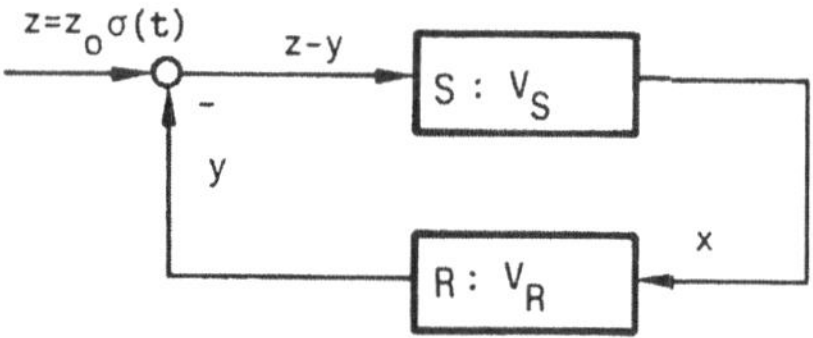

Bild 69 Mit P-Regler geregelte P-Strecke

Durch Anschreiben der Gleichungen für die Strecke (S) und den Regler (R)

$$S: \quad x = V_S\,(z - y) \tag{3.155}$$

$$R: \quad y = V_R\,x \tag{3.156}$$

mit den Parametern $V_S > 0$, $V_R > 0$[1] , die wir als die Verstärkungen von Strecke und Regler kennengelernt haben, wird durch Einsetzen von (3.156) in (3.155) die Stellgröße y eliminiert, und man erhält sofort die Gleichung für das zeitliche Verhalten der Regelgröße

---

[1] Anders als in Abschnitt 2.3 gilt im folgenden immer $V_R > 0$ und $V_S > 0$. Hier wird die notwendige Wirkungsumkehr durch Vorzeichenumkehr des Stellsignals y entsprechend der Darstellung in Bild 69 erreicht. Anstelle $x = V_S\,y + V_Z\,z$ mit $V_S < 0$ nach (2.28) gilt jetzt $x = V_S\,(z-y)$ mit $V_S > 0$ und $z := (V_Z/V_S)\,z$.

$$\text{RK}: \quad x(t) = \frac{V_S}{1+V_R V_S}\, z(t) \qquad\qquad (3.157)$$

im Regelkreis. Prägen wir dem betrachteten System zur Zeit $t = 0$ eine sprunghafte Störung $z(t) = z_o\,\sigma(t)$ auf, stellt sich sofort das asymptotische Verhalten

$$x(t) = \frac{V_S}{1+V_R V_S}\, z_0 = x_\infty = x_w \qquad\qquad (3.158)$$

ein, das in Bild 70 dargestellt ist. Im Moment der Störaufschaltung wird zeitgleich (Information läuft mit unendlicher Geschwindigkeit) die Reaktion y des Reglers

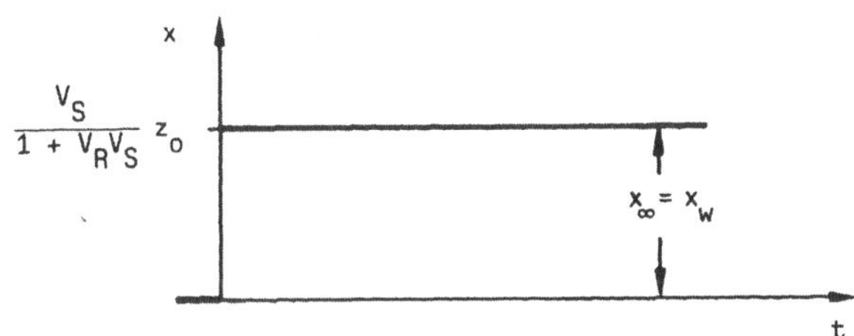

Bild 70 Störverhalten eines Regelkreises mit P-Strecke und P-Regler

hervorgerufen. Die sich dabei einstellende bleibende Regelabweichung $x_w = x_\infty$ ist offensichtlich proportional zur aufgeschalteten Störung $z = z_0$ und außerdem abhängig von den Verstärkungen V_S, V_R. Wie bereits in Abs. 2.3.3 bemerkt, kann durch Vergrößern der Verstärkung V_R des Reglers die bleibende Regelabweichung x_w verkleinert werden. Da ein solches Vorgehen jedoch bei Regelstrecken mit großen Zeitverzögerungen, die man in der Praxis in der Regel vorfindet, zu Stabilitätsproblemen führt, verwendet man besser PI-Regler, die die Regelabweichung auch bei mäßigen Verstärkungen des P-Anteils asymptotisch verschwinden lassen.

3.2.2 PI-Regler

Um das asymptotische I-Regelverhalten verstehen zu können, betrachten wir dieses zunächst in Reinkultur. Zu diesem Zweck ersetzen wir in unserem einfachen Regelkreis (Bild 69) den P-Regler durch einen reinen I-Regler. Für die P-Strecke gilt dann wie zuvor

$$S: \quad x = V_S\,(z\text{-}y) \tag{3.159}$$

und für den I-Regler kann mit unseren Kenntnissen über I-Regelstrecken nach (3.79), Abs. 3.1.2.1

$$R: \quad \dot{y} = V_I\,x \quad \text{oder } y = V_I \int x\,dt \tag{3.160}$$

geschrieben werden, wenn man die Bedeutung von x als Eingangssignal und y als Ausgangssignal beachtet und unter V_I die Verstärkung versteht.

Durch Elimination der Stellgröße y erhält man aus (3.159), (3.160) sofort wieder die Gleichung für den Regelkreis, jetzt in der integralen Darstellung

$$RK: \quad x = V_S\,z - V_S V_I \int x\,dt \tag{3.161}$$

die differenziert auf die zugehörige Dgl. zur Beschreibung des Verhaltens des Regelkreises

$$\frac{d}{dt} \,:\quad \frac{1}{V_S V_I}\,\dot{x} + x = \frac{1}{V_I}\,\dot{z} \tag{3.162}$$

führt, die zudem homogen wird

$$\frac{1}{V_I V_S}\,\dot{x} + x = 0 \tag{3.163}$$

wenn wiederum eine sprunghafte Störung $z(t) = z_o\sigma(t) \rightarrow \dot{z} = \dot{z}_o = 0$ für $t \geq 0$ aufgeschaltet wird. Die gesuchte Lösung x(t) ergibt sich dann mit dem wirksamen Ansatz $x = e^{\lambda t}$, der das Problem algebraisiert und auf das charakteristische Polynom

$$\frac{1}{V_I V_S}\,\lambda + 1 = 0 \tag{3.164}$$

führt. Mit der einzigen Lösung

$$\lambda = -\,V_I V_S < 0 \tag{3.165}$$

lautet dann die allgemeine Lösung x(t) der Dgl. 1.Ordnung

$$x(t) = C e^{-V_I V_S\,t} \tag{3.166}$$

mit der noch freien Integrationskonstanten, die wir aus der Anfangsbedingung (AB) bestimmen. Diese Anfangsbedingung kann einerseits aus der physikalischen Vorstellung und andererseits aus der integrierten Darstellung (3.161) für das Verhalten des Regelkreises entnommen werden, die im Gegensatz zu der durch Ableitung gewonnenen Dgl. (3.162) bzw. (3.163) noch Informationen beinhaltet, die beim Differenzieren verloren gehen, die aber zur Bestimmung der Startsituation gerade gebraucht werden. Konkret ergibt sich aus (3.161) die AB zu

$$x(0) = V_S z_0 \tag{3.167}$$

die physikalisch unmittelbar zu verstehen ist. Der Startwert der Regelgröße $x(0)$ entspricht der Ausgangsgröße der Strecke bei nicht vorhandenem Regler, da der integrierende Regler zur Zeit $t = 0$ noch keinen Beitrag ($y(0) = 0$) leisten kann. Erst mit zunehmender Zeit wird mit der vom Regler erzeugten Stellgröße die Regelgröße verkleinert, bis schließlich asymptotisch $x = x_w = x_\infty = 0$ und damit das Verschwinden der Regelabweichung erreicht wird.

Mit $x(0) = V_S z_0$ folgt aus (3.166) unmittelbar $C = V_S z_0$, so dass als spezielle Lösung des Problems das Störverhalten des Regelkreises

$$x(t) = V_S z_0 \, e^{-V_I V_S t} \tag{3.168}$$

angeschrieben werden kann. Der Darstellung von (3.168) in Bild 71 entnehmen wir nochmals, dass der I-Regler der plötzlichen Störung z_0 momentan nichts

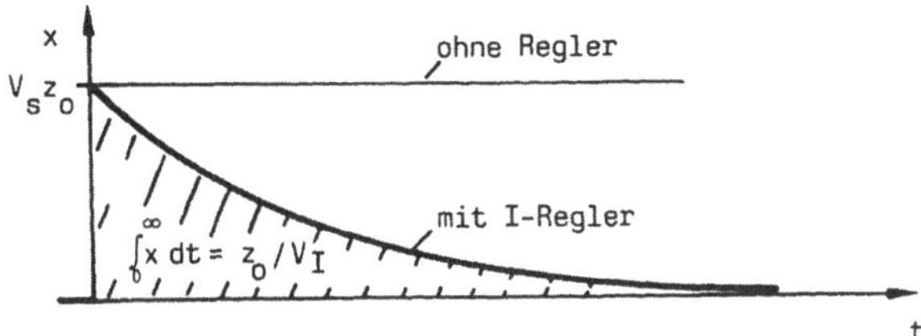

Bild 71 Störverhalten eines Regelkreises mit P-Strecke und I-Regler

entgegenzusetzen hat. Der Anfangswert $x(0) = V_S z_0$, der sich auch bei nicht vorhandenem Regler ($V_I = 0$) eingestellt hätte, wird somit allein von der Strecke bestimmt und ist im Vergleich zum Verhalten mit einem P-Regler deutlich größer. Mit zunehmender Zeit bringt der I-Regler die anfängliche Abweichung asymptotisch ganz zum Verschwinden. Der I-Regler integriert dazu so lange, bis die Fläche (Bild 71) unter der Kurve $x(t)$ nach (3.168) für $t \to \infty$ dem endlichen Wert z_0 / V_I zustrebt und damit die Stellgröße y gegen den Wert der Störung z_0 konvergiert. Die Störung z_0 ist dann voll kompensiert, das Eingangssignal in die Strecke z –y verschwindet und die Regelgröße erreicht asymptotisch den Endwert $x = x_\infty$ $= x_w = 0$.

In Bild 72 sind die beiden Störverhalten einander gegenübergestellt, die sich bei Verwendung eines P- bzw. I-Reglers ergeben. Wir erkennen sofort

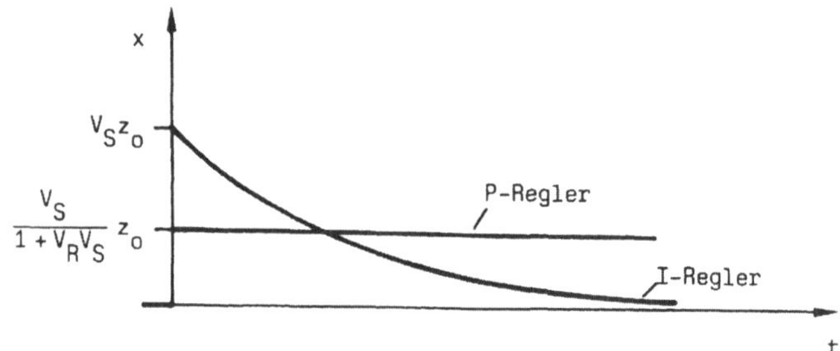

Bild 72 Typische Störverhalten eines Regelkreises mit P-Strecke bei Verwendung eines P- bzw. I-Reglers

die Vor- und Nachteile von P- und I-Reglern. Die P-Regler haben den Vorteil des sofortigen Ansprechens, dem der Nachteil der bleibenden Regelabweichung gegenübersteht. Dagegen besitzen die I-Regler den Vorteil des asymptotischen Verschwindens der Regelabweichung, haben aber das Handikap eines nur zögerlichen Reagierens. Der nun naheliegende Wunsch, in einem Regler beide Vorteile zu vereinen, führt auf die Gestaltung eines PI-Reglers, die durch Parallelschaltung des P-Teils mit dem I-Teil realisiert wird (Bild 73).

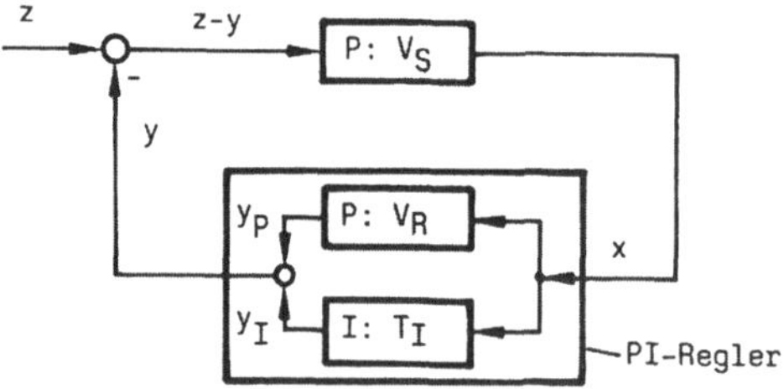

Bild 73 Durch PI-Regler geregelte P-Strecke

Für den PI-Regler gilt somit

$$\text{R:} \quad y = y_{PI} = y_p + y_I = V_R \left(x + \frac{1}{T_I} \int_o^t x \, d\tau \right) \tag{3.169}$$

wenn wir uns aus der Verstärkung V_I des I-Anteils V_R als Faktor herausgezogen denken. Die dabei aus Dimensionsgründen auftauchende Zeitkonstante $T_I = V_R/V_I$ wird auch als Nachstellzeit des Reglers bezeichnet. Schalten wir einen solchen PI-Regler auf eine P-Strecke, wird das Störverhalten des Regelkreises durch die integrale Darstellung der Regelgröße beschrieben, die sich wiederum nach Elimination von y aus (3.169) und (3.159) ergibt

$$\text{RK:} \quad x = V_S z - V_R V_S \left(x + \frac{1}{T_I} \int_o^t x \, d\tau \right) \tag{3.170}$$

die durch Differenzieren nach der Zeit und formales Umschreiben zunächst als inhomogene Dgl. erscheint

$$T_I \frac{1 + V_R V_S}{V_R V_S} \, \dot{x} + x = \frac{T_I}{V_R} \, \dot{z} \tag{3.171}$$

und schließlich wieder homogen wird, wenn wiederum allein sprunghafte Störungen $z = z_o \, \sigma(t)$ zugelassen werden:

$$T_I \frac{1 + V_R V_S}{V_R V_S} \, \dot{x} + x = 0 \tag{3.172}$$

Die zugeordnete charakteristische Gleichung

$$T_I \frac{1 + V_R V_S}{V_R V_S} \, \lambda + 1 = 0 \tag{3.173}$$

liefert mit

$$\lambda = - \frac{V_R V_S}{1 + V_R V_S} \frac{1}{T_I} < 0 \tag{3.174}$$

die allgemeine Lösung von (3.172)

$$x = C \, e^{-\frac{V_R V_S}{1 + V_R V_S} \frac{t}{T_I}} \tag{3.175}$$

mit der freien Integrationskonstanten C, die sich jetzt aus der AB

$$x(0) = \frac{V_S}{1 + V_R V_S} z_o \tag{3.176}$$

nach (3.170) zu

$$C = \frac{V_S}{1 + V_R V_S} z_o \tag{3.177}$$

berechnet. Damit kennen wir das in Bild 74 dargestellte Störverhalten

$$x(t) = \frac{V_S}{1 + V_R V_S} z_o \, e^{-\frac{V_R V_S}{1 + V_R V_S} \frac{t}{T_I}} \tag{3.178}$$

des Regelkreises nach Bild 73.

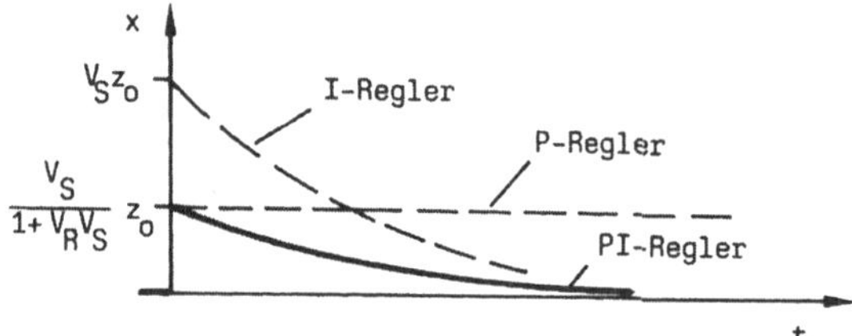

Bild 74 Störverhalten eines Regelkreises mit P-Strecke und PI-Regler

Zum Vergleich ist in Bild 74 zusätzlich das Störverhalten bei Verwendung eines reinen P- bzw. eines reinen I-Reglers gestrichelt eingezeichnet. Die Eigenschaften des PI-Reglers sprechen für sich.

3.2.3 PID-Regler

Wir erweitern den soeben betrachteten PI-Regler noch um einen D-Anteil, der ebenfalls in Parallelschaltung (Bild 75) angeordnet wird. Als Regelstrecke wird

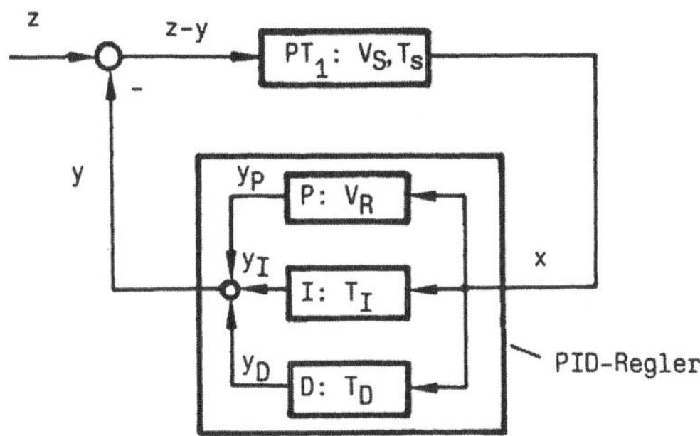

Bild 75 Durch PID-Regler geregelte PT$_1$-Strecke

jetzt ein Glied mit PT$_1$-Verhalten unterstellt, um trotz des D-Anteils bei sprunghafter Störung ein nichtsinguläres Störverhalten (Reaktion des D-Anteils bleibt
beschränkt) erzielen zu können. Für den somit definierten und in Bild 75 dargestellten Regelkreis gilt:

$$S: \quad T_S \dot{x} + x = V_S (z\text{-}y) \tag{3.179}$$

$$R: \quad y = y_{PID} = y_p + y_I + y_D = \tag{3.180}$$

$$= V_R \left(x + \frac{1}{T_I} \int_0^t x \, d\tau + T_D \dot{x} \right)$$

Ähnlich wie beim I-Anteil haben wir in der gewählten Darstellung (3.180) aus
der formalen Verstärkung V_D des D-Anteils die Verstärkung V_R des P-Anteils als
Faktor herausgezogen. Die so sichtbar gewordene Konstante $T_D = V_D/V_R$ ist
wiederum aus Dimensionsgründen eine Zeitkonstante. Diese haben wir bereits in
Abs. 3.1.1.4 kennengelernt und als Vorhaltezeit bezeichnet. Durch Elimination
von y aus (3.180) und (3.179) erhalten wir wieder die integrale Darstellung der
Regelgröße

$$T_S \dot{x} + x = V_S z - V_R V_S \left(x + \frac{1}{T_I} \int_0^t x \, d\tau + T_D \dot{x} \right) \tag{3.181}$$

die, abgeleitet nach der Zeit, hier auf die homogene Dgl. 2.Ordnung

$$T_I \left(\frac{T_S}{V_R V_S} + T_D \right) \ddot{x} + T_I \left(1 + \frac{1}{V_R V_S} \right) \dot{x} + x = 0 \tag{3.182}$$

führt, wenn beim Differenzieren wieder allein sprunghafte Störungen $z = z_0\,\sigma\,(t)$ unterstellt werden. Ohne jede Rechnung erkennen wir aus (3.182), dass allein bei vorausgesetzter Beschränkung der Regelgröße (sonst ist der Regelkreis unbrauchbar!) die Regelabweichung $x_w = x_\infty$ im PT_1/PID-Regelkreis für große Zeiten verschwindet, denn mit der Annäherung an das asymptotische Gleichgewicht (stationäres Verhalten) folgt mit $\ddot{x}\,(\infty) \rightarrow 0$, $\dot{x}\,(\infty) \rightarrow 0$ auch $x \rightarrow 0$. Dieses Verhalten, das natürlich auch für die zuvor untersuchten P/I, P/PI-Regelkreise mit den zugehörigen Dgln. (3.163), (3.172) zutrifft, wird vom I-Anteil des Reglers durch Erzeugen des charakteristischen Einzelglieds x in der jeweiligen Dgl. hervorgerufen, dessen Erzeugung letztlich Ursache für das asymptotische Verschwinden der Regelabweichung ist.

Das der Dgl. (3.182) zugeordnete Polynom ist jetzt von 2.Ordnung

$$T_I\,(\,T_D + \frac{T_S}{V_R T_S}\,)\ \lambda^2 + T_I\,(\,1 + \frac{1}{V_R V_S}\,)\ \lambda + 1 = 0 \tag{3.183}$$

und besitzt somit die beiden Lösungen (s. Abs. 3.1.1.3)

$$\lambda_{1,2} = -\frac{1}{2}\frac{a_1}{a_2} \pm \sqrt{(\frac{1}{2}\frac{a_1}{a_2})^2 - \frac{1}{a_2}} = -\frac{1}{2}\frac{a_1}{a_2}\,(\,1 \mp \sqrt{1 - \frac{4a_2}{a_1^2}}\,)\tag{3.184}$$

$$\text{mit } a_2 = T_I\,\left\{ T_S\,/(V_R V_S) + T_D \right\}$$

$$a_1 = T_I\,\left\{ 1 + 1/(V_R V_S) \right\}$$

die im allgemeinen komplex sein können. Hierin zeigt sich, dass das jetzt betrachtete PT_1/PID-Regelkreissystem schwingungsfähig ist. Damit nicht auch noch Instabilität vorliegt, müssen die Realteile der λ-Werte zudem negativ sein. Wir sehen dies sofort durch einen Blick auf die allgemeine Lösung

$$x = C_1\,e^{\lambda_1 t} + C_2\,e^{\lambda_2 t}\tag{3.185}$$

unserer homogenen Schwingungsgleichung (3.182), die das Störverhalten des betrachteten PT_1/PID-Systems beschreibt. Nur wenn die Realteile der Wurzeln λ_1, λ_2 des charakteristischen Polynoms (3.183) negativ sind

$$\text{Re}\,[\,\lambda_{1,2}\,] < 0\tag{3.186}$$

bleibt (3.185) beschränkt. Nur bei Erfüllung der Stabilitätsbedingung (3.186) wächst keine der beiden Teillösungen $x_1 \sim e^{\lambda_1 t}$, $x_2 \sim e^{\lambda_2 t}$ von (3.185) mit fortschreitender Zeit über alle Grenzen. Allein dann ist das Störverhalten asymptotisch stabil.

Einen besonders anschaulichen Überblick über die Lösungsmannigfaltigkeit des hier betrachteten schwingungsfähigen Systems, dessen stabile Lösungen wir bereits in Abs. 3.1.1.3 ausgiebig studiert haben, gibt das in der komplexen Ebene dargestellte Verzweigungsdiagramm (Bild 76).

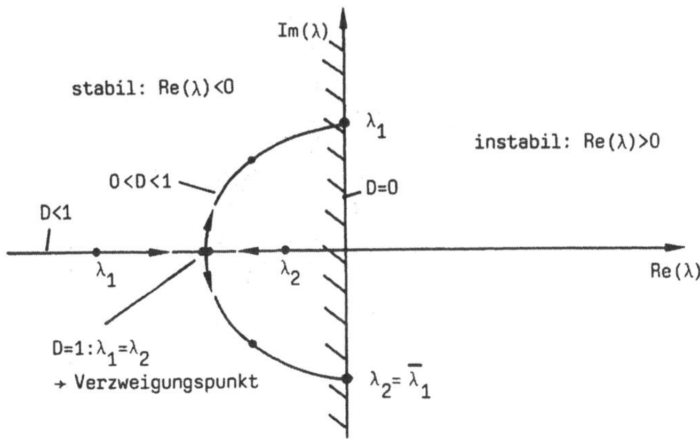

Bild 76 Verzweigungsdiagramm: Darstellung der Lösungsmannigfaltigkeit eines schwingungsfähigen Systems 2.Ordnung in der komplexen λ – Ebene

Sind beide Werte λ_1,λ_2 reell und negativ ($4a_2/a_1{}^2 < 1 \rightarrow$ Wurzel wird nie imaginär), befinden wir uns auf der reellen Achse links vom Koordinatenursprung. Beide Teillösungen x_1, x_2 klingen exponentiell ab. Gilt zudem noch $\lambda_1 = \lambda_2$ ($4a_2/a_1{}^2 = 1 \rightarrow$ Wurzel in (3.184) verschwindet) wird gerade der in Abs. 3.1.1.3 studierte aperiodische Grenzfall erreicht. Bei Annäherung an dieses besondere Verhalten, rutschen in der komplexen Ebene die beiden Werte λ_1,λ_2 zusammen. Schließlich verzweigt die Lösung, und es wird ein neues Störverhalten geboren, denn für $4a_2/a_1{}^2 > 1$ wird die Wurzel in (3.184) imaginär. Dem exponentiellen Abklingen wird jetzt ein schwingendes Verhalten überlagert. Wird dieses schwingende Verhalten dominierend, wird das Störverhalten zu einer ungedämpften Schwingung ($a_1/a_2 = 0 \rightarrow$ rein imaginär), das sich in der komplexen Ebene auf die imaginäre Achse in Form der beiden konjugiert komplexen $\lambda-Werte$ λ_1, $\lambda_2 = \overline{\lambda}_1$ abbildet. Auch dieser Grenzfall wurde bereits in Abs. 3.1.1.3 studiert und schließlich ein Dämpfungsfaktor D als Maß für die Dämpfung eines dynamischen Systems 2.Ordnung eingeführt, der jetzt anschaulich im Bild 76 der komplexen Ebene verstanden werden kann.

Den kriechenden Bewegungen, die dadurch ausgezeichnet sind, dass ihre charakteristischen λ-Werte stets auf der reellen Achse liegen, sind Werte des Dämpfungsfaktors $D \geq 1$ zugeordnet. Im anderen Extremfall haben wir die ungedämpften Schwingungen, die stets durch λ-Werte auf der imaginären Achse repräsentiert werden, denen der Dämpfungsfaktor $D = 0$ entspricht. Im Zwischenbereich $1 > D > 0$ finden sich die gedämpften Schwingungen, die in der komplexen Ebene durch konjugiert komplexe λ-Werte dargestellt werden.

Die λ-Werte werden auch Eigenwerte genannt und beinhalten die Eigenschaften des jeweils betrachteten dynamischen Systems, die unabhängig von der Störung des Systems sind und deshalb auch allein aus der zugehörigen homogenen Dgl. berechnet werden.

Durch das beschriebene Verzweigungsverhalten wird die sehr große Mannigfaltigkeit möglicher Störungsverhalten von Systemen 2.Ordnung deutlich. Bei Systemen 1.Ordnung existiert das Phänomen der Verzweigung dagegen nicht. In diesen Fällen gibt es nur einen einzigen Eigenwert, der in den zuvor betrachteten P/I-, P/PI-Systemen sowohl rein reell als auch negativ (stabil) ausfällt.

Um den möglichen positiven Einfluss eines zusätzlichen D-Glieds im Regler auf das Regelverhalten demonstrieren zu können, untersuchen wir abschließend das PT_1/PID-System mit den Parametern $V_R = V_S = 1$, $T_s = T_I = T$ für zwei unterschiedliche Vorhaltezeiten T_D.

Zunächst wählen wir $T_D = 0$. Damit reduziert sich der Regelkreis auf ein PT_1-PI-System und mit $a_2 = T^2$, $a_1 = 2T$ erhalten wir die zugehörigen identischen Eigenwerte

$$\lambda_1 = \lambda_2 = \lambda = -\frac{1}{T} \qquad (3.187)$$

die zeigen, dass bei dieser Reglereinstellung ($V_R = V_S = 1$, $T_I = T$, $T_D = 0$) gerade aperiodisches Verhalten des Regelkreises erreicht wird. Das Verhalten der Regelgröße folgt somit der aperiodischen Lösung (Abs. 3.61)

$$x = C_1\, e^{\lambda t} + C_2\, t e^{\lambda t} \qquad (3.188)$$

mit den beiden noch freien Konstanten C_1, C_2, die aus den Anfangsbedingungen $x(0) = 0$, $\dot{x}(0) = z_0/T$ zu bestimmen sind. Dabei ist das mit der Zeit lineare Startverhalten $x = \dot{x}(0)\, t$ beim Aufschalten der sprunghaften Störung eine Folge der Zeitvergrößerung durch die Strecke (PT_1-System). Die Anfangssteigung $\dot{x}(0)$ entnehmen wir dabei wiederum aus der integralen Darstellung (3.1.81). Die

Rechnung liefert $C_1 = 0$ und $C_2 = z_0/T$, so dass für die vorliegende aperiodische Lösung explizit

$$x = z_0 \, \frac{t}{T} \, e^{-t/T} \tag{3.189}$$

geschrieben werden kann.

Wird nun der D-Anteil im Regler etwa mit der Einstellung $T_D = T$ aktiviert, verändern sich mit $a_2 = 2T^2$, $a_1 = 2T$ die Eigenwerte zu

$$\lambda_{1,2} = -\frac{1}{2T} \, (1 \pm i) \tag{3.190}$$

und sind jetzt konjugiert komplex und weisen auf eine gedämpfte Schwingung hin. Die zugehörige Lösung

$$x = C_1 \, e^{\lambda_1 t} + C_2 \, e^{\lambda_2 t} \tag{3.191}$$

mit den Anfangsbedingungen $x(0) = 0$ und $\dot{x}(0) = z_0/2T$ aus (3.181) kann nach Ausklammern der Abklingfunktion $\exp \mathrm{Re}[\lambda_{1,2}] \cdot t$ mit dem negativen Realteil der Eigenwertre $\mathrm{Re}[\lambda_{1,2}] = -1/2T$ in die Form

$$x = e^{-t/2T} \, [\, C_1^* \cos(t/2T) + C_2^* \sin(t/2T) \,] \tag{3.192}$$

mit den beiden Konstanten C1*, C2* gebracht werden, die sich aus den beiden Anfangsbedingungen zu $C_1^* = 0$ und $C_2^* = z_0/2T$ berechnen, so dass schließlich die Lösung

$$x = z_0 \, e^{-t/2T} \sin(t/2T) \tag{3.193}$$

für den Regelkreis mit aktivierten D-Anteil des Reglers angegeben werden kann.

In Bild 77 ist zum Vergleich sowohl das Störverhalten im Fall $T_D = 0$ als auch im Fall $T_D = T$ dargestellt.

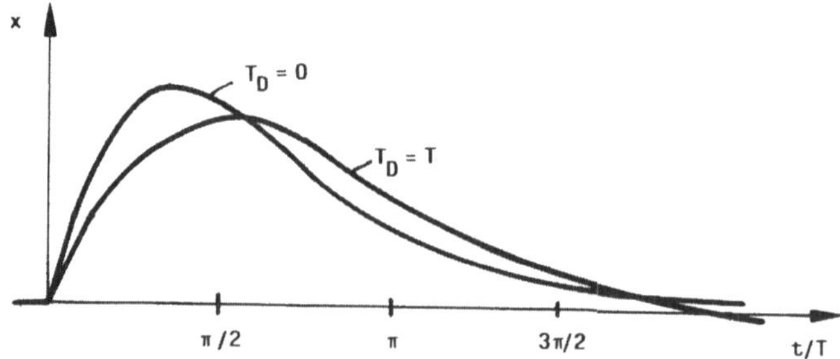

Bild 77 Vergleich des Regelkreisverhaltens ohne und mit aktivem D-Anteil des PID-Reglers

Wir sehen deutlich das jetzt verlangsamte Ansteigen der Regelgröße durch die Hinzunahme des D-Anteils nach Einschalten der Vorhaltezeit von $T_D = 0$ auf $T_D = T$ bei sonst festgehaltenen Parametern. Das Regelergebnis wird aber für die hier untersuchte Konfiguration insgesamt dennoch nicht wesentlich verbessert, da gleichzeitig mit steigendem D-Anteil die Dämpfung des Systems verringert wird. Für extreme D-Einstellungen erhält man das typische Verhalten einer nahezu ungedämpften Schwingung. Der Regler kommt in angemessener Zeit nicht zur Ruhe. Wir entnehmen dies unmittelbar aus dem Realteil der Eigenwerte

$$\mathrm{Re}\,[\lambda_{1/2}] = -\frac{1}{T}\,\frac{1}{1+T_D/T} \tag{3.194}$$

der unter den zuvor getroffenen Vereinbarungen ($V_R = V_S = 1$, $T_s = T_I = T$) sich bei Vergrößerung von T_D verkleinert und für $T_D \rightarrow \infty$ schließlich ganz verschwindet, so dass die Abklingfunktion $\exp \mathrm{Re}[\lambda_{1,2}] \cdot t \rightarrow 1$ strebt und damit die Dämpfung des Systems restlos verloren geht.

Zum Abschluss unserer theoretischen Untersuchungen wollen wir noch die Sprungantwort eines PID-Reglers aufschreiben, aus der wir die Bedeutung der Parameter V_R, T_I, T_D des P-, I- und D-Anteils erkennen und somit durch Aufschalten eines Testsprungs auch experimentell ermitteln können. Wie wir bereits wissen, kann wegen der möglichen Realisierung des PID-Verhaltens durch Parallelschaltung der drei Regleranteile (Bild 78) das Ausgangssignal y (Stellgröße)

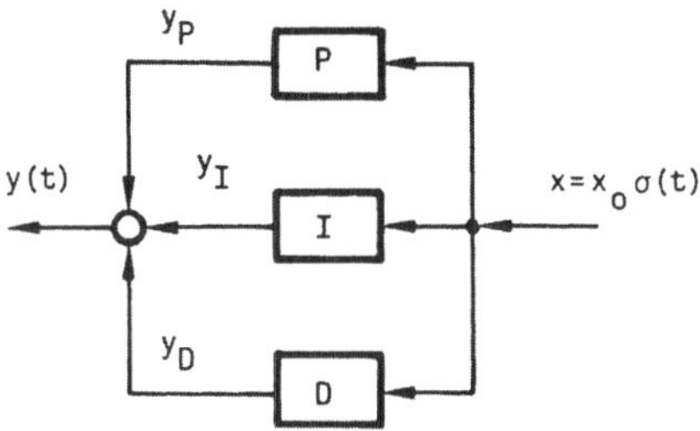

Bild 78 PID-Regler mit aufgeschaltetem Testsprung

additiv aus den drei Einzelsignalen y_p, y_I, y_D zusammengesetzt werden. Mit der für jeden beliebigen PID-Regler gültigen Gleichung

$$y = y_p + y_I + y_D \tag{3.195}$$

$$= V_R \left(x + \frac{1}{T_I} \int_0^t x \, d\tau + T_D \, \dot{x} \right)$$

ergibt sich so durch Aufschalten eines Testsprungs $x = x_o \, \sigma(t)$ die Sprungantwort

$$x = V_R \left(x_o + \frac{1}{T_I} \, x_o t + T_D x_o \, \dot{\sigma}(t) \right) \tag{3.196}$$

die in Bild 79 dargestellt ist.

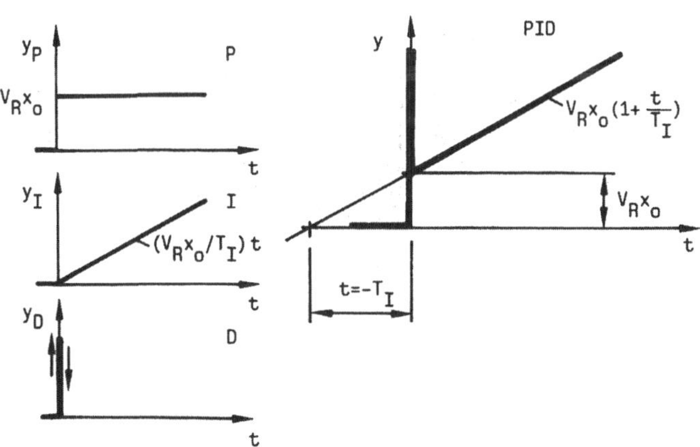

Bild 79 Sprungantwort eines PID-Reglers

Aus Bild 79 erkennen wir sofort die Bedeutung von V_R und T_I. Auf einem Mess-schrieb kann durch Verlängern der PI-Sprungantwort $y_{PI} = V_R x_o (1 + t/T_I)$ über den Koordinatenursprung hinaus bei $t = 0$ die Verstärkung V_R des P-Anteils und aus dem Schnittpunkt mit der Zeitachse auch die eingestellte Zeitkonstante T_I des I-Anteils abgelesen werden. Die Zeitkonstante T_D des D-Anteils bleibt dagegen im Bild 79 des idealen PID-Reglers wegen des singulären Verhaltens der Sprung-antwort y_D verborgen, die infolge des aufgeprägten Sprungs $x_o \sigma (t)$ einen Sprung $T_D \, x_o \, \dot{\sigma} (t)$ ins Unendliche vollführt. Will man die eingestellte Zeit T_D dennoch sichtbar machen, muss eine stetige Testfunktion verwendet werden, so dass der Anfangssprung infolge des D-Anteils beschränkt bleibt. Wählen wir als Teststörung eine Anstiegsfunktion $x = a\,t$, stellt sich als Antwort

$$y = V_R \left(a\,t + \frac{1}{2T_I} a\,t^2 + T_D a \right) \tag{3.197}$$

ein (Bild 80), aus der für $t = 0$ in der Tat die Zeitkonstante T_D entnommen werden kann.

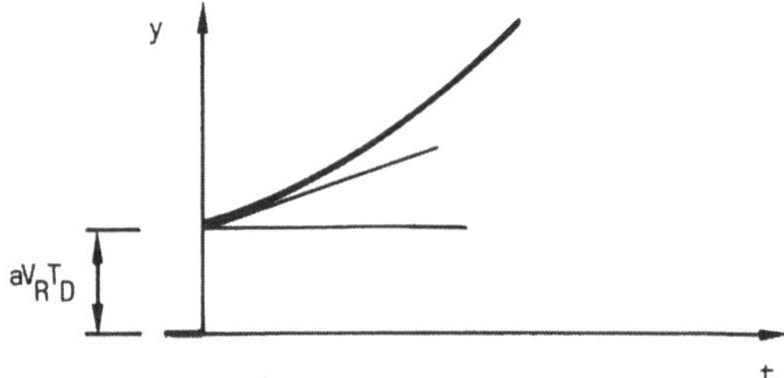

Bild 80 Anstiegsantwort eines PID-Reglers

Die technische Realisierung von PID-Reglern ist durch ganz unterschiedliche Schaltungen der P-, I- und D-Bausteine und reglerinterne Rückführungen mög-lich, die sich sowohl in elektrischen als auch hydraulischen oder pneumatischen Reglern üblicher Bauart finden lassen.

Für den Anwender ist jedoch allein von Interesse, dass jeder PID-Regler drei Einstellknöpfe (Bild 81) für die drei Parameter V_R (Verstärkung), T_I (Zeitkon-stante des I-Anteils), T_D (Zeitkonstante des D-Anteils) besitzt.

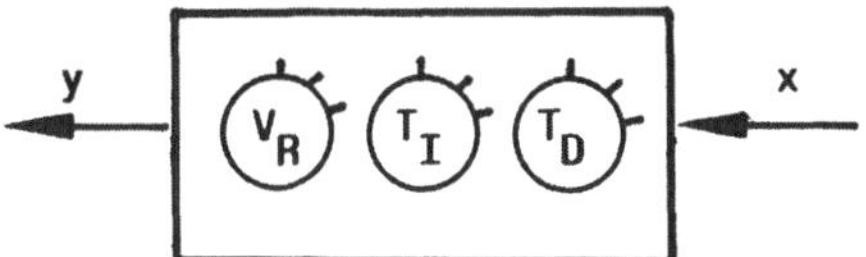

Bild 81 PID-Regler

Durch Einstellen dieser Parameter kann der Regler gezielt an eine jeweils vorgegebene Strecke so angepasst werden, dass die Regelaufgabe möglichst gut erfüllt wird. Mit $T_I = \infty$ wird ein PID-Regler zum PD-Regler, mit $T_D = 0$ zum PI-Regler und schließlich mit $T_I = \infty$ und $T_D = 0$ zum P-Regler, wie dies ein Blick auf die allgemeine Gleichung (3.180) des PID-Reglers unmittelbar zeigt.

3.3 Einfluss des Störorts

Einfachheitshalber haben wir bei allen bisherigen Untersuchungen zum Zeitverhalten immer nur Störungen zugelassen, die vor dem Eingang in die Regelstrecke auf den Regelkreis einwirken (Bild 29). Außerdem wurde eine Störung oder auch gewollte Änderung der Führungsgröße x_s ausgeschlossen. Da der Ort, an dem eine Störung auf einen Regelkreis einwirkt, die Reaktion eines solchen Systems (Zeitverhalten) beeinflusst, soll diese Ortsabhängigkeit jetzt studiert werden. Zur Demonstration des Ortseinflusses wählen wir einen Regelkreis, der gerade kompliziert genug ist, um das Wesentliche verstehen zu können. Dies ist der in Bild 82 dargestellte Regelkreis (Darstellung entsprechend Bild 9) mit einer P-Strecke (S), einem PI-Regler (R) und den drei Angriffspunkten (A_1, A_2 : Addditionsstellen, V: Vergleicher) für die Störungen z_1, z_2, z_3, dessen Zeitverhalten wir für die drei Situationen

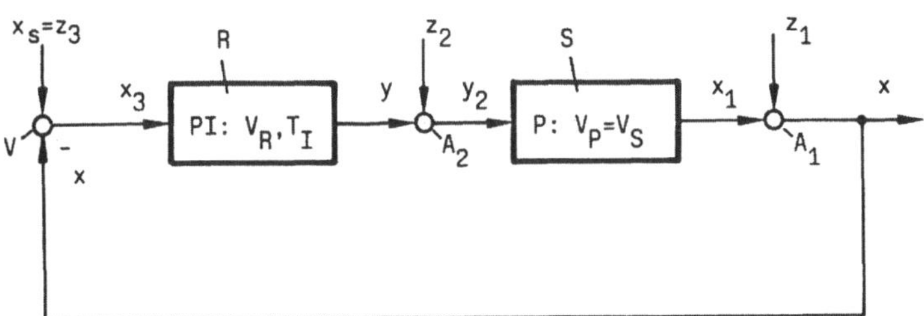

Bild 82 Regelkreis (P-Strecke / PI-Regler) mit drei Angriffspunkten zur Störung des Systems

$$\text{I: } z_1 = z_0\,\sigma(t)\,, \quad z_2 = 0\,, \qquad x_s = z_3 = 0$$

$$\text{II: } z_1 = 0\,, \qquad z_2 = z_0\,\sigma(t)\,, \quad x_s = z_3 = 0$$

$$\text{III: } z_1 = 0\,, \qquad z_2 = 0\,, \qquad x_s = z_3 = z_0\,\sigma(t)$$

untersuchen.

Ganz allgemein kann für den PI-Regler (R) und die P-Strecke (S) nach Bild 82

$$\text{R: } \quad y = V_R\left(x_3 + \frac{1}{T_I}\int_0^t x_3\,d\tau\right) \tag{3.198}$$

$$\text{S: } \quad x_1 = V_S\,y_2 \tag{3.199}$$

geschrieben werden. Die Einzelsituationen unterscheiden sich allein durch die Werte der Zwischensignale x, x_1, x_3, y, y_2. Im Fall I mit der Störung $z_1 = z_0\,\sigma(t)$ am Ausgang der Strecke lesen wir

$$x = x_1 + z_0, \quad x_3 = -x, \quad y_2 = y, \tag{3.200}$$

im Fall II mit der Störung $z_2 = z_0\,\sigma(t)$ am Eingang der Strecke bzw. am Ausgang des Reglers

$$x = x_1, \quad x_3 = -x, \quad y_2 = y + z_0 \tag{3.201}$$

und im Fall III mit der Störung $z_3 = x_s = z_0\,\sigma(t)$ am Eingang des Reglers

$$x = x_1, \quad x_3 = z_0 - x, \quad y_2 = y \tag{3.202}$$

aus Bild 82 ab. Durch Einsetzen von (3.200), (3.201), (3.202) in (3.198), (3.199) und Elimination von y erhält man dann die Gleichungen in integraler Form für das jeweilige Verhalten der Regelgröße $x(t)$:

$$\text{I: } \quad x = z_0 - V_R V_S\left[x + (1/T_I)\int_0^t x\,d\tau\right] \tag{3.203}$$

$$\text{II: } \quad x = V_S z_0 - V_R V_S\left[x + (1/T_I)\int_0^t x\,d\tau\right] \tag{3.204}$$

$$\text{III: } \quad x = -V_R V_S\left[(x - z_0) + (1/T_I)\int_0^t (x - z_0)\,d\tau\right] \tag{3.205}$$

Zur Zeit $t = 0$ liefert der I-Anteil des Reglers noch keinen Beitrag, so dass die Anfangswerte $x(0)$ des Regelkreises infolge der Störungen z_1, z_2, z_3 aus (3.203), (3.204), (3.205) zu

$$\text{I:}\quad x(0) = \frac{1}{1+V_R V_S}\, z_0 \tag{3.206}$$

$$\text{II:}\quad x(0) = \frac{V_S}{1+V_R V_S}\, z_0 \tag{3.207}$$

$$\text{III:}\quad x(0) = \frac{V_R V_S}{1+V_R V_S}\, z_0 \tag{3.208}$$

abgelesen werden können. Die unterschiedlichen Anfangswerte zeigen, dass eine Ortsabhängigkeit des Störtorts existiert. Dies wird noch deutlicher, wenn wir das asymptotische Verhalten des Regelkreises betrachten. Dazu differenzieren wir die Gleichungen für die Regelgröße (3.203), (3.204), (3.205) nach der Zeit und erhalten so die zugehörigen Dgln.

$$\text{I:}\quad T^*\dot{x} + x = 0 \tag{3.209}$$

$$\text{II:}\quad T^*\dot{x} + x = 0 \tag{3.210}$$

$$\text{III:}\quad T^*\dot{x} + x = z_0 \tag{3.211}$$

mit $T^* = T_I (1 + V_R V_S) / (V_R V_S)$, aus denen wir die asymptotischen Annäherungen an das jeweilige stationäre Verhalten ($\dot{x} \to 0$ für $t \to \infty$) ohne weitere Rechnung zu

$$\text{I:}\quad x_\infty = 0 \tag{3.212}$$

$$\text{II:}\quad x_\infty = 0 \tag{3.213}$$

$$\text{III: :}\quad x_\infty = z_0 \tag{3.214}$$

entnehmen. Damit kann qualitativ das Zeitverhalten des Regelkreises (einfachheitshalber für $V_R = 1$, $V_S > 1$) zugehörig zu den drei betrachteten Störungen z_1, z_2, z_3 skizziert werden (Bild 83).

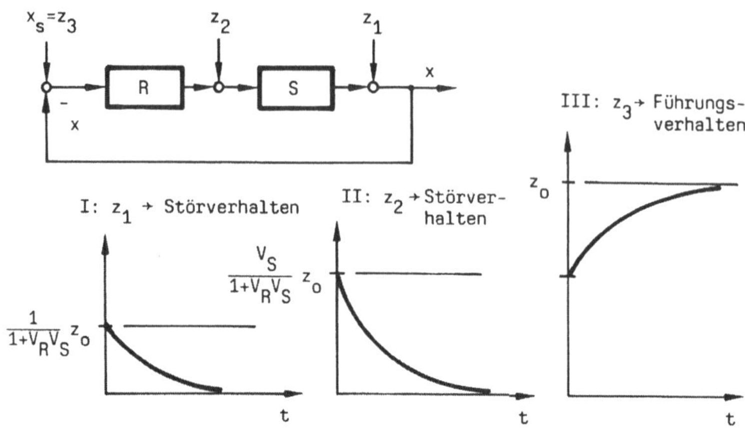

Bild 83 Regelkreisverhalten für die betrachteten Störungen z_1, z_2, z_3

Bei der Verschiebung des Angriffspunktes vom Ausgang der Strecke hin zum Eingang der Strecke zeigt sich die hier interessierende Ortsabhängigkeit allein in einer veränderten Anfangsabweichung $x(0)$ der Regelgröße x, die allein vom P-Anteil des Reglers bestimmt wird. Dabei wird asymptotisch stets das Verschwinden der Regelgröße durch den I-Anteil des Reglers erreicht. Ganz anders ist jedoch die Situation, wenn wir den Angriffspunkt der Störung noch weiter bis vor den Eingang des Reglers verschieben. Neben einer weiteren unwesentlichen Veränderung der Anfangsabweichung stellt sich jetzt eine bleibende Regelabweichung $x_\infty = z_3 = z_0$ ein. Solche Störungen des Regelkreises dürfen wir offensichtlich nicht zulassen, denn der Regler interpretiert Störungen vor dem Reglereingang als Verstellungen der Führungsgröße. Nur wenn wir die Störung $z_3 = z_0$ als gewollte Änderung des Sollwerts x_s auffassen, stellt sich ebenfalls ein Verschwinden der allerdings dann anders zu definierenden Regelabweichung   (x_w: $= x_\infty - x_s \rightarrow 0$ mit $x_\infty = z_0$, $x_s = z_0$) ein. Ein Verhalten des Regelkreises, das durch eine Verstellung der Führungsgröße verursacht wird, nennen wir Führungsverhalten, um dies vom Störungsverhalten unterscheiden zu können. Störungs- und Führungsverhalten eines Regelkreises sind somit über den Ort des externen Systemeingriffs definiert.

3.4 Signalflussbild

In Abs. 1 konnte durch die Einführung von Blockstellen die physikalische Struktur einzelner Regelkreisglieder und durch Aneinanderkoppeln aller Einzelglieder schließlich auch die Kreisstruktur des Gesamtsystems Regelkreis erkannt werden. In einem so entstandenen Blockschaltbild sind die einzelnen Teilblöcke noch Abbildungen irgendwelcher tatsächlich vorhandener Gerätegruppen. Diese Abstraktionsstufe genügt noch nicht, um die tatsächliche Grundstruktur eines Systems zu offenbaren. Deshalb wollen wir jetzt Blockschaltbilder realisieren, die allein die mathematischen Zusammenhänge zwischen den einzelnen Signalen innerhalb eines Systems sichtbar machen. Diese Art Blockschaltbilder sind abstrakte Abbildungen, die uns die wirklich wesentlichen Zusammenhänge zeigen, die von der realen Erscheinungswelt eines Systems verdeckt werden. Zur Unterscheidung von den noch gerätetechnisch orientierten Blockschaltbildern nennen wir diese mathematischen Blockschaltbilder im folgenden Signalflussbilder. Durch das Aufstellen eines Signalflussbildes werden die Wirkstrukturen eines Systems sichtbar gemacht. Signalflussbilder sind letztlich die anschaulichen Darstellungen von Differentialgleichungen[2].

Zur Erläuterung betrachten wir eine PT_1-Regelstrecke (Bild 84) mit dem Eingangssignal y und dem Ausgangssignal x und den Parametern T, δ, V, die der Dgl. gehorcht:

$$T\dot{x} + \delta x = V y \qquad\qquad (3.215)$$

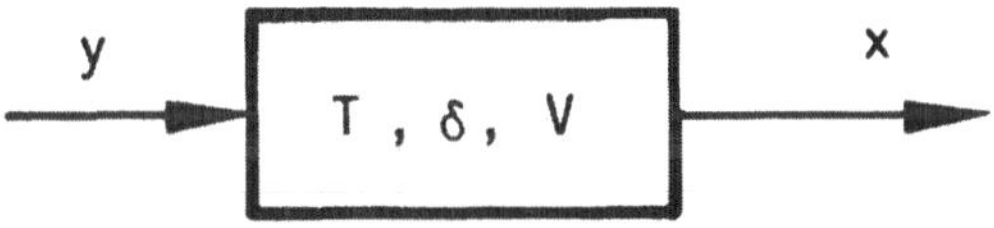

Bild 84 Blockstellen-Darstellung einer Regelstrecke mit den Parametern T, δ, V

Wir konstruieren nun anhand der Dgl. (3.215) die innere Struktur der Blockstelle. Die Information, wie man von der Eingangsgröße y zur Ausgangsgröße x gelangt, steckt in der Dgl. Durch Umschreiben von (3.215) in die Form

---

[2] Für nicht-technische Anwendungen sei hier vermerkt, dass mit Signalflussbildern auch gearbeitet werden kann, ohne dass präzise Kenntnisse in Form von Differentialgleichungen vorliegen.

$$\frac{T}{V}\dot{x} = y - \frac{\delta}{V}x \tag{3.216}$$

erkennen wir, dass sich die linke Seite von (3.216) offensichtlich dadurch ergibt, dass vom Eingangssignal y das Signal (δ/V) x abgezogen wird. Im gesuchten Signalflussbild wird dies durch den Einbau einer entsprechenden Additionsstelle am Eingang der Strecke erreicht (Bild 85).

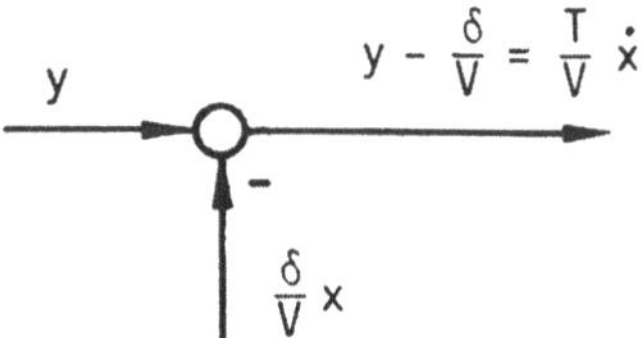

Bild 85 Additionsstelle am Eingang der Strecke

Damit stellen sich sofort zwei neue Fragen. Wie muss das Signal (T/V) $\dot{x}$ weiterbehandelt werden, damit schließlich daraus das Ausgangssignal x wird, und wo kommt das Signal (δ/V) x her? Um aus dem Signal (T/V) $\dot{x}$ das Ausgangssignal x zu machen, muss man offensichtlich das Signal (T/V) $\dot{x}$ mit dem Faktor V/T multiplizieren und dann den so entstandenen Ausdruck $\dot{x}$ einmal integrieren. Realisiert wird dies im Signalflussbild durch ein P-Glied mit der Verstärkung V/T, dem ein Integrator oder I-Glied nachgeschaltet wird (Bild 86).

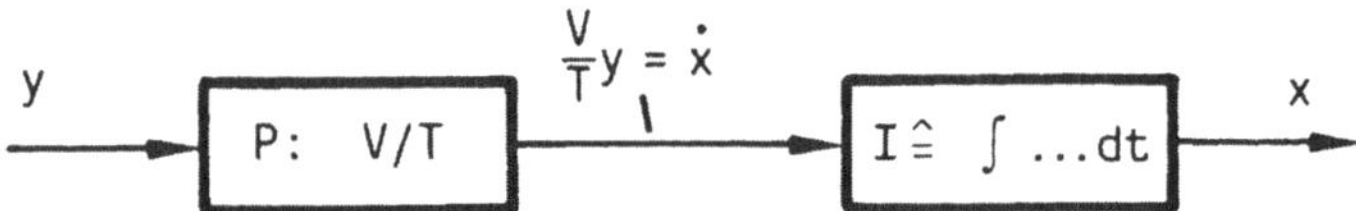

Bild 86 Umformung des Signals (T/V) $\dot{x}$ zum Ausgangssignal x durch Hintereinanderschalten eines P- und eines I-Glieds

Mit der Erzeugung des Ausgangssignals x ist auch die Frage nach der Herkunft des Signals (δ/V) x an der Additionsstelle (Bild 85) beantwortet. Das Signal (δ/V) x wird durch Rückführung der Ausgangsgröße x und Multiplikation mit dem Faktor δ/V in Form eines P-Glieds mit der Verstärkung δ/V erreicht. Das so aufgebaute Signalflussbild ist in Bild 87 dargestellt und zeigt uns die innere Struktur der durch die Dgl. (3.215) beschriebenen dynamischen Regelstrecke.

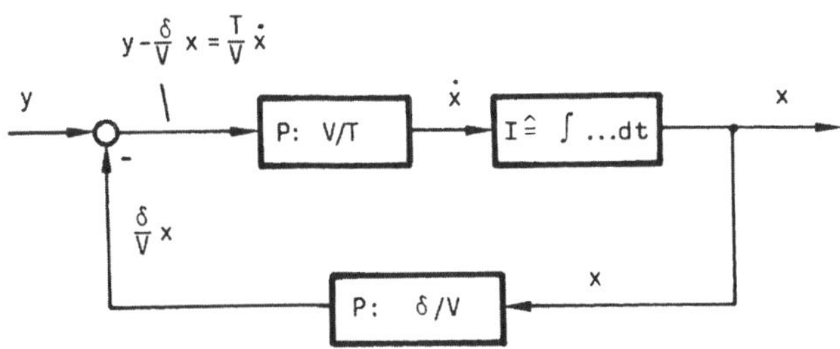

Bild 87 Signalflussbild der Regelstrecke 1.Ordnung mit den Parametern T, δ, V

Wir verstehen jetzt sofort, warum Regelstrecken nach (3.215) mit $\delta > 0$, die wir bereits als PT_1-Systeme kennengelernt haben, eine Selbstregelungseigenschaft besitzen. Solche Systeme beinhalten nämlich in sich selbst einen Regler, der in der durch das Signalflussbild offenbarten Struktur als P-Rückführung der Ausgangsgröße zur Additionsstelle am Streckeneingang erscheint, die hier als Vergleicher arbeitet. Dieser innere oder inhärente Regler bewirkt, dass asymptotisch ein stationäres Verhalten (Gleichgewicht) überhaupt möglich ist. Nehmen wir diesen Rückführungszweig durch die Wahl von $\delta = 0$ weg, wird am Vergleicher von der Eingangsgröße nichts mehr abgezogen, so dass $\dot{x} = 0$ (Gleichgewicht) gar nicht mehr möglich ist. Mit $\delta = 0$ wird die betrachtete Regelstrecke deshalb zum System ohne Ausgleich, deren Ausgangsgröße mit der Zeit unbegrenzt abdriftet. In unserer Systemklassifizierung liegt mit $\delta = 0$ eine I-Strecke vor, die sich durch das Fehlen des ableitungsfreien Terms des Ausgangssignals in der Dgl. (3.215) und damit durch das Fehlen der internen Rückführung im Signalflussbild 87 auszeichnet. Durch das Degenerieren der Dgl. (3.215) auf

$$T\,\dot{x} = V\,y \qquad (3.217)$$

bzw. des Signalflussbildes 87 auf die Darstellung nach Bild 88

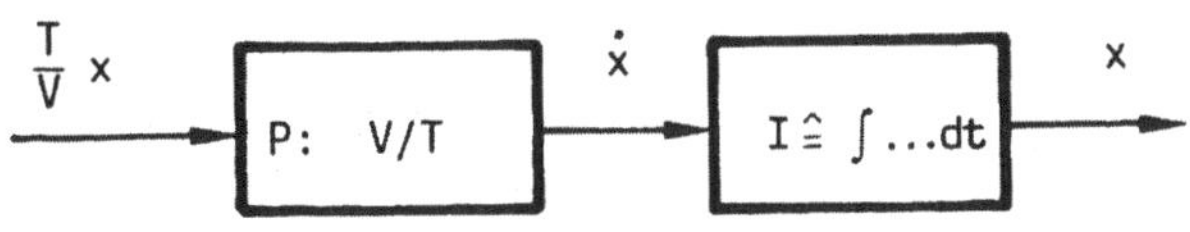

Bild 88 Auf Vorwärtszweig degeneriertes Signalflussbild im Fall $\delta = 0$

geht die Selbstregelungseigenschaft verloren. Dieses hat zur Konsequenz, dass eine Strecke ohne Ausgleich nur durch Einbau eines externen Reglers zum Gleichgewicht gezwungen werden kann. Nur durch eine künstliche oder äußere Rückführung über einen externen Regler (Bild 89) kann für das Symbiose-System Regler/Strecke ein stationäres Verhalten erzwungen und aufrecht erhalten werden.

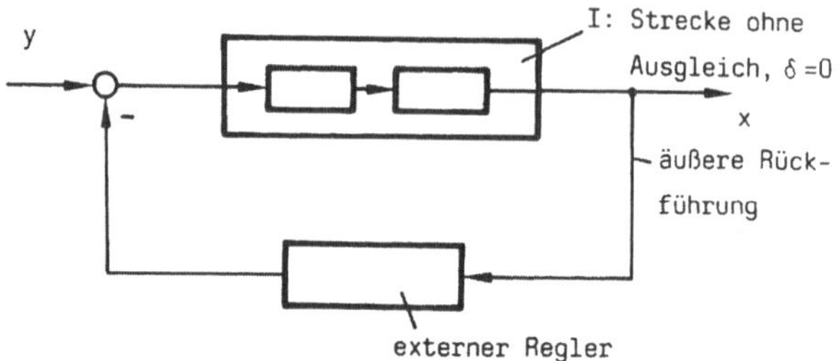

Bild 89 Symbiose-System mit Strecke ohne Ausgleich

Bauen wir in das Symbiose-System dagegen eine Strecke mit Ausgleich ein, besitzt das System zwei Regler (Bild 90). Dies ist aus sicherheitstechnischer Sicht von ausschlaggebender Bedeutung. Versagt nämlich die äußere oder künstliche

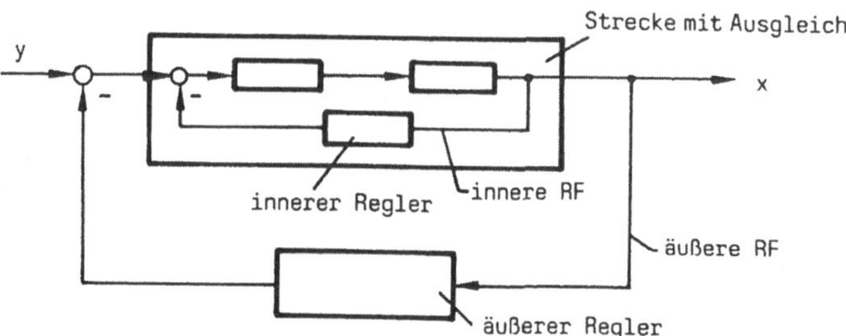

Bild 90 Symbiose-System mit Strecke mit Ausgleich

Rückführung infolge eines technischen Defekts, kann sich ein System mit internem Regler noch retten, während das System ohne internen Regler abstürzt. Im ersten Fall spricht man deshalb auch von inhärenter Sicherheit, während im zweiten Fall nur eine aktive Sicherheit gegeben ist, die bei technischem Defekt zur totalen Unsicherheit wird.

4 Stabilität

Ein Regelkreis ist nur dann brauchbar, wenn er sich stabil verhält. Die bisherigen Betrachtungen führten immer auf Eigenwert- oder Stabilitätsgleichungen in Polynomform, die man mit dem bei linearen Systemen wirksamen $e^{\lambda t}$ -Ansatz aus der homogenen Dgl. des Regelkreises erhält. Stabilität ist in diesen Fällen (Abs. 3.2.3) gegeben, wenn die Eigenwerte λ des Regelkreises ausschließlich in der linken, schraffierten Halbebene nach Bild 91 liegen, die Realteile dieser Eigenwerte negativ sind und somit ein gesichertes Abklingverhalten vorliegt. Diese Situation ändert sich, wenn wir auch Systeme mit Totzeit T_t zulassen, die in der regelungstechnischen Praxis stets vorliegen. Die Polynomform der Stabilitätsgleichung geht dann verloren (Totzeit $\rightarrow$ Stabilitätsgleichung wird transzendent), so dass die klassischen Kriterien (z. B. Hurwitz-Kriterium) versagen.

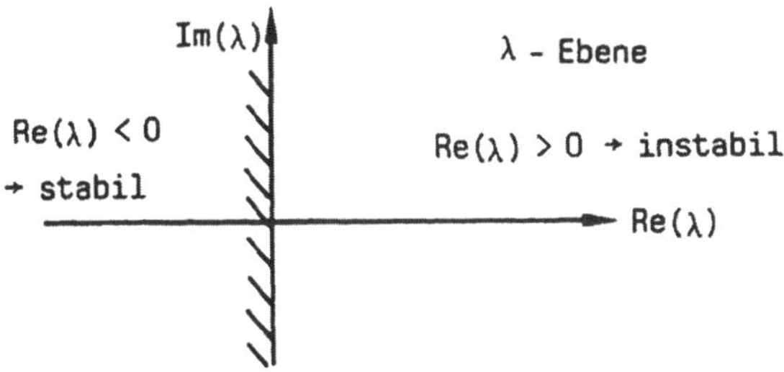

Bild 91 Stabilitätsbereich in der komplexen λ - Ebene

Wir verwenden deshalb im folgenden das in der Regelungstechnik übliche Nyquist-Kriterium, das Totzeitanteile zulässt und ohne große Rechnung Stabilitätsaussagen ermöglicht. Eine detaillierte Kenntnis der λ – Werte ist auch gar nicht vonnöten, denn es genügt letztlich eine Aussage, die sicherstellt, dass keine Eigenwerte des Regelkreises mit positiven Realteilen existieren, so dass es zu keinem instabilen Verhalten kommen kann. Um eine solche Stabilitätsaussage (Abs. 4.2) formulieren zu können, werden noch einige Hilfsmittel benötigt, die jetzt vorab bereitgestellt werden.

4.1 Frequenzgang

Wir betrachten wieder exemplarisch eine Regelstrecke (Bild 92), auf die jetzt am Streckeneingang eine harmonische Schwingung $y(t) = y_0 \sin \omega t$ aufgeprägt wird.

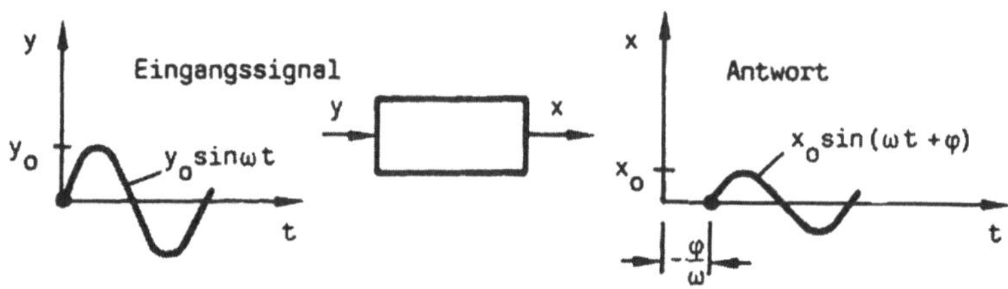

Bild 92 Antwort einer Regelstrecke beim Aufprägen eines harmonischen Eingangssignals

Nach Abklingen des Einschwingvorgangs stellt sich als Systemantwort ein sinusförmiges Ausgangssignal $x(t) = x_0 \sin(\omega t + \varphi)$ gleicher Frequenz ω ein, das im allgemeinen aber bezüglich Amplitude und Phase verändert ist. Uns interessiert deshalb das sich einstellende Amplitudenverhältnis $A = x_0/y_0$ und der zugehörige Phasenverschiebungswinkel φ. Diese beiden Informationen können leicht sowohl experimentell als auch theoretisch ermittelt werden. Wir zeigen dieses hier am Beispiel einer PT_1-Strecke, die der mittlerweile wohlbekannten Dgl.

$$T_s \, \dot{x} + x = V_S \, y \tag{4.1}$$

genügt. Mit dem aufgeprägten Eingangssignal $y = y_0 \sin \omega t$ und der Antwort im eingeschwungenen Zustand $x = x_0 \sin(\omega t + \varphi)$ folgt aus (4.1)

$$T_s \, x_0 \, \omega \cos(\omega t + \varphi) + x_0 \sin(\omega t + \varphi) = V_S \, y_0 \sin \omega t \tag{4.2}$$

und mittels der Additionstheoreme

$$\cos(\omega t + \varphi) = \cos \omega t \, \cos \varphi - \sin \omega t \, \sin \varphi \tag{4.3}$$

$$\sin(\omega t + \varphi) = \sin \omega t \, \cos \varphi + \cos \omega t \, \sin \varphi$$

kann das Zwischenresultat (4.2) so umgeschrieben werden, dass die beiden Zeitfunktionen $\sin \omega t$, $\cos \omega t$ explizit auftreten. Aus (4.2) folgt somit die Gleichung (4.4)

$$[\, T_s \omega \cos\varphi + \sin\varphi \,]\cos\omega t + [\, -T_s \omega \sin\varphi + \cos\varphi - V_S \frac{y_o}{x_o} \,]\sin\omega t = 0 \quad (4.4)$$

die für beliebige Zeiten t erfüllt sein muss. Dies ist aber nur möglich, wenn die Terme in den eckigen Klammern verschwinden, denn ein Abgleich der ungleichen Zeitfunktionen $\cos\omega t$, $\sin\omega t$ für alle Zeiten t ist unmöglich! Aus dem somit notwendigen Verschwinden von

$$T_s \omega \cos\varphi + \sin\varphi = 0 \quad (4.5)$$

$$-T_s \omega \sin\varphi + \cos\varphi - V_S \frac{y_o}{x_o} = 0 \quad (4.6)$$

folgt sofort:

$$\tan\varphi = \frac{\sin\varphi}{\cos\varphi} = -T_s \omega < 0 \quad (4.7)$$

$$A = \frac{x_o}{y_o} = \frac{V_S}{\cos\varphi - T_s \omega \sin\varphi} \quad (4.8)$$

Wir erkennen einerseits, dass sich mit $T_s > 0$, $\omega > 0$ ein Phasenwinkel $\varphi < 0$ einstellt, das Ausgangssignal x dem Eingangssignal zeitlich nacheilt und andererseits ein Amplitudenverhältnis angenommen wird, das unter Beachtung von $\cos^2\varphi + \sin^2\varphi = 1$ und $1 + \tan^2\varphi = 1/\cos^2\varphi$ noch auf die Darstellung

$$A = \frac{V_S \cos\varphi}{\cos^2\varphi + \sin^2\varphi} = V_S \cos\varphi = \frac{V_S}{\sqrt{1 + (\omega T_s)^2}} \quad (4.9)$$

umgeschrieben werden kann.

Aus (4.7), (4.8) bzw. (4.9) entnehmen wir weiter, dass sowohl das Amplitudenverhältnis A als auch der Phasenwinkel φ eines mit den Parametern V_S, T_s definierten PT_1-Systems allein von der aufgeprägten Frequenz ω abhängig ist. Diese alleinige Abhängigkeit von der Frequenz ist eine Folge der Linearität der Systeme, mit denen im Rahmen der klassischen Regelungstechnik ausschließlich gearbeitet wird. Diese beiden Informationen

$$A = A(\omega) , \quad \varphi = \varphi(\omega) \quad (4.10)$$

werden als Frequenzgang der Strecke bezeichnet, der üblicherweise in Form einer Ortskurve oder als Bode-Diagramm graphisch dargestellt wird. Im folgenden beschränken wir uns ausschließlich auf die kompakte Darstellung als Ortskurve. Die wegen der logarithmischen Darstellung in jeweils getrennten Diagrammen für A und φ besonders zur graphischen Behandlung geeignete Bode-Darstellung hat mit der heutigen Verfügbarkeit der Digitalrechner ihren Stellenwert verloren und wird hier deshalb nicht weiter verfolgt.

4.2 Ortskurve

Die Ortskurve entsteht, wenn man A, φ in einem Polarkoordinaten-System entsprechend Bild 93 aufträgt.

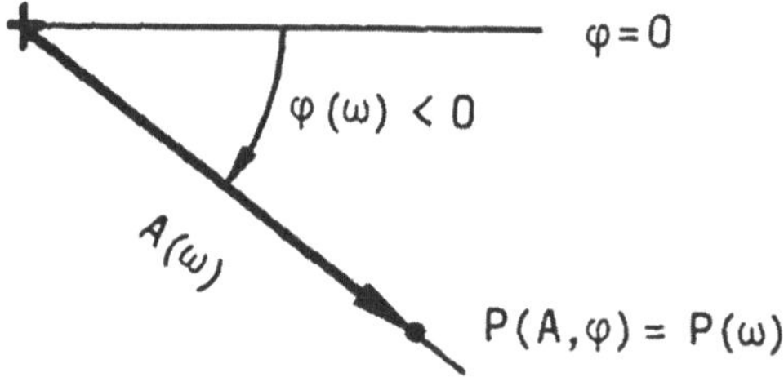

Bild 93 Ortskurvenpunkt P

Für einen festen Wert der Frequenz ω ist somit ein Punkt $P(\omega)$ der Ortskurve definiert. Lassen wir nun die Frequenz zwischen $0 < \omega < \infty$ laufen und verbinden die jeweils zu einer diskreten Frequenz gehörigen Punkte $P(A,\varphi) = P(\omega)$, entsteht die wegorientierte Ortskurve. Beginnend mit $\omega = 0$ wird die Ortskurve in Richtung steigender ω-Werte durchlaufen (Pfeilrichtung in Bild 94). Im Fall unseres PT_1-Beispiels ergibt sich dabei gerade der Thaleskreis über der Verstärkung V_S, der in Bild 94 dargestellt ist.

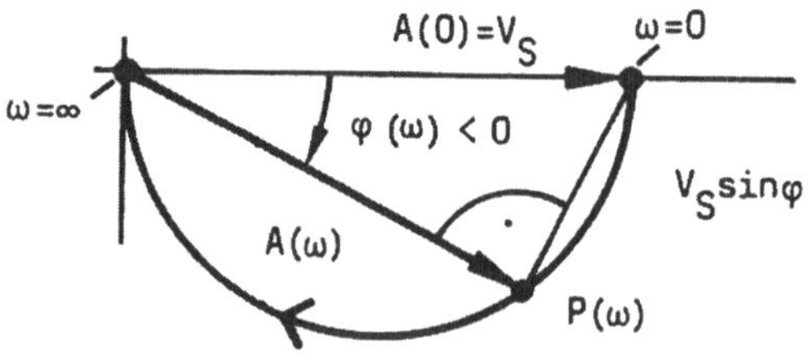

Bild 94 Thaleskreis als Ortskurve einer PT_1-Strecke

Wir bestätigen diese Aussage durch Anschreiben des Satzes von Pythagoras für rechtwinklige Dreiecke

$$V_S^2 = (V_S \sin \varphi)^2 + A^2 = V_S^2 (\sin^2 \varphi + \cos^2 \varphi) \qquad (4.11)$$

der mit $A = V_S \cos \varphi$ nach (4.9) in der Tat erfüllt ist. In den Grenzfällen $\omega = 0$ und $\omega = \infty$ folgt aus dem Frequenzgang

$$A = \frac{V_S}{\sqrt{1 + (\omega T_s)^2}} \ , \qquad \tan \varphi = -\omega T_s \qquad (4.12)$$

unmittelbar $A(0) = V_S$, $\varphi(0) = 0$ und $A(\infty) = 0$, $\varphi(\infty) = -\pi/2$. Im Sonderfall der Strecke für $T_s = 0$ degeneriert (4.12) auf $A = V_S$, $\varphi = 0$ für alle Frequenzen ω. Die Ortskurve zieht sich in diesem Sonderfall auf einen einzigen Punkt zusammen (Bild 94). Beim Aufschalten beliebiger Frequenzen ω ergibt sich also stets dasselbe Amplitudenverhältnis, und es tritt keine Phasenverschiebung auf, da eine reine P-Strecke ohne Zeitverzögerung ($T_s = 0$) arbeitet.

Bild 95 Auf Punkt degenerierte Ortskurve einer P-Strecke

Die Darstellung des Frequenzgangs in Polarkoordination (Ortskurve) suggeriert eine Vektordarstellung. Und da es sich hier um ein zweidimensionales oder ebenes Problem handelt (Frequenzgang: A, φ $\rightarrow$ 2 Informationen), verwenden wir die Vektordarstellung in der komplexen Ebene (Bild 96).

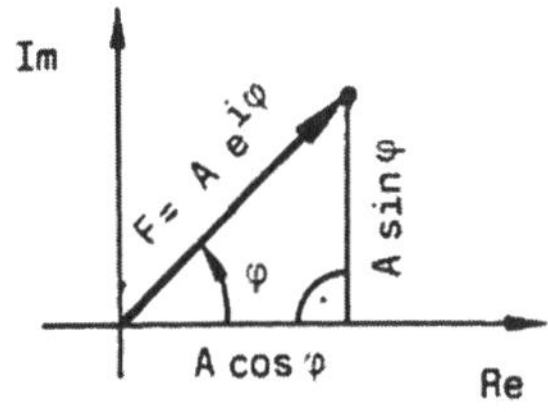

Bild 96 Vektor in der komplexen Zahlenebene

Mit der komplexen Vektordarstellung

$$F = A\,e^{i\varphi} = A\,(\cos\varphi + i\,\sin\varphi)\,, \qquad A = |F| \tag{4.13}$$

lässt sich der Frequenzgang besonders einfach ermitteln. Wir zeigen dies durch erneute Durchrechnung des PT_1-Beispiels. Dabei schreiben wir jetzt das Ein- und Ausgangssignal etwas allgemeiner. Für das Ein- und Ausgangssignal werden die verallgemeinerten Darstellungen

$$y = y_0\,e^{i\omega t} \tag{4.14}$$

$$x = x_0\,e^{i(\omega t + \varphi)} \tag{4.15}$$

benutzt, die in Form des Imaginärteils die ursprünglichen Signale beinhalten, denn es gilt

$$y = y_0\,\sin\omega t = y_0\,\text{Im}[\,e^{i\omega t}\,] \tag{4.16}$$

$$x = x_0\,\sin(\omega t + \varphi) = x_0\,\text{Im}[\,e^{i(\omega t + \varphi)}\,] \tag{4.17}$$

wenn wir die Eulersche Formel

$$e^{i\omega t} = \cos\omega t + i\sin\omega t \tag{4.18}$$

$$e^{i(\omega t + \varphi)} = \cos(\omega t + \varphi) + i\sin(\omega t + \varphi) \tag{4.19}$$

beachten. Setzen wir die so verallgemeinerten Signale in die Dgl. der PT_1-Strecke

$$T_s\,\dot{x} + x = V_S\,y \tag{4.20}$$

ein, folgt

$$T_s\,i\,\omega\,e^{i(\omega t + \varphi)} + e^{i(\omega t + \varphi)} = V_S\,\frac{y_0}{x_o}\,e^{i\omega t} \tag{4.21}$$

und bei Beachtung der Potenzrechenregel

$$e^{i(\omega t + \varphi)} = e^{i\omega t} \cdot e^{i\varphi} \tag{4.22}$$

entfällt der Zeitterm $e^{i\omega t}$, so dass sofort

$$(\,T_s\,i\,\omega + 1\,)\,e^{i\varphi} = V_S\,\frac{y_0}{x_o} \tag{4.23}$$

oder

$$\frac{x_o}{y_o}\,e^{i\varphi} = \frac{x}{y} = \frac{V_S}{1 + i\,\omega T_s} = F(i\omega) \tag{4.24}$$

geschrieben werden kann. Mit der so gefundenen Funktion $F(i\omega)$, die wir zukünftig Übertragungsfunktion nennen (komplexer Frequenzgang), lässt sich die Ortskurve unmittelbar in der komplexen Ebene aufzeichnen (Bild 97). Dazu muss die Übertragungsfunktion noch in den zugehörigen Real- und Imaginärteil aufgespalten werden:

$$F = \text{Re}[F] + i\,\text{Im}[F] \qquad (4.25)$$

Diese Aufspaltung gelingt durch die konjugiert komplexe Erweiterung von (4.24)

$$F = \frac{V_S}{1+i\omega T_s}\frac{1-i\omega T_s}{1-i\omega T_s} = \frac{V_S}{1+(\omega T_s)^2} + i\,\frac{V_S(-\omega T_s)}{1+(\omega T_s)^2} \qquad (4.26)$$

so dass der Nenner reell wird. Mit dem dann bekannten Re- und Im-Teil kann die Ortskurve in der komplexen Ebene dargestellt werden. Im Fall des exemplarisch studierten PT_1-Systems ergibt sich wie bereits zuvor (Bild 94) der über der Verstärkung V_S aufgespannte Thaleskreis.

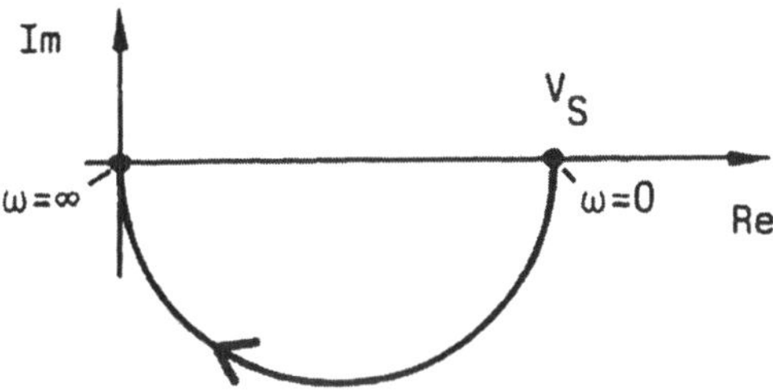

Bild 97 Ortskurve einer PT_1-Strecke in der komplexen Ebene

Die zuvor gefundene Darstellung (4.12) für A, φ lässt sich bei Beachtung der kartesischen Vektordarstellung nach Bild 96 aus der komplexen Information (Re- und Im-Teil) leicht zurückrechnen. Es gilt:

$$\tan\varphi = \frac{\text{Im}}{\text{Re}} = -\omega T_s\,, \quad |F| = A = \sqrt{\text{Re}^2 + \text{Im}^2} = V_S / \sqrt{1+(\omega T_s)^2} \qquad (4.27)$$

4.3 Übertragungsfunktion

Die komplexe Beschreibung ist offensichtlich eine besser an das Problem angepasste Darstellung, denn wir erhalten so ganz mühelos dasselbe Ergebnis, das
zuvor nur mit vielen Zusatzüberlegungen und Hilfsmitteln gefunden werden
konnte. Anstelle der umständlichen Additionstheoreme (4.3) wird nur noch die
einfache Exponenten-Rechenregel (4.22) benötigt. Hinter dem Ergebnis (4.24)
der komplexen Rechnung verbirgt sich aber noch Bedeutenderes, denn hier wird
der allgemeinste Zusammenhang

$$x = F(i\omega)\, y \tag{4.28}$$

zwischen der Eingangs- und der Ausgangsgröße eines linearen Systems geliefert.
Mit (4.28) kennen wir die Verallgemeinerung des entsprechenden Zusammen-
hangs

$$x = V_S\, y \tag{4.29}$$

für eine P-Strecke. Anstelle der Konstanten V_S (Verstärkung) steht im allgemei-
nen eine komplexe Funktion, die wir Übertragungsfunktion F nennen. Diese
Funktion F, angewandt auf das Eingangssignal y liefert in universeller Weise das
Ausgangssignal x und enthält die gesamte Information über das entsprechende
Übertragungsglied.

Ein Blick auf das Ergebnis (4.24) zeigt, dass wir die Ableitung der Übertragungsfunktion aus der Dgl. des betrachteten Systems nochmals vereinfachen können.
Da in der Darstellung (4.24) der Phasenwinkel φ entfällt, führt auch der reduzierte Ansatz

$$y = y_0\, e^{pt} \tag{4.30}$$

$$x = x_0\, e^{pt} \;\rightarrow\; \dot{x} = p\,x\;,\;\; \ddot{x} = p^2\, x\;,\;\; \dots \tag{4.31}$$

mit $p = i\,\omega$

zum Ziel:

$$T_S\,\dot{x} + x = V_S\, y \;\rightarrow\; (\,T_S\, p + 1\,) = V_S\, y \;\rightarrow\; x = \frac{V_S}{1 + p\,T_s}\, y \tag{4.32}$$

$$p = i\,\omega \qquad \rightarrow \qquad F(p = i\,\omega) = \frac{V_S}{1 + i\,\omega\, T_s}$$

Somit kann für jedes beliebige System auf einfachste Weise aus der Dgl. die
zugehörigen Übertragungsfunktion abgeleitet werden.

4.3.1 Reihenschaltung

Es genügt die Betrachtung der beiden in Bild 98 dargestellten Übertragungsglieder i = 1,2 mit den Übertragungsfunktionen F_1, F_2.

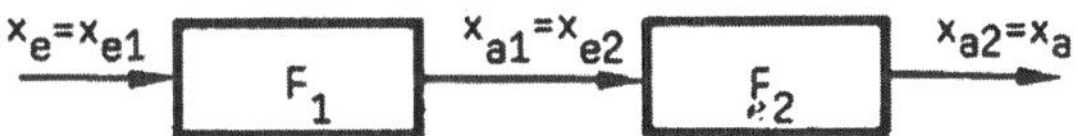

Bild 98 Reihenschaltung

Mit

$$x_{a1} = F_1 \, x_{e1} \quad \text{und} \quad x_{a2} = F_2 \, x_{e2} \tag{4.33}$$

kann bei Beachtung von $x_{a2} = x_a$, $x_{e2} = x_{a1}$ und $x_{e1} = x_e$ nach Ersetzen von x_{e2} durch $x_{e2} = F_1 x_e$ sofort

$$x_a = F_2 \, F_1 \, x_e = F \, x_e \tag{4.34}$$

geschrieben werden. Danach ergibt sich bei Reihenschaltung die Gesamtübertragungsfunktion F als Produkt der Einzelübertragungsfunktionen F_i :

$$F = \Pi \, F_i \tag{4.35}$$

4.3.2 Parallelschaltung

Im Fall der Parallelschaltung nach Bild 99 kann bei Beachtung von

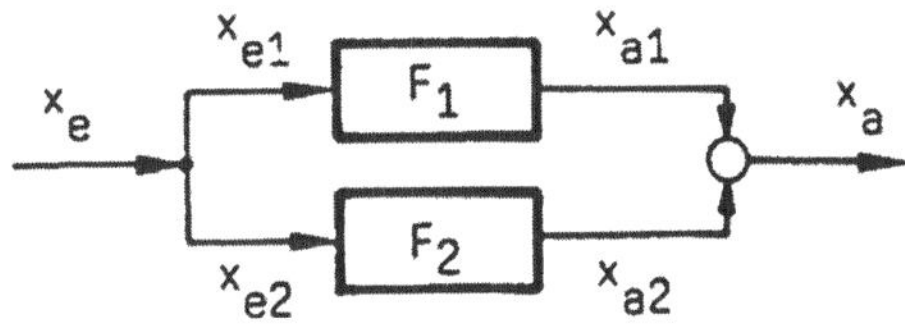

Bild 99 Parallelschaltung

$x_{e1} = x_{e2} = x_e$ (Signalverzweigung) und $x_a = x_{a1} + x_{a2}$ (Signaladdition) mit (4.33) unmittelbar

$$x_a = (F_1 + F_2) \; x_e = F \, x_e \qquad (4.36)$$

abgelesen werden. Bei Parallelschaltung erhält man die Gesamtübertragungs-funktion F aus der Summe der Einzelübertragungsfunktionen F_i:

$$F = \sum F_i \qquad (4.37)$$

4.3.3 Kreisstruktur

Für die in Bild 100 skizzierte Regelkreisstruktur

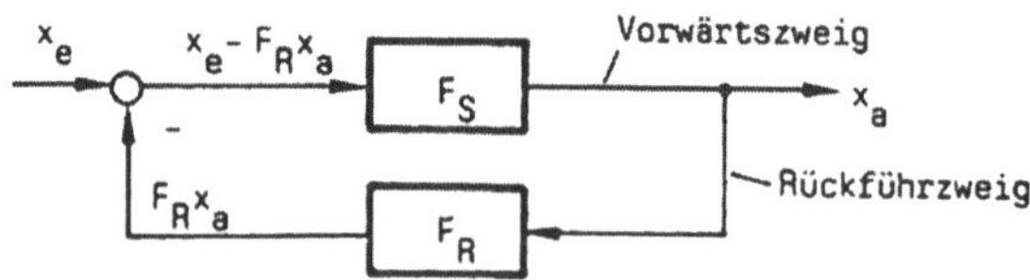

Bild 100 Kreisstruktur mit Vorwärts- und Rückführungszweig

gilt im Vorwärtszweig

$$x_a = F_S (x_e - F_R \, x_a) \qquad (4.38)$$

wenn das Rückführsignal $- F_R \, x_a$ beachtet wird. Somit erhält man die Übertragungsfunktion

$$F_{Kreis} = \frac{x_a}{x_e} = \frac{F_S}{1 + F_S F_R} \qquad (4.39)$$

für den geschlossenen Regelkreis mit Wirkungsumkehr (Gegenkopplung oder negative Rückkopplung).

4.3.4 Totzeit

Für Übertragungsglieder mit Totzeit T_t ergibt sich die Übertragungsfunktion durch Multiplikation der Übertragungsfunktion F des jeweiligen Systems ohne Totzeit mit dem Totzeitterm $e^{-p T_t}$:

$$F_{T_t} = F \; e^{-p T_t} \qquad (4.40)$$

Wir zeigen dies wieder exemplarisch am Beispiel eines PT_1-Systems. Mit Totzeit gilt jetzt die Dgl.

$$T_s\,\dot{x}(t)+x(t)=V_S\,y(t-T_t) \tag{4.41}$$

deren rechte Seite das Totzeitverhalten beschreibt. Das System mit Totzeit verhält sich so wie das System ohne Totzeit, dessen Eingangssignal y um die Totzeit T_t verspätet aufgeschaltet wird. Mit dem für die rechte Seite modifizierten Ansatz (4.30)

$$y(t-T_t)=y_o\,e^{p(t-T_t)}=y_o\,e^{pt}\,e^{-pT_t}=y(t)\,e^{-pT_t} \tag{4.42}$$

und $x=x_o\,e^{pt}$ nach (4.31) ergibt sich durch Auflösen nach dem Ausgangssignal

$$x=\frac{V_S}{1+pT_s}e^{-pT_t}\,y \tag{4.43}$$

die Übertragungsfunktion F_{T_t} nach (4.40), die explizit mit $p=i\omega$ die Form

$$F_{T_t}=\frac{V_S}{1+i\,\omega\,T_s}\;e^{-i\omega T_t} \tag{4.44}$$

annimmt.

4.4 Nyquist - Kriterium

Ein besonders anschaulicher Zugang zum Nyquist-Kriterium führt über die soge-
nannte „Schwingungsbedingung" am aufgeschnittenen Regelkreis (Bild 101).
Zur Formulierung dieser Bedingung wird die zuvor bereitgestellte Übertragungsfunktion (Abs. 4.3) benutzt.

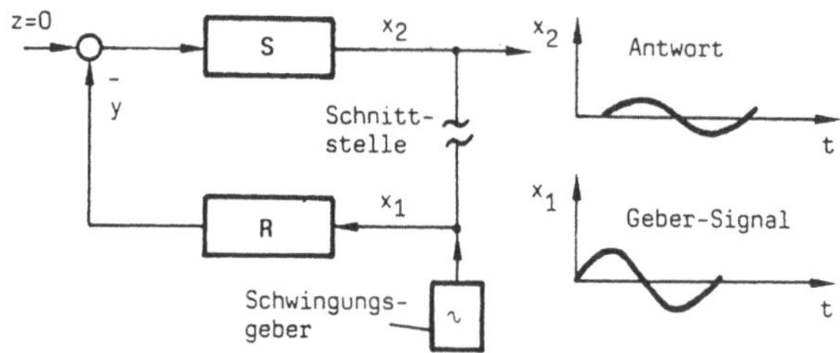

Bild 101 Aufgeschnittener Regelkreis

Für die Teilsysteme Regler und Strecke kann mit den zugehörigen Übertragungsfunktionen F_R und F_S

$$y = F_R\, x_1 , \quad x_2 = F_S\,(\text{-}y) \tag{4.45}$$

geschrieben und durch Elimination von y der Zusammenhang zwischen dem
Ausgangssignal x_2 und dem Eingangssignal x_1

$$x_2 = -\, F_S\, F_R\, x_1 \;=\; F_o\, x_1 \tag{4.46}$$

hergestellt werden. Wird diesem aufgeschnittenen Regelkreis nach Bild 101 mit
einem Schwingungsgeber ein harmonisches Signal x_1 aufgeprägt und bei fest
vorgegebener Strecke der Regler durch Wahl seiner Parameter (PID-Regler $\rightarrow$
V_R, T_I, T_D) gerade so eingestellt, dass Antwort- und Gebersignal mit $x_1 = x_2$
übereinstimmen, folgt aus (4.46):

$$F_o(i\omega_{krit}) = 1 \quad \text{bzw.} \quad -F_o(i\omega_{krit}) = -1 = 1 \cdot e^{-i\pi} \tag{4.47}$$

In diesem Fall ergibt sich eine sich selbsterhaltende Dauerschwingung, die Signale auf beiden Schnittufern sind identisch, so dass wir uns den offenen Regelkreis wieder geschlossen denken können. Die so am offenen Regelkreis gewonnenen Aussagen gelten deshalb auch für den geschlossenen Regelkreis, für den
wir uns letztlich allein interessieren.

In der komplexen Darstellung der Übertragungsfunktion $-F_o = F_S F_R$ nach (4.46) bedeutet das Erfüllen der Schwingungsbedingung $x_1 = x_2$ die Existenz des kritischen Punktes

$$P_{krit} = -1$$

auf der negativen reellen Achse (Bild 102).

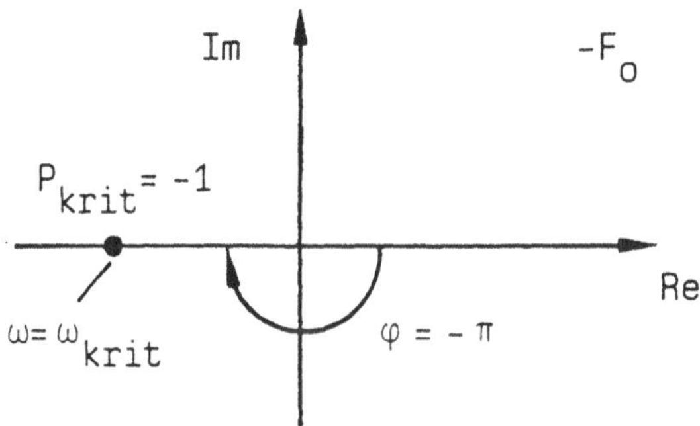

Bild 102 Kritischer Punkt $P_{krit} = -1$ als komplexe Darstellung der Schwingungsbedingung $x_1 = x_2$

Der kritische Punkt $P_{krit} = -1$ ist derjenige Punkt der Ortskurve (Bild 103), der bei der kritischen Frequenz ω_{krit} durchlaufen wird, wenn die gewählten Parameter $(V_R, T_I, T_D)_{krit}$ des Reglers gerade ein Amplitudenverhältnis $A = 1$ bei einem Phasenverschiebungswinkel $\varphi = -\pi$ bewirken. Genau dann stellt sich im geschlossenen Regelkreis eine Dauerschwingung ein. Da diese Dauerschwingung weder aufklingend (instabil) noch abklingend (stabil) ist, befinden wir uns dann gerade auf der Stabilitätsgrenze des betrachteten Regelkreises.

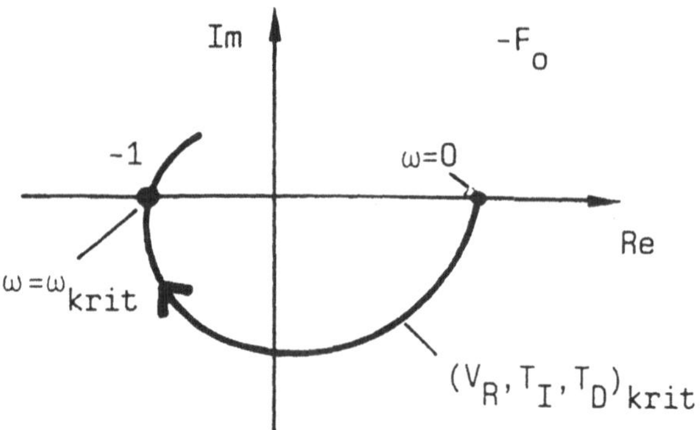

Bild 103 Ortskurve durch den kritischen Punkt $P_{krit} = -1$ als Stabilitätsgrenze

Es stellt sich damit sogleich die Frage nach der Bedeutung der Ortskurven, die rechts oder links vom kritischen Punkt die negative reelle Achse treffen. Zur Klärung dieser Frage betrachten wir einen bekannten, nicht zur Instabilität neigenden Regelkreis, der etwa aus einer PT_1-Strecke und einem P-Regler besteht. Die Ortskurve dieses aufgeschnittenen Regelkreises entspricht der mit der Verstärkung V_R des P-Reglers multiplizierten Ortskurve der PT_1-Strecke (Bild 104).

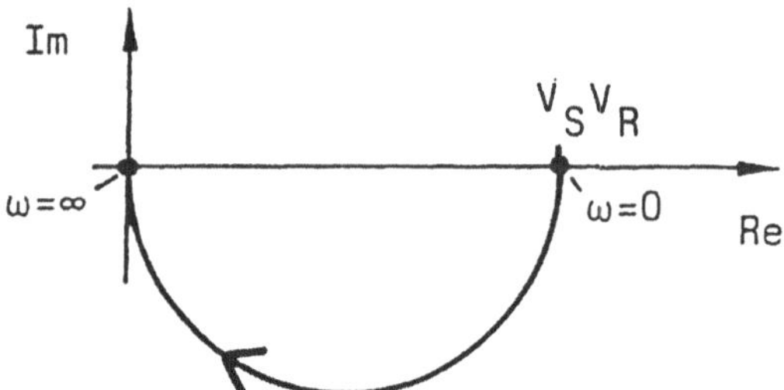

Bild 104 Ortskurve des aufgeschnittenen PT_1/P-Regelkreises

Da beim Durchfahren in Richtung steigender Frequenzen die Ortskurve dieses aufgeschnittenen PT_1/P-Regelkreises (System 1. Ordnung mit nur einem einzigen reellen und negativen Eigenwert → für alle Parametereinstellungen V_R stabil → strukturstabil) die reelle Achse stets im Koordinatenursprung (Fixpunkt) und damit rechts vom kritischen Punkt $P_{krit} = -1$ trifft, kann daraus gefolgert werden, dass sich Regelkreise dann stabil verhalten, wenn deren zugehörige Ortskurve – F_o beim Durchlaufen in Richtung steigender Frequenzen ω die reelle Achse rechts

$_0$ beim Durchlaufen in Richtung steigender Frequenzen ω die reelle Achse rechts vom kritischen Punkt treffen. Diese Aussage ist bekannt als „Linke-Hand-Regel" oder als vereinfachtes Nyquist-Kriterium.

Satz 1: Ein Regelkreis verhält sich stabil, wenn beim Durchlaufen der Ortskurve des aufgeschnittenen Regelkreises $-F_0 = F_R F_S$ in Richtung steigender Frequenzen der kritische Punkt $P_{krit} = -1$ links von der Ortskurve bleibt.

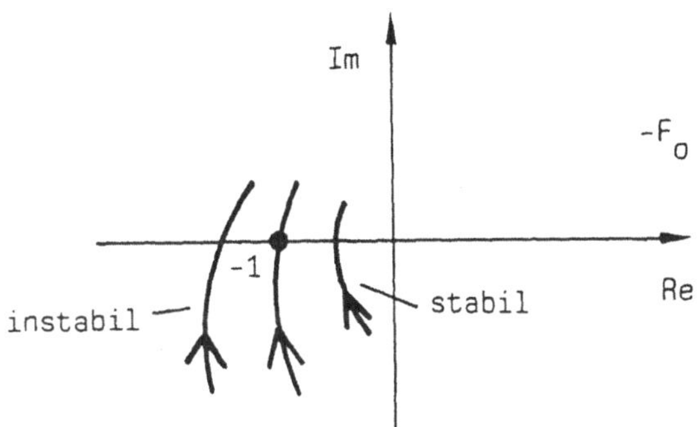

Bild 105 Zur Anwendung des vereinfachten Nyquist-Verfahrens (Linke-Hand-Regel)

Dieses vereinfachte Stabilitätskriterium ist jedoch nur dann notwendig und hinreichend, wenn wir uns auf einfache Regelkreise beschränken, deren Übertragungsfunktionen $-F_0$ nur Polstellen mit negativen Realteilen und höchstens zwei Polstellen auf der imaginären Achse der komplexen λ-Ebene (Bild 76) besitzen. Sind insbesondere auch Polstellen von $-F_0$ mit positivem Realteil vorhanden, ist zur Vermeidung von Fehlaussagen das allgemeine Nyquist-Kriterium anzuwenden, das ohne weitere Herleitung mitgeteilt wird, da hierfür tiefer reichende Kenntnisse der Funktionentheorie erforderlich sind.

Satz 2: Ein Regelkreis verhält sich stabil, wenn für den vom kritischen Punkt $P_{krit} = -1$ zum laufenden Ortskurvenpunkt gerichtete Fahrstrahl beim Durchlaufen von $\omega = 0$ bis $\omega = \infty$ gerade eine Winkeländerung

$$\Delta\Phi = \Phi\Big|_{\omega=0}^{\omega=\infty} = (n_r + \frac{n_i}{2})\pi = \Delta\Phi_n$$

n_r : Anzahl der Pole von $-F_0$ mit positivem Realteil

n_i : Anzahl der Pole von $-F_0$ auf der imaginären Achse

erreicht wird.

Bei der Auslegung eines Regelkreises wird man einen gewissen Abstand zur Stabilitätsgrenze einhalten. Ein Maß für einen solchen Sicherheitsabstand ist etwa die Amplitudenreserve (Bild 106)

$$A = \frac{|F|_{grenz}}{|F|_{\varphi=-\pi}} = \frac{1}{|F|_{\varphi=-\pi}} \geq 1 \qquad (4.48)$$

die auf der Stabilitätsgrenze den Wert $A_R = 1$ annimmt und für $A_R > 1$ einen Sicherheitsabstand anzeigt.

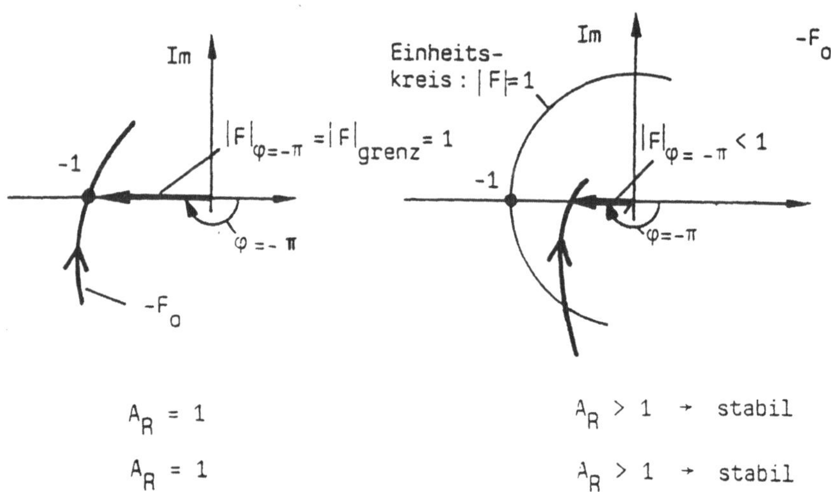

Bild 106 Amplitudenreserve

Selbstverständlich kann bei allen Stabilitätsuntersuchungen anstelle der Ortskurven-Darstellung auch die Darstellung im Bode-Diagramm verwendet werden, die durch die logarithmische Auftragung besonders leistungsfähig wird, wenn man graphische Verfahren bevorzugt. Wir geben hier aber bewusst der kompakteren Ortskurven-Darstellung den Vorzug und verwenden demgemäss allein die Amplitudenreserve als Sicherheitsmaß.

Dass mit den getroffenen und zunächst experimentell begründeten Aussagen am offenen Regelkreis in der Tat das Stabilitätsverhalten am geschlossenen Regelkreis beschrieben werden kann, lässt sich auch theoretisch fassen. Dazu ist vorauszuschicken, das die Nennerfunktion $N(p) = 0$ der Übertragungsfunktion

$$F(p) = \frac{Z(p)}{N(p)} \tag{4.49}$$

eines Systems zugleich dessen Stabilitäts- oder Eigenwertgleichung ($p := \lambda$) ist. Dies ist ummittelbar einzusehen, wenn wir etwa ein PT_1-System mit der Übertragungsfunktion

$$F_{PT_1} = \frac{V_S}{1 + pT_s} \tag{4.50}$$

betrachten, der die Stabilitäts- oder Eigenwertgleichung $N(p) = 1 + pT_s = 0$ zugeordnet ist, die mit dem Eigenwert $p := \lambda = -1/T_s$ stabiles Verhalten signalisiert.

Im Fall des geschlossenen Regelkreises kann deshalb aus der in Abs. 4.3.3 bereitgestellten Übertragungsfunktion eines geschlossenen Regelkreises mit $N = 0$ auf die zugehörige Stabilitätsgleichung

$$1 + F_S F_R = 0 \tag{4.51}$$

geschlossen werden. Mit der Übertragungsfunktion des aufgeschnittenen oder offenen Regelkreises, die sich infolge der dann vorliegenden Reihenschaltung von Regler und Strecke bei Störungsfreiheit mit $-F_o = F_S F_R$ als Produkt schreiben lässt, kann (4.51) schließlich in die Form

$$1 + (-F_o) = 0 \tag{4.52}$$

gebracht werden. Wird nun am offenen Kreis mit $-F_o = -1$ gerade der kritische Punkt (Stabilitätsgrenze) eingestellt, ist auch die Stabilitätsgleichung des geschlossenen Regelkreises erfüllt. Dies ist der Grund, der es uns erlaubt, die Stabilitätsgrenze des geschlossenen Regelkreises am offenen Regelkreis zu ermitteln.

4.5 Anwendung des Nyquist-Kriteriums, Stabilitätskarten

Ein einfacher Regelkreis, dessen Stabilität sich mit dem vereinfachten Nyquist-Kriterium beurteilten lässt, kann nur instabil werden, wenn dessen Übertragungsglieder eine hinreichend große Verstärkung und Phasenverschiebung verursachen. Die Stabilitätsgrenze ($P_{krit} = -1$) wird gerade bei einem Phasenverschiebungswinkel $\varphi_{krit} = -\pi$ erreicht, der zusammen mit der Vorzeichenumkehr (Wirkungsumkehr, Gegenkopplung, negative Rückkopplung) sowohl im aufgeschnittenen als auch im geschlossenen Regelkreis zu einer Dauerschwingung führt. Die Phasenverschiebung kann durch eine Zeitverzögerung (T) oder/und eine Totzeit (T_t) bewirkt werden. Beide Effekte werden im folgenden anhand geeigneter Regelstrecken bei Verwendung eines einfachen P-Reglers demonstriert.

4.5.1 Regelstrecken mit Verzögerung

Einfachste Regelstrecken mit Verzögerung sind PT_n-Strecken, die wir uns durch Reihenschaltung von n PT_1-Strecken aufgebaut denken können. Wie bereits in Abs. 4.4 diskutiert, kann eine PT_1-Strecke (n = 1) in Verbindung mit einem P-Regler nie instabil werden. Die Ortskurve des aufgeschnittenen Regelkreises

$$-F_o = F_R F_S = V_R \ \frac{V_S}{1+p\,T_s} \tag{4.53}$$

beschrieben durch das Produkt (Reihenschaltung) aus der Übertragungsfunktion des P-Reglers $F_R = V_R$ und der Übertragungsfunktion der PT_1-Strecke $F_S = V_S / (1+pT_s)$, die sich explizit mit $p = i\omega$ und konjugiert komplexer Erweiterung durch $-F_o = \mathrm{Re} + i\,\mathrm{Im}$

$$\text{mit} \qquad \mathrm{Re} = \frac{V_R\,V_S}{1+(\omega T_s)^2} > 0 , \qquad \mathrm{Im} = - V_R V_S \ \frac{\omega T_s}{1+(\omega T_s)^2} < 0 \tag{4.54}$$

darstellen lässt, kann den rechten unteren Quadranten (Bild 107: n = 1, Re > 0, Im < 0) nicht verlassen und trifft die reelle Achse beim Durchlaufen in Richtung steigender Frequenzen für $\omega \to \infty$ im Koordinatenursprung. Nach dem Nyquist-Kriterium (Satz 1 ist hinreichend, da $-F_o$ nur einen Pol $p = - 1/T_s < 0$ mit negativem Realteil besitzt) liegt für alle nur einstellbaren Verstärkungen V_R des P-Reglers stets stabiles Verhalten vor. Der PT_1/P-Regelkreis ist somit strukturstabil. In keinem Fall wird ein Phasenverschiebungswinkel $\varphi_{krit} = -\pi$ erreicht.

Wir erzeugen uns jetzt eine PT_2-Strecke durch Reihenschaltung von zwei identischen PT_1-Strecken. Nach (4.35) gilt für diese PT_2-Strecke dann die Übertragungsfunktion

$$F_S = (\frac{V_S}{1+p\,T_s})^2 \tag{4.55}$$

und zusammen mit der Übertragungsfunktion des P-Reglers $F_R = V_R$ kann für den offenen Regelkreis

$$-F_0 = V_R V_S^2 \ \frac{1}{(1+pT_s)^2} \qquad\qquad (4.56)$$

geschrieben werden. Mit $p = i\omega$ und konjugiert komplexem Erweitern erhalten wir dann $-F_0$ aufgespalten in Real- und Imaginärteil

$$\mathrm{Re} = V_R V_S^2 \ \frac{1-(\omega T_s)^2}{\left(1+(\omega T_s)^2\right)^2} \ , \qquad \mathrm{Im} = -\,V_R V_S^2 \ \frac{2\omega T_s}{\left(1+(\omega T_s)^2\right)^2} < 0 \quad (4.57)$$

und erkennen, dass jetzt die Ortskurve in der gesamten unteren Halbebene verläuft (Bild 107: n = 2, Im < 0). Beim Durchlaufen der Ortskurve in Richtung steigender Frequenzen bleibt der kritische Punkt -1 trotzdem wie zuvor links von der Ortskurve $-F_0$ des aufgeschnittenen Regelkreises liegen, die für $\omega \to \infty$ wieder den Koordinatenursprung trifft. Auch in diesem Fall bleibt der Regelkreis für alle einstellbaren Verstärkungen V_R des Reglers stabil. Ebenso wie der PT_1/P-Regelkreis verhält sich somit auch der PT_2/P-Regelkreis strukturstabil.

Schalten wir schließlich drei identische PT_1-Strecken in Reihe, ist die Zeitverzögerung so groß geworden, dass jetzt nicht mehr für alle einstellbaren Verstärkungen V_R des Reglers Stabilität zu erwarten ist. Für die Übertragungsfunktion dieser PT_3- Strecke gilt

$$F_S = \left(\frac{V_S}{1+pT_s}\right)^3 \qquad\qquad (4.58)$$

und für den aufgeschnittenen PT_3/P-Regelkreis kann insgesamt die Übertragungsfunktion $-F_0$ mit dem Real- und Imaginärteil

$$\mathrm{Re} = V_R V_S^3 \ \frac{1-3(\omega T_s)^2}{(1+(\omega T_s)^2)^3} \ , \qquad \mathrm{Im} = -V_R V_S^3 \ \frac{(\omega T_s)(3-(\omega T_s)^2)}{(1+(\omega T_s)^2)^3} \quad (4.59)$$

angeschrieben werden, die der Ortskurve (Bild 107: n = 3) zugeordnet ist, die jetzt die negative reelle Achse schneidet und aus dem linken oberen Quadranten kommend für $\omega \to \infty$ in den Koordinatenursprung einläuft. Zur Berechnung des Schnittpunkts mit der negativen reellen Achse setzen wir Im = 0 und erhalten aus dieser Bedingung die zugehörige Frequenz

$$\omega = \sqrt{3}\,\frac{1}{T_s} \qquad\qquad (4.60)$$

die eingesetzt in den Realteil

$$\mathrm{Re}\,(\omega) = -\frac{1}{8}\,V_R V_S^{\,3} < 0 \qquad (4.61)$$

liefert. Aus Bild 107 entnimmt man unmittelbar, dass nur noch für die Parameterkombinationen

$$\frac{1}{8}\,V_R V_S^{\,3} < 1 \qquad (4.62)$$

Stabilität vorliegt. Dann und nur dann bleibt der kritische Punkt -1 beim Durchlaufen der Ortskurve (4.59) in Richtung steigender Frequenzen links liegen. Durch Vergrößern der Verstärkung V_R des Reglers verschiebt sich der Schnittpunkt der Ortskurve $-F_0$ mit der negativen reellen Achse in Richtung des kritischen Punktes -1 und darüber hinaus (Bild 107: gestrichelte Kurve für n = 3).

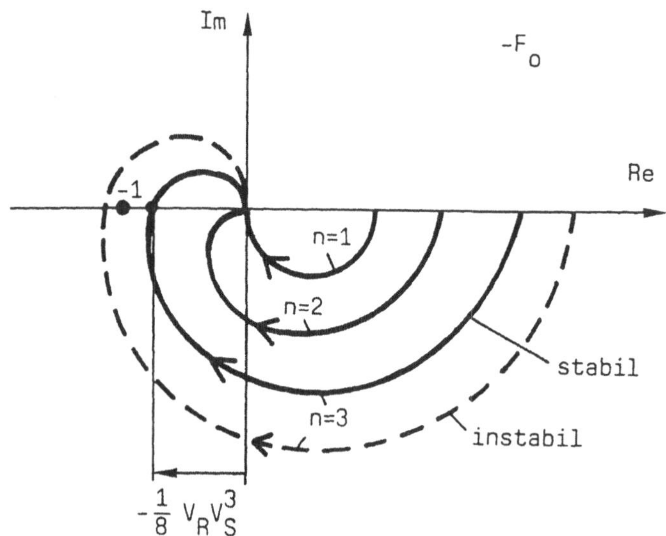

Bild 107 Ortskurven $-F_0$ der PT_n/P-Regelkreise für n = 1,2,3

Für eingestellte Verstärkungen des Reglers

$$V_R > \frac{8}{V_S^{\,3}} \qquad (4.63)$$

wird das betrachtete PT_3/P-System somit instabil. Da jetzt nur noch für einen begrenzten Parameterbereich Stabilität erreicht werden kann, ist dieses System nur noch parameterstabil. Wir machen dieses durch Darstellen des Stabilitätsbereichs

$$0 < V_R < 8/V_S^3 \quad (4.64)$$

in der zugehörigen Stabilitätskarte deutlich (Bild 108).

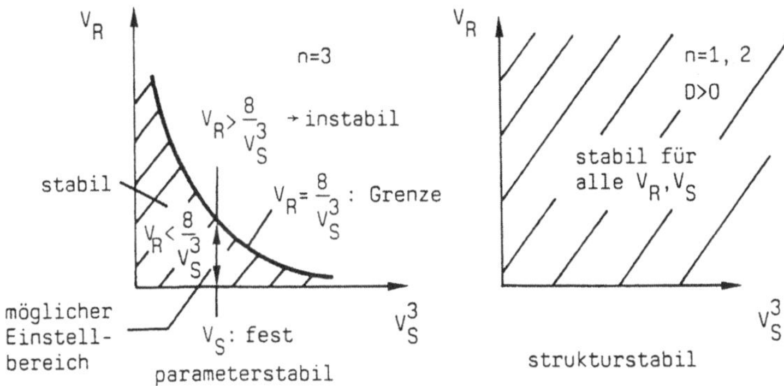

Bild 108 Stabilitätskarten der studierten PT_n/P-Regelkreise mit n = 1, 2, 3

Für die PT_n-/P-Regelkreise (n = 1, 2) gibt es dagegen wegen deren Strukturstabilität keine Einschränkungen bei der Wahl der Verstärkung V_R des P-Reglers. Die zugehörige Stabilitätskarte weist deshalb die ganze (V_R, V_S^3)-Ebene als Stabilitätsbereich aus. Bemerkenswert ist noch, dass die Zeitkonstante T_s der Strecken nicht in die Stabilitätsaussage eingeht. Die Stabilitätskarten sind somit für beliebige Werte T_s gültig.

Am Beispiel der PT_3/P-Regelstrecke sei hier auch die Handhabung des verschärften Nyquist-Kriteriums (Satz 2) demonstriert. Wie aus Bild 109 zu ersehen, erfährt der vom kritischen Punkt zum laufenden Ortskurvenpunkt gerichtete Fahrstrahl beim Durchlaufen von $\omega = 0$ bis $\omega = \infty$ im Fall a) eine Winkelän-

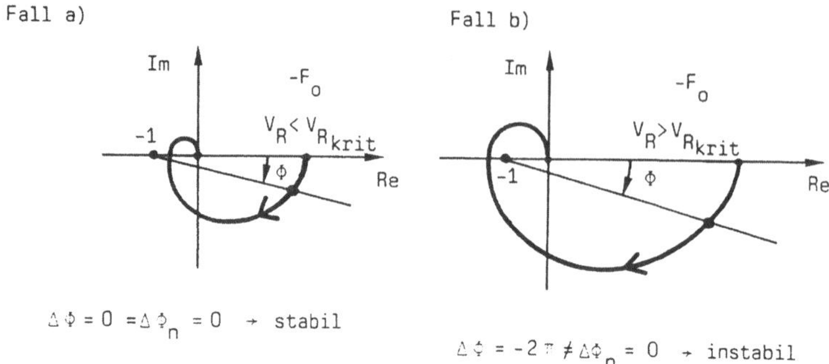

Bild 109 Zur Anwendung des allgemeinen Nyquist-Kriteriums auf einen PT$_3$/P-Regelkreis mit -F$_o$ = $V_R V_S^3 / (1 + p T_S^3)$

derung $\Delta\Phi = 0$ und im Fall b) eine Winkeländerung $\Delta\Phi = -2\pi$. Diese aus der Ortskurve abgelesene Winkeländerung $\Delta\Phi$ ist nach Satz 2 zu vergleichen mit der aus der Anzahl der Pole n_r, n_i der Übertragungsfunktion $-F_o$ berechneten Winkeländerung $\Delta\Phi_n = (n_r + n_i/2)\,\pi$. Da $-F_o$ keine Pole mit positivem oder gerade verschwindendem Realteil (3-facher Pol für $p = -1/T_s < 0$) besitzt, gilt $n_r = 0$, $n_i = 0$ und damit $\Delta\Phi_n = 0$. Im Fall a) stimmt die an der Ortskurve abgelesene Winkeländerung $\Delta\Phi$ mit $\Delta\Phi_n$ überein, so dass nach Satz 2 Stabilität vorliegt. Im Fall b) dagegen gilt $\Delta\Phi = -2\pi \neq \Delta\Phi_n = 0$. Satz 2 wird nicht erfüllt, es herrscht Instabilität.

4.5.2 Regelstrecken mit Totzeit

Wir betrachten einen PT$_t$/P-Regelkreis. Für die P-Regelstrecke (Verstärkung V_S) mit Totzeit T_t gilt nach (3.98):

$$x(t) = V_S\, y\, (t - T_t) \tag{4.65}$$

Mit Hilfe des algebraisierenden Ansatzes $y(t) = y_o\, e^{pt}$ bzw. $y\,(t-T) = y_o\, e^{p(t-T)}$ nach (4.42) kann

$$x(t) = V_S\, y_o\, e^{p\,(t - T_t)} = V_S\, y_o\, e^{pt}\; e^{-pT_t} \tag{4.66}$$

geschrieben und bei Beachtung von $y_o\, e^{pt} = y(t)$ aus dem Zusammenhang zwischen dem Eingangs- und dem Ausgangssignal

$$x(t) = V_S\, e^{-pT_t}\, y(t) \tag{4.67}$$

die Übertragungsfunktion der hier interessierenden PT_t-Strecke

$$F(p) = V_S\, e^{-pT_t} \qquad (4.68)$$

abgelesen werden. Der Einfluss der Totzeit T_t zeigt sich durch Auftauchen des typischen Totzeitterms in exponentieller Form. Wiederum bei Beschränkung auf einen P-Regler erhalten wir als Übertragungsfunktion des offenen Regelkreises

$$-F_o = V_R V_S\, e^{-pT_t} \qquad (4.69)$$

wobei zu bemerken ist, dass im allgemeinen anstelle (4.69)

$$-F_o = \frac{Z(p)}{N(p)}\, e^{-pT_t} \qquad (4.70)$$

stehen wird. Im Fall des besonders einfachen PT_t/P-Regelkreises mit $Z(p) = V_R V_S$, $N(p) = 1$ erhält man bei Beachtung von $p = i\omega$ schließlich

$$-F_o = V_R V_S\, e^{-i\omega T_t} \qquad (4.71)$$

und wir erkennen aus der Zeigerdarstellung (4.71) mit $|\!-\!F_o| = V_R V_S =$ const bereits die Form der Ortskurve. Alle Ortskurvenpunkte liegen auf einem Kreis vom Radius $V_R V_S$ mit dem Mittelpunkt im Koordinatenursprung (Bild 110).

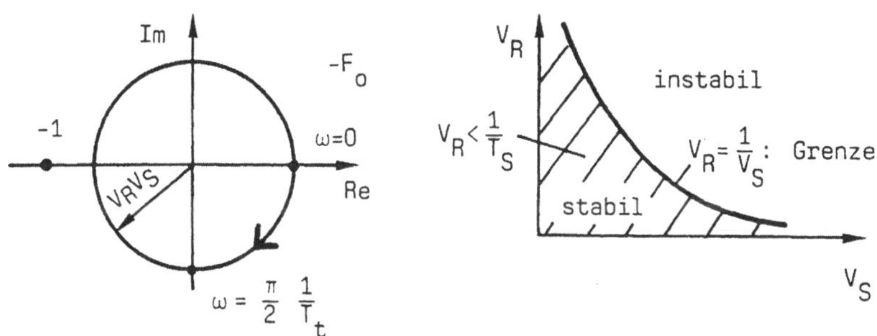

Bild 110 Ortskurve $-F_o$ eines PT_t/P-Regelkreises und zugehörige Stabilitätskarte

Mit der Eulerschen Formel zerfällt (4.71) in den Real- und Imaginärteil:

$$\mathrm{Re} = V_R V_S\, \cos \omega T_t, \qquad \mathrm{Im} = -\, V_R V_S\, \sin \omega T_t \qquad (4.72)$$

Wir entnehmen aus dieser Darstellung für $\omega T_t = 0$ den Startpunkt auf der positiven reellen Achse mit Re ($\omega T_t = 0$) = $V_R V_S$ und für $\omega T_t = \pi/2$ den Punkt auf der negativen imaginären Achse mit Im ($\omega T_t = \pi/2$) = $-V_R V_S$. Damit ist auch der Umlaufsinn bei steigenden Frequenzen ω geklärt, der selbstverständlich auch direkt aus der Zeigerdarstellung (4.71) abgelesen werden kann. Der Totzeitkreis wird in Uhrzeigerrichtung und wegen der Periodizität der trigonometrischen Funktionen unendlich oft durchlaufen. Stabilität liegt nach dem vereinfachten Nyquist-Kriterium vor, wenn die Ungleichung

$$V_R V_S < 1 \rightarrow V_R < \frac{1}{V_S} \tag{4.73}$$

erfüllt ist, der am Regler eingestellte Wert der Verstärkung V_R in der zugehörigen Stabilitätskarte (Bild 110) im schraffiert dargestellten stabilen Bereich liegt. Der konkrete Wert der Totzeit $T_t > 0$ geht bemerkenswerterweise nicht in die Stabilitätsaussage (4.73) ein. Das Stabilitätsdiagramm ist somit für alle Totzeiten T_t gültig.

4.5.3 Regelstrecken mit Verzögerung und Totzeit

Wir betrachten abschließend das gleichzeitige Auftreten von Verzögerung und Totzeit und erweitern zu diesem Zweck die Strecke auf eine PT_1T_t-Strecke. Anstelle (4.65) gilt dann

$$T_s \, \dot{x}(t) + x(t) = V_S \, y \, (t - T_t) \tag{4.74}$$

so dass sich mit dem algebraisierenden Ansatz

$$(T_s p + 1) \, x = V_S \, y \, e^{-p T_t} \tag{4.75}$$

ergibt und durch Umschreiben auf

$$x = \frac{V_S \, e^{-p \, T_t}}{1 + p T_s} \, y \tag{4.76}$$

die entsprechend verallgemeinerte Übertragungsfunktion des PT_1T_t-Glieds

$$F(p) = V_S \, \frac{e^{-p \, T_t}}{1 + p T_s} \tag{4.77}$$

abgelesen werden kann. Zusammen mit der Übertragungsfunktion des P-Reglers $F_R = V_R$ ergibt sich dann die Übertragungsfunktion des offenen PT_1T_t/P-Regelkreises

$$-F_o = V_R V_S \frac{e^{-pT_t}}{1+pT_s} \qquad (4.78)$$

und durch Einsetzen von $p = i\omega$, Anwendung der Eulerschen Formel und konjugiert komplexes Erweitern erhält man schließlich $-F_o$ in der in Real- und Imaginärteil aufgespaltenen Form:

$$\mathrm{Re} = V_R V_S \frac{\cos\omega T_t - \omega T_s \sin\omega T_s}{1+(\omega T_s)^2}$$

$$(4.79)$$

$$\mathrm{Im} = -V_R V_S \frac{\sin\omega T_t + \omega T_s \cos\omega T_t}{1+(\omega T_s)^2}$$

Im Vergleich mit dem zuvor behandelten Sonderfall für $T_s = 0$ ($PT_1T_t \rightarrow PT_t$) zeigen sowohl der Real- als auch der Imaginärteil von (4.79) abnehmende Tendenz bei ansteigenden Frequenzen. Insbesondere für $\omega \rightarrow \infty$ verschwinden beide Anteile: Re $(\infty) = 0$, Im $(\infty) = 0$. Offensichtlich zieht sich die Ortskurve hier, beginnend mit dem Totzeitkreis für $T_s = 0$, mit zunehmenden Frequenzen nach innen spiralförmig zusammen, um schließlich nach unendlich vielen Umläufen im Ursprung zu enden. Man sieht dies sofort durch Anschreiben des Abstands des laufenden Ortskurvenpunktes vom Koordinatenursprung

$$|-F_o| = \sqrt{\mathrm{Re}^2 + \mathrm{Im}^2} \qquad (4.80)$$

ein, denn durch Einsetzen von (4.79) in (4.80) erhält man bei Beachtung von $\cos^2 \omega T_t + \sin^2 \omega T_t = 1$ die einfache Beziehung

$$|-F_o| = \frac{V_R V_S}{\sqrt{1+(\omega T_s)^2}} \qquad (4.81)$$

durch die die Vermutung bestätigt wird. Im Grenzfall $T_s = 0$ erhalten wir den Totzeitkreis $-F_o = V_R V_S$, für $T_s > 0$ dagegen eine Spirale, da sich beim beständigen Umlauf um den Koordinatenursprung der Abstand $|-F_o|$ nach (4.81) stetig verringert (Bild 111).

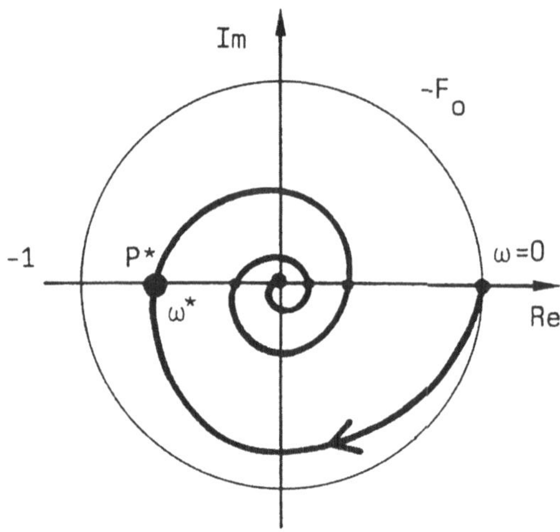

Bild 111 Ortskurve $-F_o$ eines PT_1T_t/P-Regelkreises und zugehörige Stabilitätskarte

Zur Stabilitätsaussage benötigen wir den zum kritischen Punkt -1 nächstliegen-den Ortskurvenpunkt P* auf der negativen reellen Achse (Bild 111). Wir berech-nen dessen Lage aus dem Verschwinden des Imaginärteils von (4.79). Aus dieser Bedingung Im = 0 erhalten wir die Bestimmungsgleichung für die Frequenz

$$0 = \sin \omega T_t + \omega T_s \cos \omega T_t \tag{4.82}$$

bei welcher der hier allein interessierende Kurvenpunkt P* angenommen wird. Nach Durchdividieren mit $\cos \omega T_t$ und Erweitern des linearen Terms mit T_t ergibt sich aus (4.82) die einfach zu interpretierende transzendente Gleichung

$$\tan \omega T_t = -\frac{T_s}{T_t} \, \omega T_t \tag{4.83}$$

die in Bild 112 veranschaulicht ist.

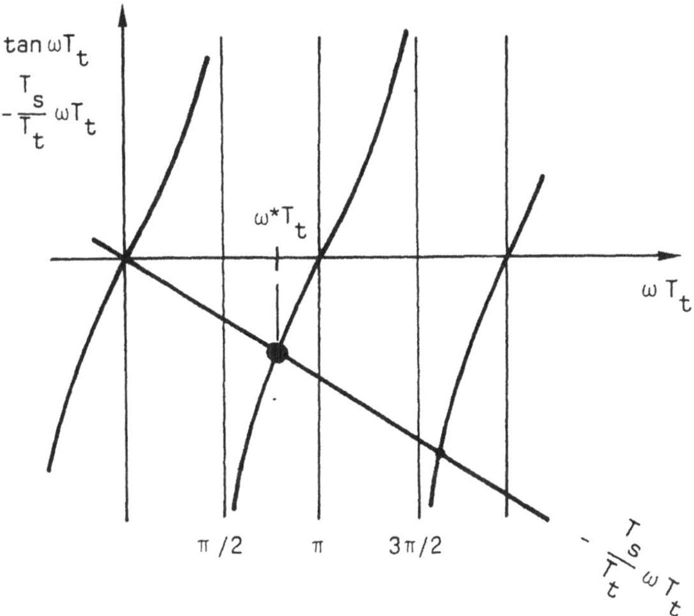

Bild 112 Zur Berechnung des Punktes P*

Die benötigte Frequenz ω^* bzw. in dimensionsfreier Form $(\omega T_t)^*$ für P* ergibt sich aus dem 1. Schnittpunkt der Geraden $-(T_s/T_t)\,\omega T_t$ mit der Funktion $\tan \omega T_t$, kann aber wegen der Transzendenz im allgemeinen nur für konkrete Zeitkonstanten T_s, T_t numerisch angegeben werden. Um dennoch allgemeine Aussagen machen zu können, betrachten wir die beiden Grenzfälle $T_s/T_t \to 0$ und $T_s/T_t \to \infty$. Der Grenzfall $T_s/T_t \to 0$ wird durch die horizontale Gerade repräsentiert, die mit der Zeitachse zusammenfällt und entsprechend ist im Grenzfall $T_s/T_t \to \infty$ die vertikale Gerade bestimmend, die mit der Ordinaten in Bild 112 identisch wird. Für $T_s/T_t \to 0$ lesen wir die dimensionsfreie Frequenz $(\omega T_t)^* = \pi$ und für $T_s/T_t \to \infty$ $(\omega T_t)^* = \pi/2$ ab. Damit ergibt sich aus (4.79) bzw. (4.81) der Abstand $|-F_0| = |\mathrm{Re}\,(\omega T_t)^*|$ des Punktes P* vom Koordinatenursprung in den beiden Grenzfällen zu

$$T_s/T_t \to 0 : \qquad \left|\mathrm{Re}\,(\omega T_t)^*\right| = V_R V_S \tag{4.84}$$

$$T_s/T_t \rightarrow \infty : \qquad \left| \mathrm{Re}\,(\omega T_t)^* \right| = \frac{V_R V_S}{\dfrac{\pi}{2}\dfrac{T_s}{T_t}} \tag{4.85}$$

so dass wir die asymptotischen Beschränkungen für stabiles Regelkreisverhalten

$$T_s/T_t \rightarrow 0 : \qquad V_R V_S < 1 \tag{4.86}$$

$$T_s/T_t \rightarrow \infty : \qquad V_R V_S < \frac{\pi}{2}\frac{T_s}{T_t} \tag{4.87}$$

erhalten. Im Fall des PT_1T_t/P-Regelkreises ist die Stabilitätsaussage auch vom Verhältnis T_s/T_t aus Anstiegs- und Totzeit abhängig. Die in der Stabilitätskarte (Bild 113) eingezeichneten asymptotischen Stabilitätsgrenzen

$$T_s/T_t \rightarrow 0 : \qquad V_R V_S = 1 \tag{4.88}$$

$$T_s/T_t \rightarrow \infty : \qquad V_R V_S = \frac{\pi}{2}\frac{T_s}{T_t} \tag{4..89}$$

zeigen, dass mit zunehmendem Zeitverhältnis T_s/T_t die Stabilität ansteigt. Der tatsächliche Verlauf der Stabilitätsgrenze im Zwischenbereich $0 < T_s/T_t < \infty$ ist in der Stabilitätskarte gestrichelt eingetragen.

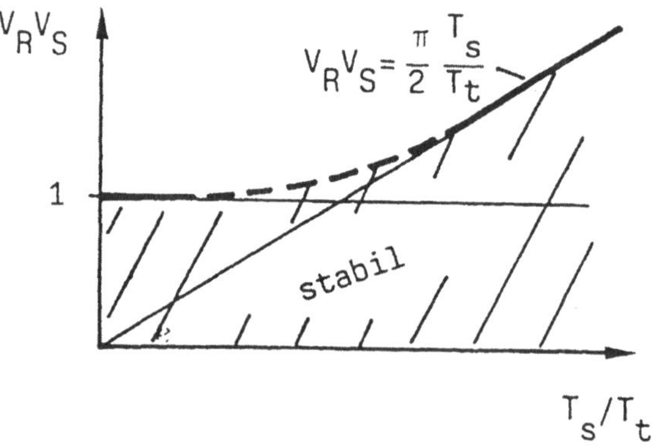

Bild 113   Stabilitätskarte für einen PT_1T_t / P – Regelkreis

Entsprechende Überlegungen zur Beschaffung von Stabilitätskarten können auch für IT_t/P- , IT_1T_t / P- Regelkreise angestellt werden. Dabei ergeben sich hyperbolische Beschränkungen. Etwa für einen IT_t/P-Regelkreis gilt die Stabilitätskarte nach Bild 114. Danach geht die Stabilität mit zunehmender Totzeit T_t schließlich ganz verloren. Die Vermeidung von großen Totzeiten T_t ist bei Systemen mit I-Strecken deshalb besonders wichtig.

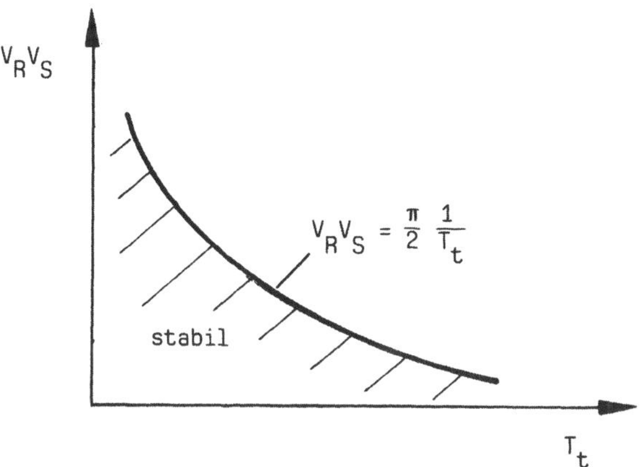

Bild 114 Stabilitätskarte für IT_t /P- Regelkreis

4.5.4 Frequenz- und Zeitbereich

Die Stabilitätsaussagen mit Hilfe des Nyquist-Kriteriums werden im Frequenzbereich gemacht, der aus dem Zeitbereich kommend (Abs. 4.3) mit dem algebraisierenden Ansatz e^{pt}, $p = i\omega$ erreicht wird. Dieser Frequenzbereich kann auch mit Hilfe der Laplace-Transformation erreicht werden, die üblicherweise zur Lösung der Differentialgleichungen im Zeitbereich durch Transformation in den Frequenzbereich und anschließender Rücktransformation der im Frequenzbereich gefundenen Lösungen in den Zeitbereich eingesetzt wird. Da die Stabilitätsaussage mit dem Nyquist-Kriterium allein im Frequenzbereich getätigt wird (Rücktransformation entfällt) und zur Beschaffung der Lösungen im Zeitbereich heute Digitalrechner zur Verfügung stehen, kann auf die Laplace-Transformation verzichtet werden. Für die Lösung im Zeitbereich wird deshalb in den Abschnitten 6 und 7 der numerischen Simulation Vorrang gegeben und in diesem Zusammenhang die Verwendung mathematischer Algorithmen (Software-Regler) in den Vordergrund gestellt, die heute in der Regelungstechnik immer mehr an Bedeutung gewinnen.

5 Auswahl und Einstellung des Reglers

Prinzipiell ist nicht jeder Regler mit jeder Regelstrecke verträglich. Bei der Reglerwahl müssen diejenigen Fälle von vornherein ausgeschlossen werden, die zur Strukturinstabilität neigen. Ein typisches Beispiel hierfür ist die Unverträglichkeit zwischen einem I-Regler und einer I-Strecke (Dauerschwingung). Am unproblematischsten ist die Verwendung eines PI-Reglers, da dieser aufgrund des P-Anteils schnell anspricht und die Regelabweichung mit Hilfe des I-Anteils ohne Stabilitätsproblem zum Verschwinden gebracht werden kann. Bei Verwendung eines PID-Reglers kann das Regelergebnis noch verbessert werden. Dies wird jedoch nur erreicht, wenn die Verstärkung des P-Anteils und die Zeitkostanten des I- und D-Anteils richtig aufeinander abgestimmt sind. Der klassische PID-Reglers ist universell genug, um die überwiegende Anzahl der in der Praxis anstehenden Regelprobleme zufriedenstellend lösen zu können. In den meisten Anwendungsfällen (Strecke mit entsprechend hoher Verzögerung und /oder Totzeit) werden wir es mit parameterstabilen Systemen zu tun haben. Liegt die stabile Auslegung eines solchen Regelkreises zu nahe an der Stabilitätsgrenze (Stabilitätskarte), ist beim Einregeln nach einer aufgetretenen Störung eine nur schwach gedämpfte Schwingung zu erwarten (Bild 115).

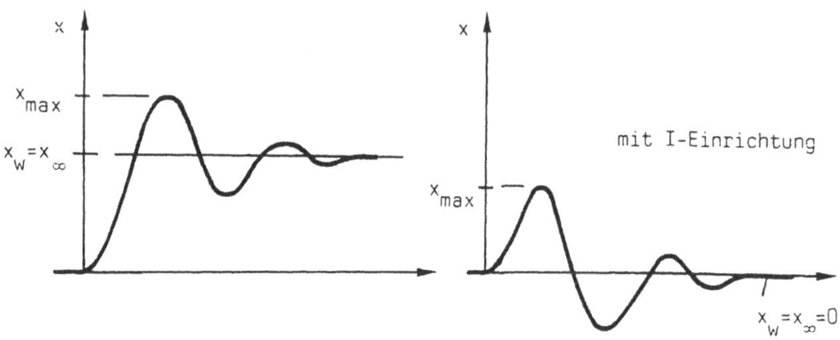

Bild 115 Einschwingverhalten bei Reglereinstellungen nahe der Stabilitätsgrenze

Die bereits durch die Stabilitätsgrenze eingeschränkte Einstellmöglichkeit der Regelparamter muss noch weiter eingeschränkt werden. Allgemein gültige Einstellregeln gibt es nicht, da jede konkrete Regelaufgabe (Kundenwunsch) mit individuellen Nebenbedingungen verknüpft ist. Es kommt darauf an, ob ein mögliches Überschwingen toleriert, ein aperiodisches Regelverhalten gewünscht oder eine möglichst kurze Einregelzeit angestrebt wird. Da diese Nebenbedingungen nicht gleichzeitig erfüllbar sind, muss hier stets ein Kompromiss gefunden werden.

5.1 Identifikation der Strecke

Im konkreten Anwendungsfall muss zunächst Klarheit über das Zeitverhalten der zu regelnden Strecke vorliegen. Die Identifikation erfolgt in der Regel mit Hilfe eines Sprungversuchs. Die Sprungantwort zeigt, ob eine Strecke mit Ausgleich (P) oder ohne Ausgleich (I) vorliegt und welche Zeitverzögerungen (T_i, T_t) auftreten. Für P...- und I-...Strecken sind die für praktische Anwendungen hinreichend allgemeinen Sprungantworten (Messschriebe für PT_1T_t- und IT_1T_t - Strecken) in Bild 115 dargestellt, aus denen die charakteristischen Parameter der Strecke (Verstärkungen V_i, Zeitverzögerungen T_i und Totzeiten T_t) abgelesen werden können. Das Verhalten der einfacheren Strecken ($T_i > 0$ und $T_t = 0$, $T_i = 0$ und $T_t > 0$, $T_i = 0$ und $T_t = 0$) ist in diesen Darstellungen enthalten.

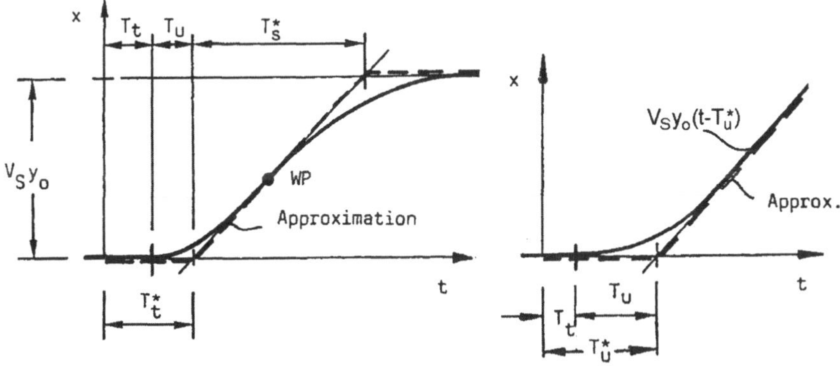

Bild 116 Sprungantworten zur Identifikation von Strecken mit und ohne Ausgleich

5.2 Reglereinstellung

Die aus Stabilitätsgründen notwendige Einschränkung der Einstellwerte des
Reglers und die pauschale Einstellung durch Wahl eines Sicherheitsabstands von
der Stabilitätsgrenze in Form der Amplitudenreserve $A_R > 1$ kann allein im Frequenzbereich bewerkstelligt werden. Die Feineinstellung zur Erfüllung der zusätzlichen Nebenbedingungen (Kundenwünsche) muss dagegen im Zeitbereich
erfolgen, die etwa mit einer Vorabsimulation auf einem Digitalrechner (Abs. 6)
gefunden werden kann, die heute unkomplizierte Variationen der Regelparameter
möglich macht. In der Vergangenheit standen hier „praktische Einstellregeln" im
Vordergrund, die an PT_1T_t - und IT_1T_t - Strecken mit P-, PI- und PID -Reglern
experimentell ermittelt wurden. Am bekanntesten sind die Einstellregeln für P...-
Strecken nach Ziegler und Nichols (Tabelle 1). Mit diesen Einstellwerten lassen
sich für den praktischen Einsatz hinreichend stark gedämpfte Zeitverhalten der
Regelkreise erreichen. Die explizit ablesbaren Einstellwerte beinhalten somit
letztlich Werte für die jeweils gewählte Amplitudenreserve (Abstand gegen Stabilitätsgrenze).

Regler	V_R	T_I	T_D
P	$0,5\ V_{R,krit}$	-	-
PI	$0,45\ V_{R,krit}$	$0,85\ T_{krit}$	-
PID	$0,6\ V_{R,krit}$	$0,5\ T_{krit}$	$0,12\ T_{krit}$

Tabelle 1 Einstellwerte für P-, PI- und PID-Regler nach Ziegler und Nichols für Strecken
mit Ausgleich

Um die Tabelle 1 anwenden zu können, müssen die kritische Verstärkung V_{krit}
und die Periodendauer T_{krit} der zugehörigen Dauerschwingung (Stabilitätsgrenze
$\rightarrow P_{krit} = -1$, $\varphi_{krit} = -\pi$) bekannt sein. Diese beiden Werte werden am konkret
vorliegenden Regelkreis experimentell ermittelt. Dazu wird der im allgemeinsten
Fall vorhandene PID-Regler durch Ausschalten des I- und D-Anteils ($T_I \rightarrow \infty$,

$T_D \rightarrow 0$) als P-Regler geschaltet und dann die Verstärkung V_R so lange erhöht, bis die Regelgröße x beim Aufschalten einer Störung eine Dauerschwingung zeigt. Dieser dabei eingestellte Wert wird am Einstellknopf als kritische Verstärkung V_{krit} des Reglers abgelesen und aus dem zugehörigen Messschrieb (Bild 117) auch noch T_{krit} entnommen.

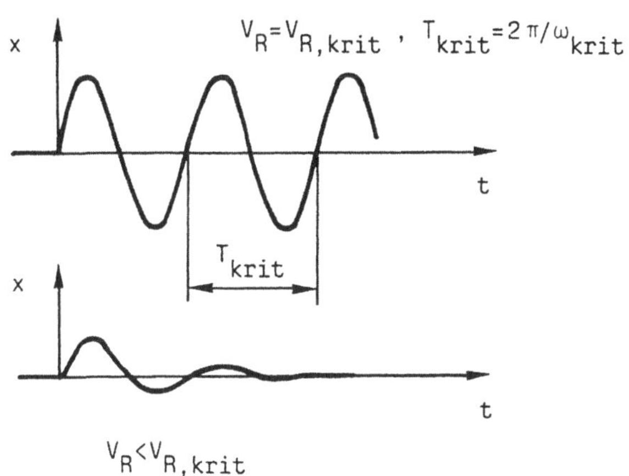

Bild 117 Zeitschrieb der Regelgröße x bei kritischer Einstellung

Bei Verwendung des PID-Reglers als P-Regler ($T_I = \infty$, $T_D = 0$), als PI-Regler ($T_D = 0$) und bei Nutzung aller Einstellmöglichkeiten schließlich als PID-Regler, sind dann die Werte für die drei Einstellknöpfe V_R, T_I, T_D entsprechend Tabelle 1 zu wählen. Vorteilhaft beim Einstellverfahren nach Ziegler und Nichols ist, dass die kritischen Werte konkret am vorliegenden Regelkreis ermittelt und somit die realen Systemeigenschaften voll erfasst werden.

Darf etwa aus sicherheitstechnischen Gründen der Regelkreis nicht bis an die Stabilitätsgrenze gefahren werden, kann mit Hilfe der aus der Sprungantwort für Strecken mit Ausgleich (P...) nach Bild 115 entnommenen Ersatzanstiegszeit T_s^*, Ersatztotzeit T_t^* und Verstärkung V_S (Bild 115) die Hilfsgröße

$$K = V_S \, \frac{T_s^{\bullet}}{T_t^{\bullet}} \tag{5.1}$$

gebildet und die Einstellung nach Tabelle 2 vorgenommen werden.

Regler	V_R	T_I	T_D	V_R	T_I	T_D
P	0,3/K	–	–	0,95/K	–	–
PI	0,6/K	$4\,T_t{}^*$	–	0,7/K	$2,3T_t{}^*$	–
PID	0,95/K	$2,4T_t{}^*$	$0,42T_t{}^*$	1,2/K	$2T_t{}^*$	$0,42T_t{}^*$

aperiodisch   überschwingend

Tabelle 2 Einstellwerte für P-, PI-, PID-Regler in Abhängigkeit von den Parametern $V_S, T_s{}^*, T_t{}^*$ für Strecken mit Ausgleich

Detaillierter als beim Verfahren nach Ziegler und Nichols kann nach Tabelle 2 sowohl eine aperiodische Einstellung (gerade kein Überschwingen der Regelgröße) als auch eine überschwingende Einstellung mit kürzerer Einregelzeit vorgenommen werden. Um aperiodisches Verhalten erreichen zu können, muss der Abstand gegen die Stabilitätsgrenze größer als im Fall der Einstellung sein, die zu einem überschwingenden Verhalten führt. Dieses ist der Grund, dass die empfohlenen Einstellwerte für die Verstärkungen bei aperiodischem Verhalten gegenüber den Einstellwerten bei überschwingendem Verhalten reduziert sind. Für strukturstabile Regelkreise darf dagegen keinerlei Einschränkung bei die Wahl der Verstärkung bestehen. Auch diese Situation wird in Tabelle 2 etwa für einen PT_1/P-Regelkreis ($T_t{}^*=T_t \to 0$) mit $K \to 0$ durch den Ablesewert für die Verstärkung $V_R \to \infty$ richtig wiedergegeben.

Das bei der Bildung der Hilfsgröße verwendete Zeitverhältnis T_{t*}/T_{s*} ist für die Regelbarkeit von außerordentlicher Bedeutung. Gute Regelbarkeit liegt erfahrungsgemäß für Verhältnisse

$$\frac{T_t{}^\bullet}{T_s{}^\bullet} < 0,1 \qquad \text{bzw.} \qquad \frac{T_s{}^\bullet}{T_t{}^\bullet} > 10 \tag{5.2}$$

vor. Sind die Streckeneigenschaften nach (5.2) erfüllt, gelingt die Regelung zufriedenstellend mit einmaschigen Regelkreisen, die im Rahmen der Einführung in die Regelungstechnik allein Gegenstand der Untersuchungen sein können. Dieses gutmütige Regelverhalten hatten wir bereits zuvor in Abs. 4.5.3 konkret berechnet und in der Stabilitätskarte nach Bild 112 festgehalten, die zeigt, dass mit T_s/T_t

$\rightarrow \infty$ jede Einschränkung der Einstellbarkeit der Verstärkung V_R verloren geht, da mit $T_t \rightarrow 0$ Strukturstabilität erreicht wird.

Für Strecken ohne Ausgleich (I...) mit den aus der Sprungantwort (Messschrieb) nach Bild 115 entnommenen Parametern V_I, T_u, T_t kann die Einstellung eines P-, PI-, PID-Reglers nach Tabelle 3 vorgenommen werden.

Regler	V_R	T_I	T_D
P	$\dfrac{0,5}{V_S T_u^*}$	-	-
PI	$\dfrac{0,42}{V_S T_u^*}$	$5,8\,T_u^*$	-
PID	$\dfrac{0,4}{V_S T_u^*}$	$3,2\,T_u^*$	$0,8\,T_u^*$

Tabelle 3   Einstellwerte für P-, PI-, PID-Regler zur Regelung von Strecken ohne Ausgleich

Kontrollierend kann auch hier durch Betrachtung eines strukturstabilen Systems gezeigt werden, dass die empfohlene Einschränkung zum Einstellen der Verstärkung V_R restlos verloren geht. Etwa für einen I/P-Regelkreis ergibt sich mit $T_u^* = T_u \rightarrow 0$ eine unbeschränkte Einstellempfehlung $V_R \rightarrow \infty$. Dieses gutmütige Verhalten beim Verschwinden jeglicher Verzögerung und Totzeit zeigt deutlich auch die zugehörige Stabilitätskarte (Bild 114), die bereits in Abs. 4.5.3 bereitgestellt wurde.

Verzögerungen (T_i) und Totzeiten (T_t) führen stets zu Einschränkungen bei der Reglereinstellung. Damit die einfache Regelbarkeit von Regelkreisen nicht verloren geht, muss konstruktiv beim Bau der Regelstrecken und der Anbringung der Messsensoren unbedingt darauf geachtet werden, dass keine unnötigen Zeitverzögerungen auftreten. Da die Sprungantworten zur Identifikation der Regelstrecken nach Bild 115 qualitativ auch das Verhalten von Systemen mit höherer Ordnung wiedergeben (s. z.B. Spungantworten für PT_n-Systeme mit $n \geq 2$, Bild 45), lassen sich auch für diese Systeme Einstellwerte aus den mitgeteilten Tabellen ablesen, wenn nur mit den entsprechenden Ersatzzeiten $T_s{}^*$, $T_u{}^*$, $T_t{}^*$ gearbeitet wird. Die so beschafften Einstellwerte lassen sich zumindest als Startwerte für weitere Iterationen zur Erfüllung der konkreten Nebenbedingungen (Kundenwünsche) verwenden.

6 Numerische Simulation

Die mittlerweile große Verfügbarkeit von Digitalrechnern gestattet heute auch dem mathematisch weniger gut ausgebildeten Anwender die Untersuchung komplizierter dynamischer Systeme. Damit kann auf das Hilfsmittel „Laplace-Transformation" verzichtet werden, das bislang zum Standard-Repertoire eines theoretisch ausgebildeten Regelungstechnikers gehörte. Dies umso mehr, da dieses Verfahren von den Ingenieuren sowieso nur handwerklich benutzt wurde, nur auf lineare Systeme angewendet werden kann und zudem bei komplizierten dynamischen Systemen keinen echten Vorteil bietet, da die Mühsal des Ausrechnens des Zeitverhaltens letztlich nur verlagert wird. Ebenso überflüssig ist die Laplace-Transformation bei Stabilitätsuntersuchungen, da die Stabilitätsaussagen mit Hilfe des Nyquist-Kriteriums (Abs. 4) allein mit Hilfe des algebraisierenden Exponentialansatzes gemacht werden können und eine Rücktransformation in den Zeitbereich nicht erforderlich ist. Die numerische Simulation auf Digitalrechnern macht aber nicht nur den Weg frei zur Behandlung komplizierter dynamischer Systeme der bisher betrachteten Art, die sich ausschließlich durch lineare Dgln. mit konstanten Koeffizienten beschreiben lassen. Ohne Schwierigkeit können jetzt auch zeitabhängige Koeffizienten und sogar nichtlineare Zusammenhänge zugelassen werden. Damit wird die Beschreibung des Zeitverhaltens der tatsächlich in der Praxis vorliegenden Systeme ohne Einschränkungen möglich.

6.1 Regelstrecken

Wir demonstrieren die numerische Berechnung des Zeitverhaltens zunächst an zwei Systemen 1.Ordnung. Im ersten Fall sei das System eine PT_1-Regelstrecke, die der Dgl.

$$T_s \dot{x} + x = V_s y \tag{6.1}$$

gehorcht. Die interessierende Sprungantwort x(t), die durch Aufprägen eines Testsprungs $y = y_0 \sigma(t)$ entsteht, wird jetzt sukzessive für hinreichend kleine Zeitschritte $\Delta t \ll T_s$ berechnet. Zur Zeit t = 0 hat das Eingangssignal bereits den Wert $y = y_0$ angenommen, während das Ausgangssignal aufgrund der Zeitverzögerung noch im Ruhewert x = 0 für $t \leq 0$ verharrt, so dass die Anfangsbedingung mit x(0) = 0 vorgegeben ist (Bild 118).

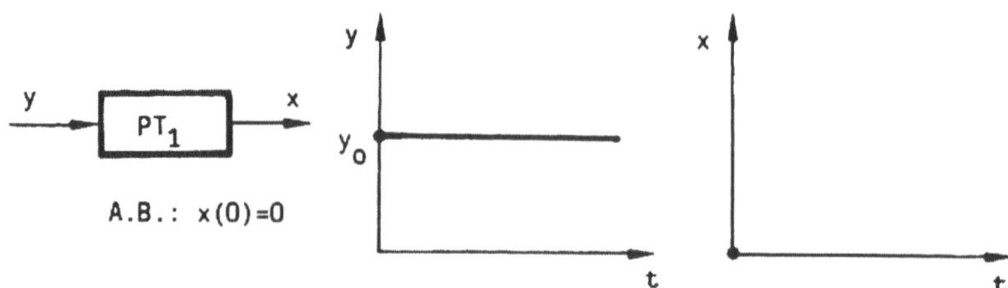

Bild 118 Anfangssituation zur Zeit t = 0

Entnehmen wir nun aus der Dgl. (6.1) zur Startzeit t = 0

$$T_s \dot{x}(0) + x(0) = V_S y_0 \tag{6.2}$$

bei Beachtung von x (0) = 0 (Anfangsbedingung) die Anfangssteigung der Antwort

$$\dot{x}(0) = \frac{V_S}{T_s} y_0 \tag{6.3}$$

auf den Eingangssprung, kann im 1.Rechenschritt der Wert der Sprungantwort zur Zeit t = Δt in linearer Näherung durch

$$x(\Delta t) = \dot{x}(0) \, \Delta t = \frac{V_S \, y_0}{T_S} \, \Delta t \tag{6.4}$$

berechnet werden (Bild 119).

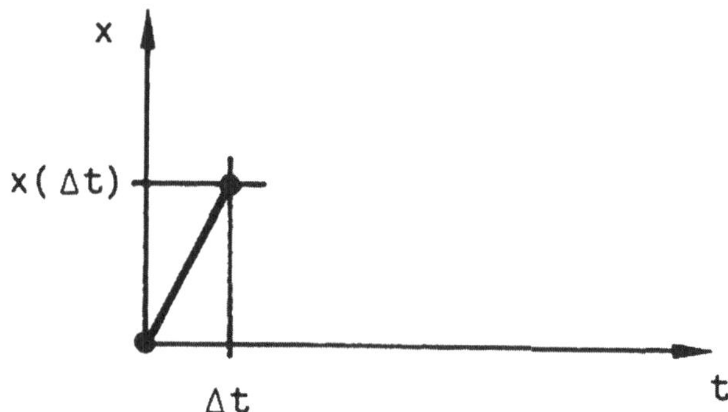

Bild 119 1. Rechenschritt

Für den 2.Rechenschritt entnehmen wir in entsprechender Weise zunächst die Steigung $\dot{x}\,(\Delta t)$ zur Zeit $t = \Delta t$ aus der Dgl.

$$T_s\,\dot{x}\,(\Delta t) + x\,(\Delta t) = V_S y_0 \tag{6.5}$$

die sich bei Beachtung von (6.4) jetzt zu

$$\dot{x}\,(\Delta t) = \frac{V_S y_0 - x(\Delta t)}{T_s} = \frac{V_S y_0}{T_s}\left(1 - \frac{\Delta t}{T_s}\right) \tag{6.6}$$

ergibt und berechnen damit in linearer Näherung den Wert der Sprungantwort zur Zeit $t = 2\,\Delta t$:

$$x\,(2\,\Delta t) = x\,(\Delta t) + \dot{x}\,(\Delta t)\,\Delta t = \frac{V_S y_0}{T_s}\,\Delta t\left[2 - \frac{\Delta t}{T_s}\right] \tag{6.7}$$

Wegen der nach (6.6) verminderten Steigung $\dot{x}\,(\Delta t) < \dot{x}\,(0)$ wächst somit die Sprungantwort im 2.Rechenschritt schwächer als im 1. Rechenschritt an. Durch sukzessives Fortsetzen des Verfahrens (Bild 120) erhält man so letztlich das typische Sättigungsverhalten eines PT_1-Systems.

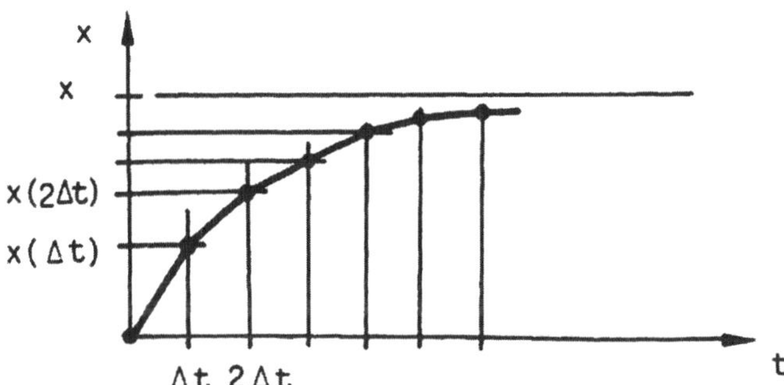

Bild 120 Weitere Rechenschritte bis hin zur Sättigung

Ganz allgemein folgt der Wert der gesuchten Funktion $x(t)$ im n-ten Rechenschritt immer aus den Werten im vorausgegangenen (n-1)-ten Rechenschritt:

$$x\,(n\,\Delta t) = x\,([n-1]\,\Delta t) + \dot{x}\,([n-1]\,\Delta t)\,\Delta t \tag{6.8}$$

Die gesuchte Funktion $x(t)$ wird so numerisch durch einen Polygonzug angenähert, der im allgemeinen umso besser mit der exakten Lösung übereinstimmt, je kleiner die Schrittweite Δt gewählt wird. Auf rechentechnische Probleme bezüglich der Genauigkeit der numerischen Rechnung wollen wir hier nicht eingehen. Zur Größe der Schrittweite sei aber bemerkt, dass es numerische Verfahren (z.B. Runge-Kutta) gibt, die durch spezielle Mittelungsprozesse Tangentensteigungen $\dot{x}$ liefern, die auch beim Rechnen mit großen Schrittweiten brauchbare Lösungen liefern. Bei Lösungskurven mit starken Krümmungen ist eine dem Problem angepasste Schrittweitensteuerung sinnvoll.

Als nächstes Beispiel betrachten wir ein I-System, das der Dgl.

$$\dot{x} = V_I\, y \tag{6.9}$$

gehorcht, mit dem der Ausfluss aus einem Behälter beschieben werden kann. Um bei dieser Gelegenheit die problemlose Behandlung auch bei zeitabhängigen Koeffizienten zeigen zu können, wird ein sich mit der Zeit verstopfender Abfluss betrachtet, der den abfließenden Volumenstrom nach dem Zeitgesetz $\dot{V}(t) = \dot{V}_o\, e^{-t/T}$ verändert. Die Dgl. nimmt dann bei Beachtung der Verstärkung $V_I = -\,1/A$ proportional zum Kehrwert des Behälterquerschnitts A bei sprunghaft geöffnetem Abfluss $y = \dot{V}_o\sigma$ (t) die Form

$$\dot{x} = -\,\frac{\dot{V}_o}{A}\, e^{-t/T} \tag{6.10}$$

an. Mit der Anfangsfüllhöhe $x(0) = x_{max}$ ergibt sich aus (6.10) zum Startzeitpunkt $t = 0$ die Anfangsgeschwindigkeit

$$\dot{x}\,(0) = -\,\frac{\dot{V}_o}{A} \tag{6.11}$$

so dass im 1.Rechenschritt $t = \Delta t$ die Füllhöhe auf

$$x(\Delta t) = x_{max} + \dot{x}(0)\,\Delta t\ =\ x_{max} - \frac{\dot{V}_o}{A}\Delta t \tag{6.12}$$

absackt (Bild 121).

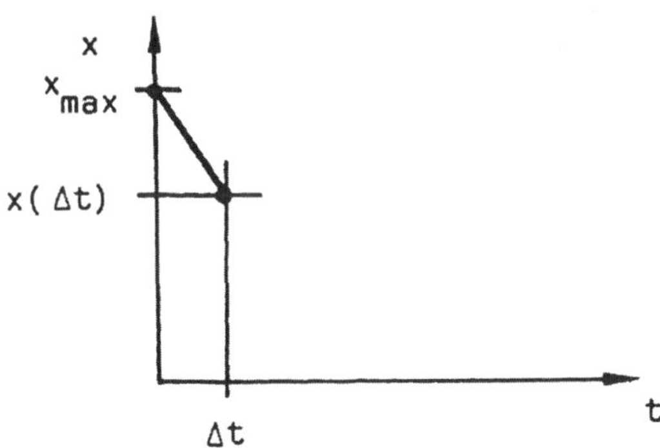

Bild 121 1. Rechenschritt

Die neue Sinkgeschwindigkeit für den 2.Rechenschritt t = 2Δt ergibt sich dann aus (6.10) zu

$$\dot{x}(\Delta t) = - \frac{\dot{V_o}}{A} e^{-\Delta t/T} < \dot{x}(0) \tag{6.13}$$

und wir erhalten damit die neue Füllhöhe zur Zeit t = 2Δt

$$x(2\,\Delta t) = x(\Delta t) + \dot{x}(\Delta t)\,\Delta t = x_{max} - \frac{\dot{V_o}}{A}\Delta t\,(1 + e^{-\Delta t/T}) \tag{6.14}$$

die zeigt, dass das Absinken der freien Oberfläche infolge des beginnenden Verstopfens mit zunehmender Zeit vermindert wird (Bild 122).

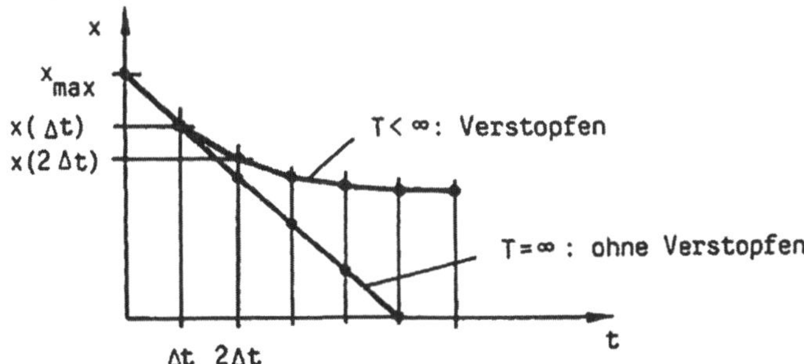

Bild 122 Weitere Rechenschritte

Durch sukzessives Weiterrechnen kann der Verlauf x(t) bis zur möglichen Stagnation des Abflusses für t → ∞ berechnet werden. Mit eingezeichnet ist in Bild 122 die Situation ohne Verstopfen (T = ∞). In diesem Fall gilt $\dot{V}(t) = \dot{V}_0$ = const, so dass der Behälter leerläuft und in jedem Zeitschritt Δt die freie Oberfläche um den gleichen Betrag (x ~ t) absackt.

Bei der Simulation von Regelstrecken n-ter Ordnung kann die benötigte Ableitung $\dot{x}$ zum Aufbau des Polynoms zur Approximation der Lösung nicht direkt aus der Dgl. abgelesen werden. Dies gelingt aber dennoch, da die Dgl. n-ter Ordnung sich in ein System von n Dgln. 1.Ordnung umschreiben lässt. Wir zeigen dies exemplarisch am Beispiel einer PT_2-Strecke, die durch die Dgl. 2.Ordnung

$$T^2\ddot{x} + 2T\dot{x} + x = V_S\, y \tag{6.15}$$

dargestellt wird, die mit der Substitution $\dot{x}=u$ unter Beachtung von $\ddot{x}=\dot{u}$ auf das Dgl.-System

$$\dot{x}=u \tag{6.16}$$

$$T^2\dot{u} + 2Tu + x = V_S\, y \tag{6.17}$$

umgeschrieben werden kann. Die so entstandenen Dgln. (6.16), (6.17) sind miteinander gekoppelt und linear in x und u. Die Kopplung hat zur Folge, dass die Berechnung von x in der Zeit simultan mit u erfolgen muss.

Zur numerischen Berechnung der wiederum interessierenden Sprungantwort, hervorgerufen durch einen Testsprung y = y_0 σ (t), sind jetzt die Anfangsbedingungen x(0) = 0, $\dot{x}$ (0) = u(0) = 0 zu beachten (Bild 123).

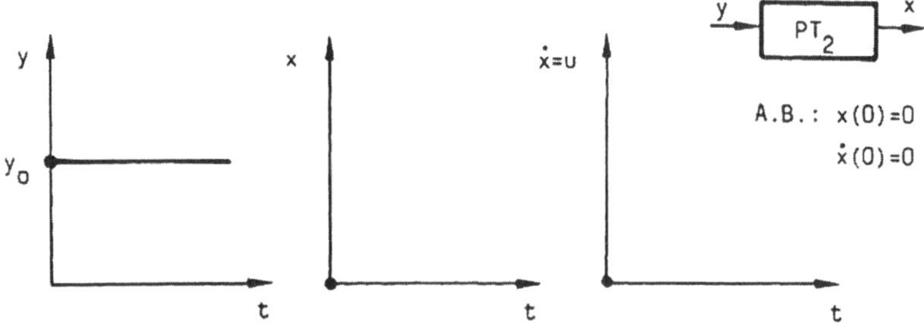

Bild 123 Anfangssituation zur Zeit t = 0

Aus (6.17) lässt sich sofort bei Beachtung der Anfangsbedingungen

$$\dot{u}(0) = \frac{V_S\, y_o - 2T\, u(0) - x(0)}{T^2} = \frac{V_S\, y_o}{T^2} \qquad (6.18)$$

ausrechnen. Damit kann im 1.Rechenschritt für t = Δt

$$u(\Delta t) = u(0) + \dot{u}(0)\,\Delta t = \frac{V_S}{T^2}\, y_o\, \Delta t \qquad (6.19)$$

und

$$x(\Delta t) = x(0) + \dot{x}(0)\,\Delta t = 0 \qquad (6.20)$$

bestimmt werden (Bild 124).

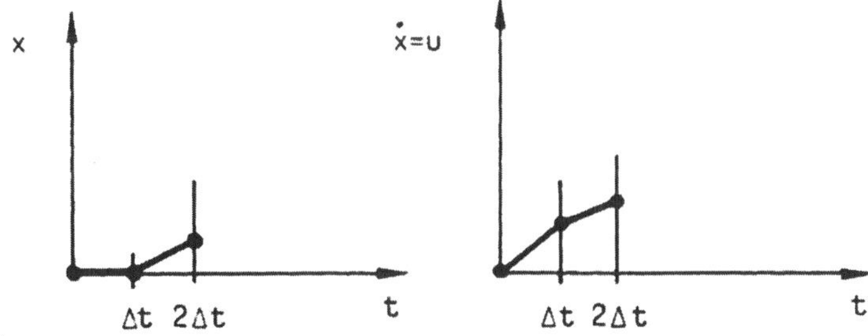

Bild 124 1. und 2. Rechenschritt

Im 2.Rechenschritt für t = 2Δt erhält man dann mit $\dot{x}\,(\Delta t) = u\,(\Delta t)$ nach (6.19)

$$x(2\,\Delta t) = x(\Delta t) + \dot{x}(\Delta t)\,\Delta t = \frac{V_S}{T^2}\, y_o\, (\Delta t)^2 \qquad (6.21)$$

und mit

$$\dot{u}(\Delta t) = \frac{V_S\, y_o - 2T\, u(\Delta t) - x(\Delta t)}{T^2} = \frac{V_S\, y_o}{T^2}\left(1 - 2\frac{\Delta t}{T}\right) \qquad (6.22)$$

aus (6.17) auch

$$u(2\,\Delta t) = u(\Delta t) + \dot{u}(\Delta t)\,\Delta t = \frac{V_S\, y_o}{T^2}\left\{1 + \left(1 - 2\frac{\Delta t}{T}\right)\right\}\,\Delta t \qquad (6.23)$$

so dass mit $\dot{x}(2\Delta t) = u(2\Delta t)$ das Verfahren zum Berechnen der Sprungantwort fortgesetzt werden kann (Bild 124). Die Funktionen u, x werden dabei simultan von einem zum anderen Zeitschritt bestimmt.

Die mögliche Beschreibung von Regelstrecken oder Regelkreisgliedern höherer Ordnung durch ein System von Dgln. 1.Ordnung weckt die Vermutung, dass eine verallgemeinerte Darstellung gefunden werden kann, die der inneren Struktur eines PT_1-Systems ähnlich ist (Abs. 3.4 , Bild 87). Ausgehend von der Darstellung des Signalflusses nach Bild 125 für die Dgl. (6.15) bzw. das Dgl.-System (6.16), (6.17)

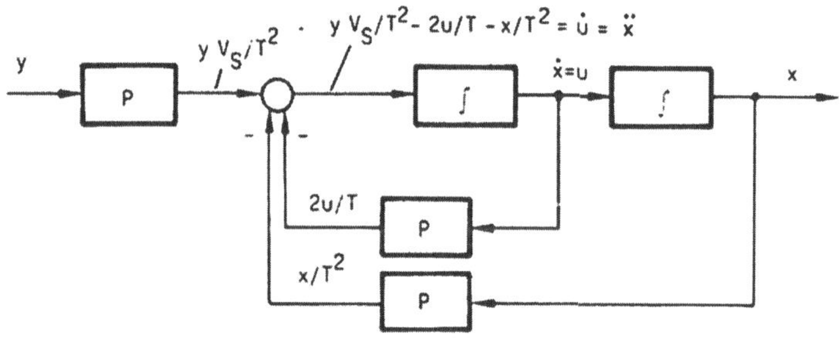

Bild 125 Signalflussbild für ein PT_2 -System

erkennen wir, dass die Variablen u, x physikalische Bedeutung besitzen. Sie beschreiben eindeutig die zeitlichen Zustände des Systems. In unserem Beispiel ist etwa $u = \dot{x}$ ein Maß für die kinetische Energie und x ein Maß für die potentielle Energie des diskutierten PT_2-Systems. Die Variablen x, u sind deshalb die Zustandsgrößen des Systems. Zur Verallgemeinerung schreiben wir die beiden Dgln. 1.Ordnung (6.16), (6.17) jetzt in der Form

$$\dot{x} = u \tag{6.24}$$

$$\dot{u} = -\frac{1}{T^2}\,x - 2\frac{1}{T}\,u + \frac{V_S}{T^2}\,y$$

die in Matrizenschreibweise auf die Darstellung

$$\begin{bmatrix} \dot{x} \\ \dot{u} \end{bmatrix} = \begin{bmatrix} 0 & 1 \\ -1/T^2 & -2/T \end{bmatrix} \begin{bmatrix} x \\ u \end{bmatrix} + \begin{bmatrix} 0 \\ V_S/T^2 \end{bmatrix} y \tag{6.25}$$

führt und schließlich die Vektordarstellung

$$\dot{\vec{x}} = \mathbf{A}\,\vec{x} + \mathbf{B}\,\vec{y} \tag{6.26}$$

suggeriert. Dabei bedeuten

$$\vec{x}(t) = \begin{bmatrix} x_1(t) \\ \cdot \\ \cdot \\ \cdot \\ x_n(t) \end{bmatrix} \qquad \text{Zustandsvektor}$$

$$\vec{y}(t) = \begin{bmatrix} y_1(t) \\ \cdot \\ \cdot \\ \cdot \\ y_n(t) \end{bmatrix} \qquad \text{Eingangs- oder Steuervektor}$$

$$\mathbf{A} = \begin{bmatrix} a_{11} & \cdot & \cdot & a_{1n} \\ \cdot & \cdot & \cdot & \cdot \\ \cdot & \cdot & \cdot & \cdot \\ a_{n1} & \cdot & \cdot & a_{nn} \end{bmatrix} \qquad \text{Systemmatrix}$$

$$\mathbf{B} = \begin{bmatrix} b_{11} & \cdot & \cdot & b_{1n} \\ \cdot & \cdot & \cdot & \cdot \\ \cdot & \cdot & \cdot & \cdot \\ b_{n1} & \cdot & \cdot & b_{nn} \end{bmatrix} \qquad \text{Eingangs- oder Steuermatrix}$$

und ein Blick auf das zugehörige Signalflussbild 126 der Zustandsbeschreibung (6.26), das die Verallgemeinerung des formal gleich aussehenden

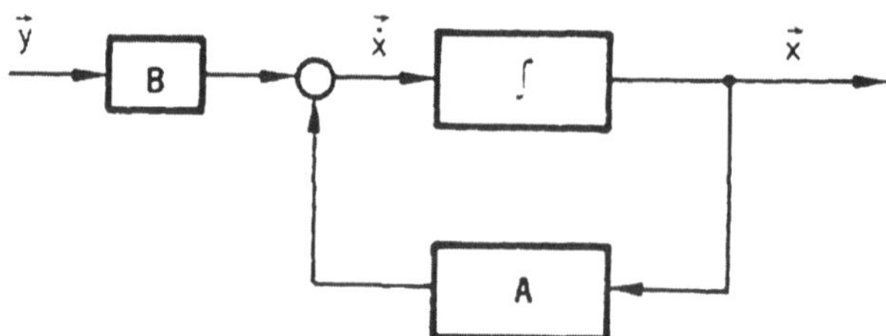

Bild 126 Zustandsbeschreibung

Bildes 87 darstellt, lässt die verwendeten Begriffe ganz von selbst verstehen.
In unserem einfachen PT_2-Beispiels gilt demnach:

$$\vec{x} = \begin{bmatrix} x_1 \\ x_2 \end{bmatrix} = \begin{bmatrix} x \\ u \end{bmatrix} \qquad\qquad \vec{y} = \begin{bmatrix} y_1 \\ y_2 \end{bmatrix} = \begin{bmatrix} 0 \\ y \end{bmatrix}$$

$$\mathbf{A} = \begin{bmatrix} 0 & 1 \\ -1/T^2 & -2/T \end{bmatrix} \qquad\qquad \mathbf{B} = \begin{bmatrix} 0 & 0 \\ 0 & V_S/T^2 \end{bmatrix}$$

Diese Art der Darstellung linearer Systeme (Zustandsbeschreibung der interessierenden Ausgangsgröße $\vec{x}(t)$ in Abhängigkeit von der Eingangsgröße $\vec{y}(t)$) ist
besonders gut zum Programmieren geeignet und eröffnet den Zugang zu weiter-
führenden regelungstechnischen Untersuchungen. Nachteilig ist die Beschränkung auf lineare Systeme. Der aufgezeigte Formalismus kann nicht auf nichtlineare Systeme angewendet werden.

6.2 Regelkreise

Zur Demonstration betrachten wir den Regelkreis nach Bild 127, der durch

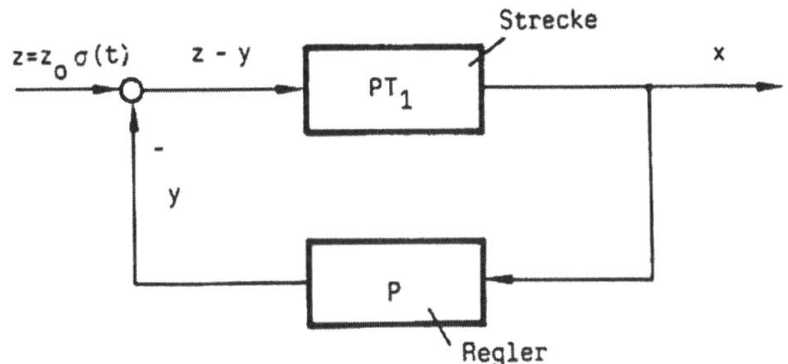

Bild 127 Regelkreis mit PT1-Strecke und P-Regler

die beiden Gleichungen für die Strecke und den Regler

$$\text{S:} \quad T_S\, \dot{x} + x = V_S\,(z-y) \tag{6.27}$$

$$\text{R:} \quad y = V_R\, x \tag{6.28}$$

beschrieben wird. Mit der Anfangsbedingung $x(0) = 0$ folgt aus (6.28) auch $y(0) = 0$, so dass zum Zeitpunkt $t = 0$ des Aufschaltens der konstanten Störung z_0 die Anfangssituation nach Bild 128 gilt

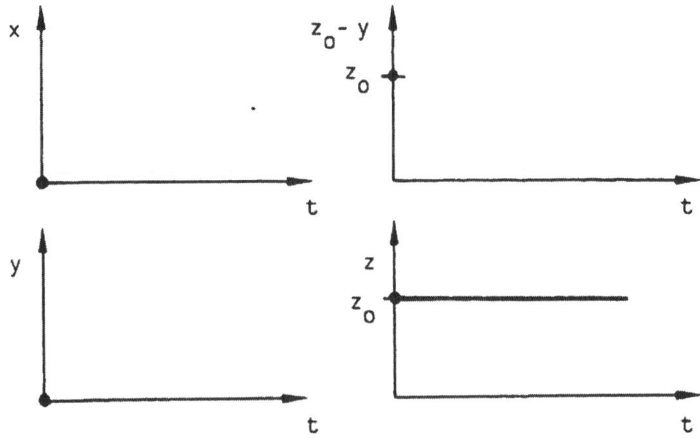

Bild 128 Anfangssituation zur Zeit $t = 0$

aus der wir nach (6.27)

$$\dot{x}(0) = \frac{V_S\,(z_o - y(0)) - x(0)}{T_s} = \frac{V_S\,z_o}{T_s} \tag{6.29}$$

berechnen. Im 1.Rechenschritt für t = Δt ergibt sich somit für die Regelgröße

$$x(\Delta t) = x(0) + \dot{x}(0)\,\Delta t = \frac{V_S\,z_o}{T_s}\,\Delta t \tag{6.30}$$

und nach (6.28) entsprechend

$$y(\Delta t) = V_R\,x(\Delta t) = \frac{V_R\,V_S\,z_o}{T_s}\,\Delta t \tag{6.31}$$

für die Stellgröße (Bild 129). Damit wir jetzt (Effekt der Regelung) auch das Eingangssignal in die Strecke verkleinert. Es gilt:

$$z_o - y(\Delta t) = z_o\,(1 - V_R\,V_S\,\frac{\Delta t}{T_s}) \tag{6.32}$$

Wir beschaffen uns wiederum aus (6.27) für den nächsten Rechenschritt t = 2Δt

$$\dot{x}(\Delta t) = \frac{V_S\,(z_o - y(\Delta t)) - x(\Delta t)}{T_s} = \frac{V_S\,z_o}{T_s}\left[1 - (1 + V_R\,V_S\,)\frac{\Delta t}{T_s}\right] \tag{6.33}$$

und erhalten:

$$x(2\,\Delta t) = x(\Delta t) + \dot{x}(\Delta t)\,\Delta t = V_S z_o\left[1 + (1 - (1 + V_R\,V_S\,)\frac{\Delta t}{T_s})\right]\frac{\Delta t}{T_s} \tag{6.34}$$

$$y(2\,\Delta t) = V_R\,x(2\,\Delta t) \tag{6.35}$$

$$z_o - y(2\Delta t) = z_o - V_R\,x(2\Delta t) \tag{6.36}$$

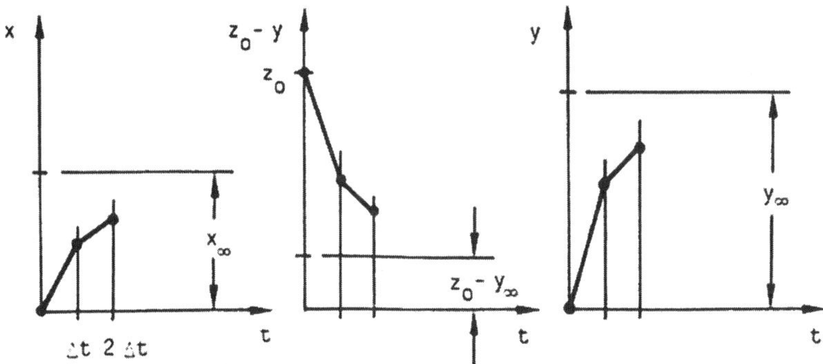

Bild 129 1. und 2. Rechenschritt

Mit der durch die negative Rückkopplung (Wirkungsumkehr) kleiner werdenden Eingangsgröße $z_0 - y$ in die Strecke wird der Anstieg der Regelgröße x beschränkt. Durch Fortsetzen des Verfahrens laufen die Werte x, y, $z_0 - y$ schließlich gegen die in Bild 129 einskizzierten Gleichgewichtswerte x_∞, y_∞, $z_0 - y_\infty$, die das typische Verhalten eines PT_1/P-Regelkreises mit bleibender Regelabweichung repräsentieren.

7 Software-Regler

Ein Regler empfängt die Istsituation des Regelkreises in Form der Regelgröße x, die mit Hilfe einer Regelprozedur bearbeitet dann als Stellgröße y der Störung z entgegengeschaltet wird (Wirkungsumkehr, negative Rückkoppelung), um die Regelgröße x trotz anliegender Störung wieder auf den Sollwert x_s zurückführen oder zumindest die Abweichung vom Sollwert begrenzen zu können.

Zur Erläuterung betrachten wir im folgenden zunächst Prozeduren, die im klassischen PI-Regler gerätetechnisch fest verankert sind. Dazu wird ein Regelkreis mit einer PT_t-Strecke betrachtet, die durch die Totzeit T_t den Regelvorgang digitalisiert und sich somit ein Regelverhalten ergibt, das modernen Software-Reglern entspricht, die digital in Zeitschritten arbeiten.

7.1 Einfache zeitdiskrete Regler

Wir beginnen die Betrachtung mit einem PT_t/P-Regelkreis mit den Verstärkungen für die Strecke und den Regler $V_S = 1$, $V_R = 0{,}5$. In vereinfachter dimensionsfreier Darstellung ergibt sich bei Beachtung des Totzeitverhaltens ($\Delta t = T_t$) die in Tabelle 4.1 in Zeitschritten $\Delta t/T_t = 0,1,2,...$ dargestellte Regelprozedur:

$\Delta t/T_t$	z_o	z_o-y	x	y
0	1	1	0	0
1	1	1/2	1	1/2
2	1	3/4	1/2	1/4
3	1	5/8	3/4	3/8
4	1	11/16	5/8	5/16

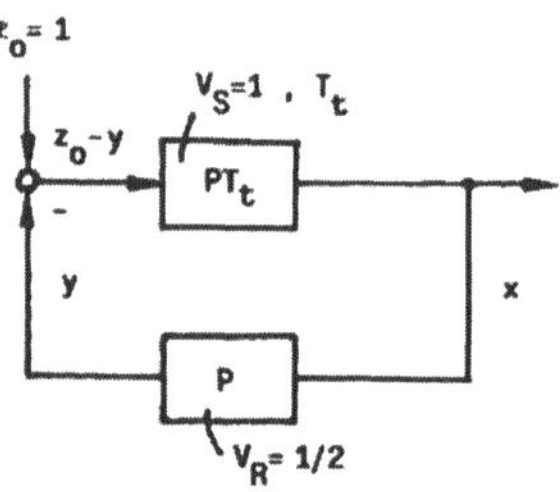

Tabelle 4 Regelprozedur eines PT_t/P-Regelkreises

Die Regelgröße x (Bild 130) verändert sich in Zeitschritten Δt und konvergiert, da mit $V_S V_R = 0{,}5 < 1$ stabiles Verhalten (Nyquist-Kriterium) sichergestellt ist. Asymptotisch wird die bleibende Regelabweichung $x_\infty = 2/3$ erreicht.

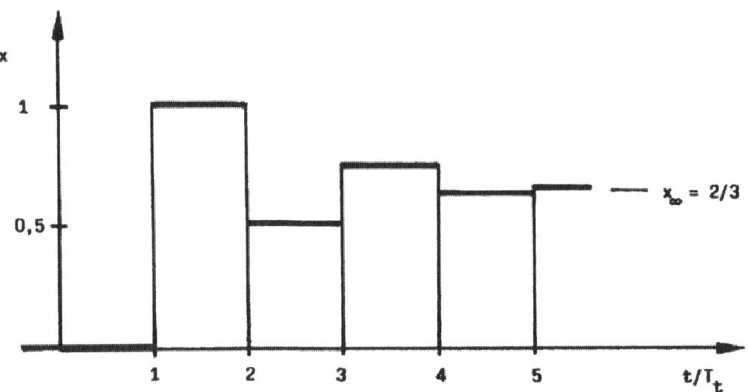

Bild 130 Regelverhalten eines PT_t/P-Regelkreises mit $V_S V_R = 0{,}5 < 1$ bei sprunghafter Störung $z_0 = 1$

Die hier installierte Regelprozedur, die zum Verhalten mit bleibender Regelabweichung führt, ist durch die Anweisung

$$y\,(n\Delta t) := \frac{1}{2}\; x\,(n\Delta t) \tag{7.1}$$

gegeben. Zu jedem Zeitschritt $n\Delta t$, $n = 1, 2, 3, \ldots$ wird die aktuelle Istsituation $x(n\Delta t)$ multipliziert mit der Verstärkung $V_R = 1/2$ weitergegeben und der konstanten Störung $z_0 = 1$ entgegengeschaltet.

Eine verschwindende Regelabweichung, die mit dem klassischen PI-Regler zu erreichen ist, lässt sich mit der erweiterten Regelprozedur

$$y\,(n\Delta t) := \frac{1}{2}\; x\,(n\Delta t) + y\,(n-1)\,\Delta t \tag{7.2}$$

realisieren. Zur aktuellen Istsituation $x(n\Delta t)$ multipliziert mit der Verstärkung V_R = 1/2 wird jetzt noch die Stellgröße im $(n-1)$-ten Zeitschritt hinzuaddiert. Damit wird in einfachster Weise die integrierende bzw. summierende Eigenschaft des I-Anteils des PI-Reglers simuliert. Diese Prozedur, die schließlich asymptotisch $x_\infty \to 0$ liefert, ist in Tabelle 4.2 dargestellt:

$\Delta t/T_t$	z_o	z_o-y	x	y
0	1	1	0	0
1	1	1/2	1	1/2 + 0 = 1/2
2	1	1/4	1/2	1/4+ 1/2 = 3/4
3	1	1/8	1/4	1/8 + 3/4 = 7/8
4	1	1/16	1/8	1/16 + 7/8 = 15/16
5	1	1/32	1/16	1/32 + 15/16 = 31/32

Tabelle 5 Regelprozedur eines PT_t/PI-Regelkreises

Die sich in Zeitabschnitten Δt verändernde Regelgröße x (Bild 131) wird bei Anwendung der Prozedur (7.2) monoton kleiner und verschwindet schließlich, so dass trotz anliegender Störung $z_o = 1$ der Sollwert $x_s = 0$ (Arbeitspunkt) erreicht wird.

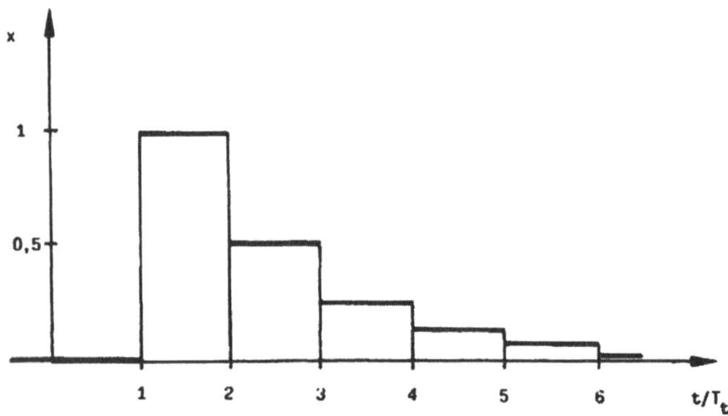

Bild 131 Regelverhalten eines PT_t/PI-Regelkreises mit $V_S V_R = 0,5 < 1$ bei sprunghafter Störung $z_o = 1$

Wie gezeigt, kann die gerätetechnische Prozedur durch programmierbare Anweisungen ersetzt werden. Aufgrund der großen Verfügbarkeit von Mikroprozessoren im Maschinen- und Anlagenbau sind Geräte-Regler schon heute allein aus Kostengründen nicht mehr zeitgemäß. Der gerätetechnische Regler wird im einfachsten Fall durch eine programmierbare Zeitabfrage ersetzt (Bild 132), die digital in Zeitschritten Δt arbeitet.

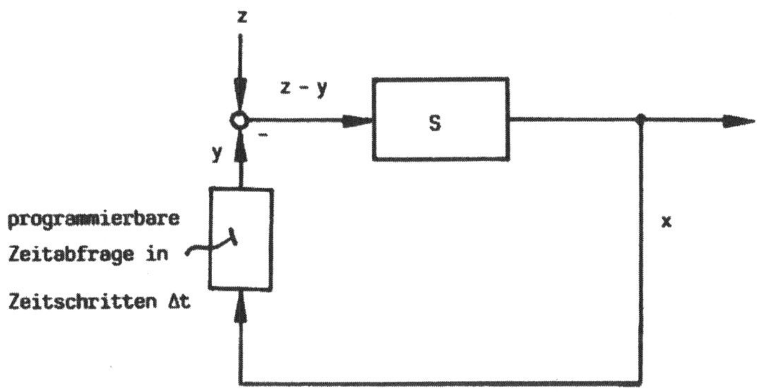

Bild 132 Regelung durch programmierbare Zeitabfrage

Die Regelgröße x zur Erfassung des Istzustandes wird mit Hilfe von programmierten Anweisungen in Zeitschritten Δt in Werte der Stellgröße y umgerechnet, so dass das gewünschte Regelverhalten erreicht wird. Anpassungen und Variationen bezüglich des Regelverhaltens lassen sich allein durch Umprogrammieren erreichen. Teure Veränderungen im Hardware-Bereich entfallen.

7.2 Fuzzy-Regler

Ein ganz anderer Weg zur Erzeugung der Stellgröße y wird mit der Fuzzy-Logik beschritten. Es wird das natürliche menschliche Handeln unmittelbar nachgeahmt. Man denke sich etwa einen Kochtopf auf einer Heizplatte, die mit einem Schalter ein- bzw. ausgeschaltet werden kann. Sinkt die Temperatur (Regelgröße) im Kochtopf ab, wird die Heizung mit dem Schalter ein- und im umgekehrten Fall bei steigender Temperatur abgeschaltet. Anstelle eines digitalen Schalters mit den Zugehörigkeitswerten $G = 0$ und $G = 1$ denken wir uns diesen in seiner Wirkungsweise verschmiert, so dass alle Zwischenstellungen $0 < G < 1$ möglich sind (Bild 133).

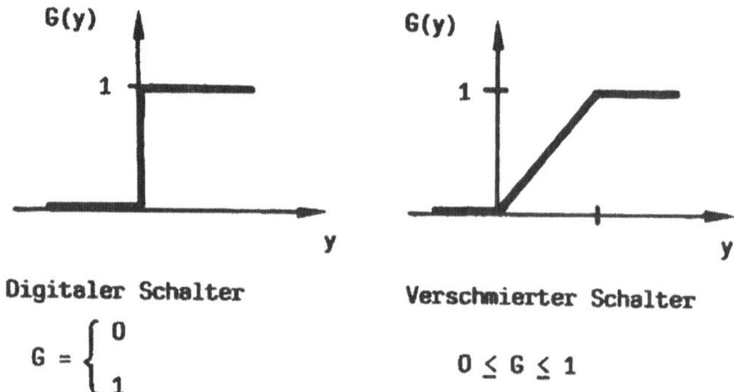

Bild 133 Zugehörigkeitsfunktion für einen digitalen und einen verschmierten Schalter

Es muss nun eine Prozedur gefunden werden, die aus der Istsituation in Form der Regelgröße x die entsprechende Schalterstellung y erzeugt, so dass Abweichungen der Regelgröße x vom Sollwert $x_S = 0$ (Arbeitspunkt) beschränkt gehalten oder ganz zum Verschwinden gebracht werden. Zu diesem Zweck wird für positive Abweichungen $x > 0$ eine negative Stellgröße $y < 0$ und für negative Abweichungen $x < 0$ eine positive Stellgröße $y > 0$ benötigt. Mit den beiden Zugehörigkeitsfunktionen $G_p(x)$, $G_n(x)$ für sowohl positive (p) als auch negative Abweichungen (n) der Regelgröße x lassen sich entsprechend Bild 134 z. B. für einen momentanen Istzustand $x = 1$ die beiden Zugehörigkeitswerte $G_p(1) = 0,5$ und $G_n(1) = 0$ ablesen.

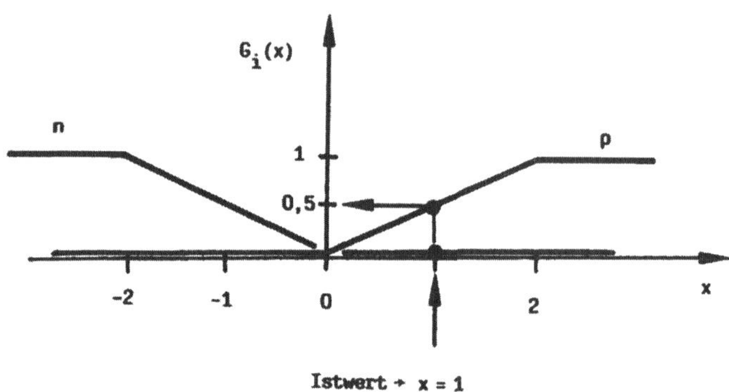

Bild 134 Zugehörigkeitsfunktionen $G_p(x)$, $G_n(x)$ für positive (p) und negative (n) Abweichungen der Regelgröße x vom Sollwert $x_S = 0$

Mit diesen beiden Informationen muss in dieser Istsituation x = 1 offensichtlich
ein Stellsignal y < 0 erzeugt werden, das der positiven Abweichung x = 1 > 0
entgegenwirkt. Dieses hierzu erforderliche Handeln, das ein Mensch ohne großes
Nachdenken durch Herunterdrehen des Heizungsschalters bewirkt, lässt sich mit
der Handlungsmatrix

$$\begin{array}{c|c|c} x & p & n \\ \hline y & ? & ? \end{array} \qquad (7.3)$$

darstellen. Die gesuchten Reaktionen (?) für die Stellgröße y sind genau die Ne-
gierungen des Verhaltens der Regelgröße. Positiven Abweichungen der Regelgröße (p) werden negative Stellgrößen (n) und negativen Abweichungen der
Regelgröße (n) werden positive Stellgrößen (p) entgegengeschaltet. Die Handlungsmatrix erhält somit die explizite Form

$$\begin{array}{c|c|c} x & p & n \\ \hline y & n & p \end{array} \qquad (7.4)$$

die angewendet auf die Zugehörigkeitsfunktionen $G_p(y)$, $G_n(y)$ für den Schalter
nach Bild 135 die erforderlichen Befehle zur Verstellung des Schalters liefert.

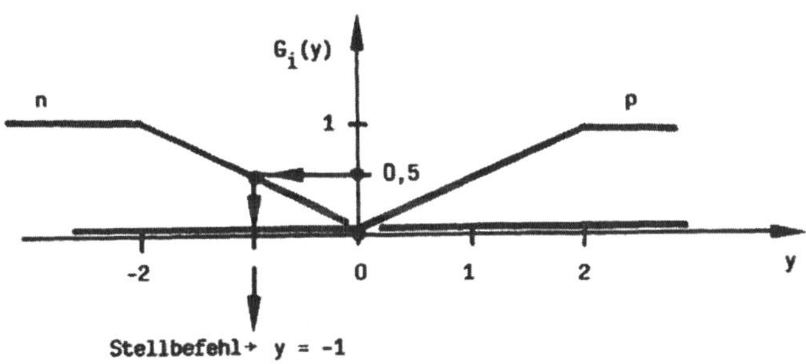

Bild 135 Zugehörigkeitsfunktionen $G_p(y)$, $G_n(y)$ für positive und negative Stellgrößen y

In dem hier betrachteten Elementarbeispiel (einfache Schaltertechnik) mit nur
zwei Handlungsanweisungen oder Regeln zur Erzeugung der Befehle, die verba-
lisiert den bedingten Anweisungen

Regel 1   wenn x positiv → dann y negativ

Regel 2   wenn x negativ → dann y positiv

entsprechen, hat immer nur die nichttriviale Aussage Bedeutung. Mit diesen beiden Regeln lassen sich aus Bild 135 die beiden Befehle

$$x = 1 \quad \rightarrow \quad G_p(x = 1) = 0{,}5 \; = G_n(y = -1) \quad \rightarrow \quad y = -1$$

$$(7.5)$$

$$x = 1 \quad \rightarrow \quad G_n(x = 1) = 0 \; = G_p(y = 0) \quad \rightarrow \quad y = 0$$

ablesen. Der nichttriviale Stellbefehl y = -1 dominiert, der zusätzliche triviale Stellbefehl y = 0 bleibt ohne Wirkung. Das Wissen zum Handeln steckt in der Handlungsmatrix, die deshalb auch Wissensmatrix genannt wird, die auch die Wirkungsumkehr bzw. negative Rückkopplung enthält, die in der Negierung von x auf y steckt. Da die bedingten Anweisungen oder Regeln verbal ausgesprochen werden können, spricht man hier auch von linguistischer Regelungstechnik.

Angewendet auf den einfachen Regelkreis mit einer I-Strecke der Verstärkung V_S = 10, der mit einer Störung $z = z_o = 1$ beaufschlagt wird, ergibt sich bei einer Rechenschrittweite $\Delta t = 0{,}1$ mit dem einfachen Fuzzy-Regler mit nur 2 Regeln (Fuzzy 2R) zur Erzeugung der Stellgröße y das in Tabelle 6 dargestellte Zeitverhalten:

t	x	y	$1-y$
0	0	0	1
$\Delta t = 0{,}1$	1	-1	0
$2\Delta t = 0{,}2$	1	-1	0
$3\Delta t = 0{,}3$	1	-1	0

Tabelle 6 Regelprozedur eines I/Fuzzy 2R – Regelkreises

Der 1. nichttriviale Stellbefehl zur Zeit $t = \Delta t$, der sich bei der zugehörigen Istsituation x = 1 ($\rightarrow$ kein Eingriff des Reglers im Zeitbereich $0 \leq t < \Delta t$, Regelabweichung $x(\Delta t = 0{,}1) = V_S z_o \Delta t = 10 \cdot 1 \cdot 0{,}1 = 1$) mit den Zugehörigkeitsfunktionen $G_p(x)$, $G_n(x)$ für die Regelabweichung (Bild 134) und $G_p(y)$, $G_n(y)$ für die Stellgröße (Bild 135) zu y = - 1 ergibt, kompensiert die Störung $z_o = 1$ vollständig, so dass ein weiteres Abdriften der Regelgröße x verhindert wird. Es ergibt sich das in Bild 136 dargestellte Regelverhalten mit der bleibenden Regelabweichung $x_\infty = 1$. Mit den hier bewusst zur Vereinfachung der Darstellung speziell gewählten Parametern ist bereits nach dem 1. Rechenschritt das asymptotische Verhalten erreicht. Der Istzustand ändert sich für $t > \Delta t$ nicht mehr, so dass auch der Stellbefehl y = - 1 unverändert aufrecht erhalten bleibt.

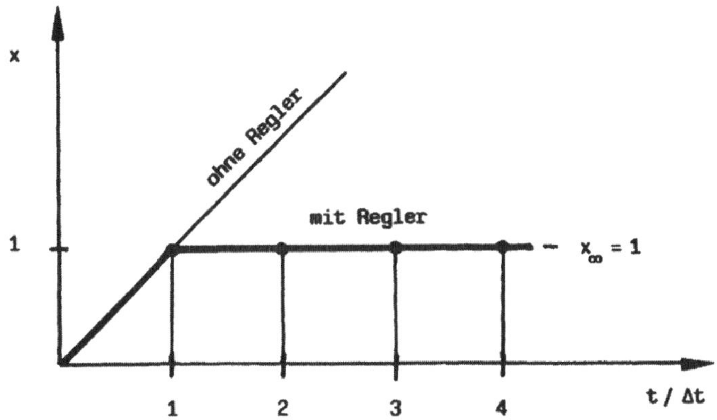

Bild 136 Verhalten der Regelgröße x eines I/Fuzzy 2R - Regelkreises

Wie gezeigt, ist die Fuzzy-Prozedur ein mathematischer Algorithmus zur Beschaffung eines Stellbefehls, die aus einer verschmierten Schaltertechnik hergeleitet werden kann. Dieser Algorithmus kann leicht verfeinert bzw. verallgemeinert werden. Um auch dieses zeigen zu können, bauen wir eine den Arbeitspunkt (x = 0, y = 0) überlappende zusätzliche Zuteilungsfunktion G_z (z: zero) ein und berücksichtigen außerdem eine zusätzliche Eingangsgröße in Form der Ableitung der Regelgröße.

Mit Hilfe der Zuteilungsfunktionen $G_{p,z,n}(x)$, $G_{p,z,n}(\dot{x})$ für die Eingangsgrößen $x, \dot{x}$ nach Bild 137

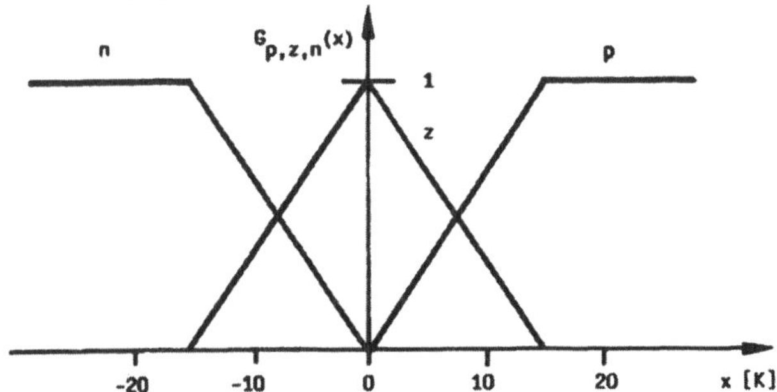

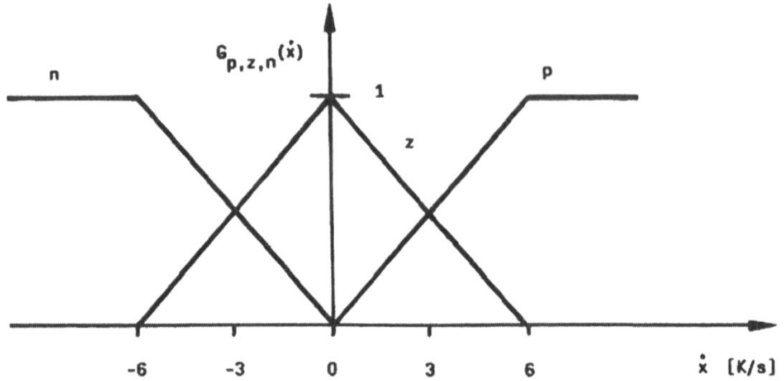

Bild 137 Zugehörigkeitsfunktionen $G_{p,z,n}(x)$, $G_{p,z,n}(\dot{x})$ für die Eingangsgrößen $x, \dot{x}$

kann wiederum für eine Istsituation zu irgend einem beliebigen Zeitschritt t = n Δt, n = 0,1,2,3, ... und der jetzt auf 9 Regeln erweiterten Handlungs- oder Wissensmatrix (Bild 138)

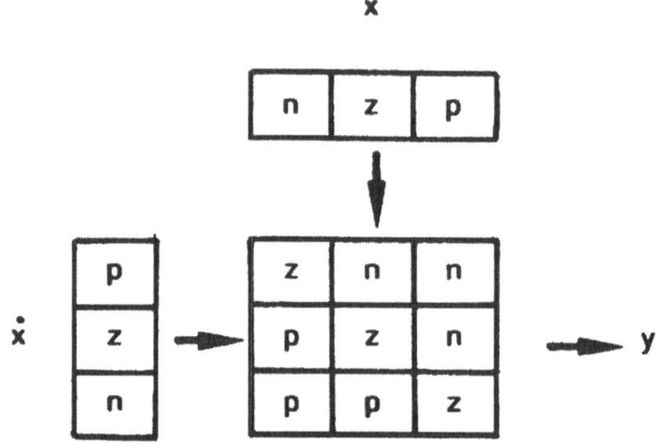

Regel 1   wenn x negativ und $\dot{x}$ positiv → dann y zero
Regel 2   wenn x zero   und $\dot{x}$ positiv → dann y negativ
......
......
......
Regel 9   wenn x positiv und $\dot{x}$ negativ → dann y zero

Bild 138 Erweiterte Handlungs- oder Wissensmatrix

und den Zugehörigkeitsfunktionen $G_{p,z,n}(y)$ für die Stellgröße y (Bild 139)

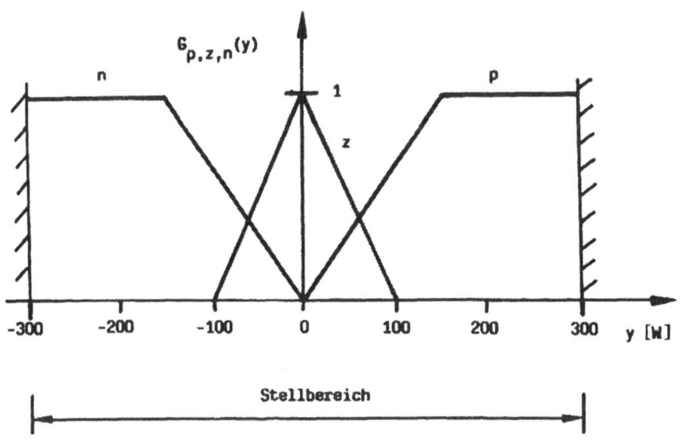

Bild 139 Zugehörigkeitsfunktionen $G_{p,z,n}(y)$ für die Stellgröße y

wie zuvor das erforderliche Stellsignal errechnet werden. Wir zeigen dies beispielhaft für einen momentanen Istzustand etwa eines Heizungssystems mit einer konkreten Temperaturabweichung von $x = -12$ K und der zugehörigen zeitlichen Änderung der Temperaturabweichung von $\dot{x} = +1$ K/s.

Aus dem Bild 140 für die Zugehörigkeitsfunktionen $G_{p,z,n}(x)$ für die Regelgröße

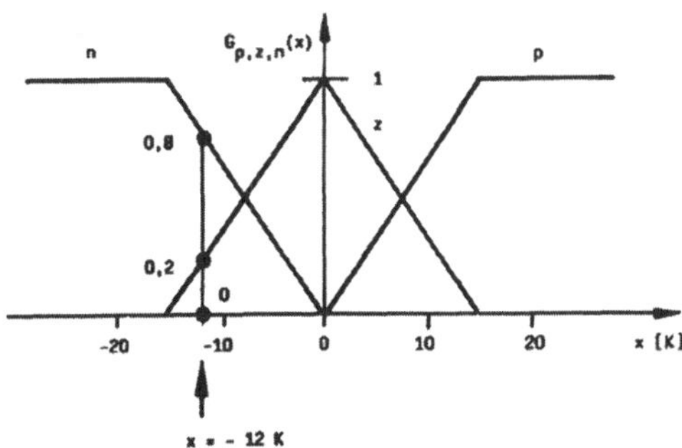

Bild 140 Zugehörigkeitsfunktionen $G_{p,z,n}(x)$ für die Regelgröße x mit den entnommenen Daten {n: 0,8, z: 0,2, p: 0} im Istzustand $x = -12$ K

wird die Zahlenkombination {n: 0,8, z: 0,2, p: 0} und aus dem Bild 141 für die Zugehörigkeitsfunktionen $G_{p,z,n}(\dot{x})$ für die zeitliche Änderung der Regelgröße

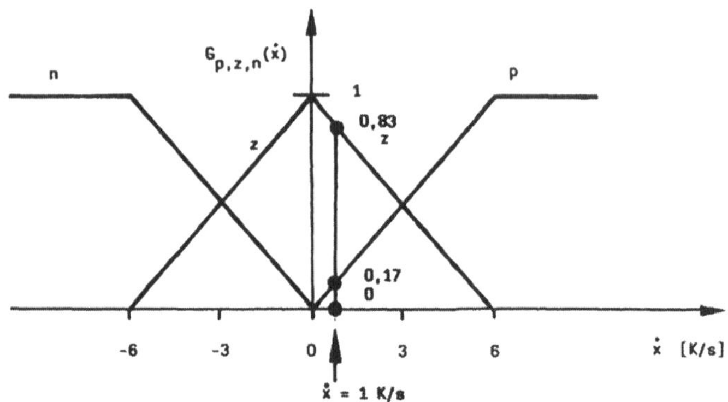

Bild 141 Zugehörigkeitsfunktionen $G_{p,z,n}(\dot{x})$ für die zeitliche Ableitung der Regelgröße mit den entnommenen Daten {n: 0, z: 0,83, p: 0,17}im Istzustand $\dot{x}=1$ K/s

die Zahlenkombination {n: 0, z: 0,83, p: 0,17} abgelesen.

Durch Eintragen dieser sechs Zahlen in die Handlungs- oder Wissensmatrix (Bild 138) wird diese für die aktuellen Situation des Istzustand generiert.

0,17	z	0,8	0,17	n	0,2	0,17	n	0
0,83	p	0,8	0,83	z	0,2	0,83	n	0
0	p	0,8	0	p	0,2	0	z	0

Bild 142 Handlungs- oder Wissensmatrix mit den Zugehörigkeitswerten für die aktuelle Istsituation $x=-12$ K, $\dot{x}=+1$ K/s

Da zu jeder Regel zwei Zugehörigkeitswerte ermittelt wurden, muss jetzt noch eine Auswahl dieser Werte erfolgen, so dass je Regel nur ein Wert verbindlich ist. Ein sinnvolles Auswahlkriterium ist die UND- bzw. ODER-Verknüpfung in der verunschärften Form der klassischen Booleschen-Logik (UND $\rightarrow$ Reihenschaltung, ODER $\rightarrow$ Parallelschaltung). Im Fall der UND-Verknüpfung werden die kleinsten einer Regel zugeordneten Zugehörigkeitswerte

$$
\text{UND:} \quad
\begin{array}{c|c|c}
0{,}17 \; z & 0{,}17 \; n & 0 \;\; n \\
\hline
0{,}8 \;\; p & 0{,}2 \;\; z & 0 \;\; n \\
\hline
0 \;\; p & 0 \;\; p & 0 \;\; z
\end{array}
\tag{7.6}
$$

und im Fall der ODER-Verknüpfung die größten einer Regel zugeordneten Zugehörigkeitswerte

$$
\text{ODER:} \quad
\begin{array}{c|c|c}
0{,}8 \;\; z & 0{,}2 \;\; n & 0{,}17 \; n \\
\hline
0{,}83 \; p & 0{,}83 \; z & 0{,}83 \; n \\
\hline
0{,}8 \;\; p & 0{,}2 \;\; p & 0 \;\; z
\end{array}
\tag{7.7}
$$

gewählt. Mit der UND-Verknüpfung sind 4 und mit der ODER-Verknüpfung 8 Regeln bei der gegebenen Istsituation $x = -12$ K , $\dot{x} = +1$ K/s aktiv an der Erzeugung von nichttrivialen Stellbefehlen beteiligt. Aus der Summe dieser Stellbefehle muss ein einziger Befehl als Ausgangsgröße des Reglers y erzeugt werden. Die Situation ist wie bei der Abstimmung in einer Sitzung. Die Teilnehmer der Sitzung haben alle unterschiedliche Vorstellungen und dennoch wird nach der Abstimmung die irgendwie gemittelte gemeinschaftliche Vorstellung als Ergebnis präsentiert. Hier kann z.B. die Schwerpunktsregel zur Erzeugung des repräsentativen Stellsignals benutzt werden. Bei Verwendung etwa der UND-Verknüpfung, die in der betrachteten Istsituation zu 4 nichttrivialen Stellbefehlen führt, kann mit den ausgewählten Zugehörigkeitswerten aus der Handlungs- oder Wissensmatrix mit Hilfe der Zugehörigkeitsfunktionen $G_{p,z,n}(y)$ (nach Bild 143) für die 4 internen Stellbefehle jeweils eine Fläche mit einem Schwerpunktsabstand generiert werden.

Mit der Schwerpunktsregel

$$
y = \frac{\sum A_i \, y_i}{\sum A_i}
\tag{7.8}
$$

kann dann schließlich die externe Stellgröße y berechnet werden, die im Regelkreis der Störung entgegengeschaltet wird. Explizit erhält man im gewählten Beispiel mit der UND-Verknüpfung beim Istzustand $x = -12$ K, $\dot{x} = +1$ K/s eine positive Stellgröße:

$$
y = \frac{(192 \cdot 178 - 49{,}3 \cdot 160)\, W^2}{(192 + 49{,}3 + 31{,}1 + 36)\, W} = +85{,}2 \text{ W} > 0
\tag{7.9}
$$

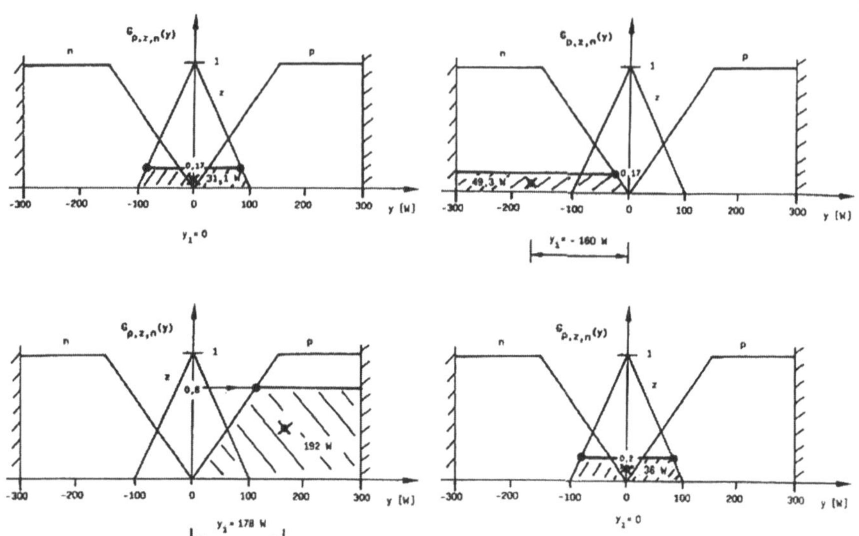

Bild 143 Interne Stellbefehle in Form von Flächen und zugehörigen Schwerpunktsabständen

Die vorgeführte Prozedur wird in jedem Rechenschritt Δt neu durchlaufen. Ausgehend von den jeweils vorliegenden Istsituationen wird mit Hilfe der Zugehörigkeitsfunktionen für die Eingangsgrößen x, $\dot{x}$ die Handlungs- oder Wissensmatrix mit den 3 x 3 Regeln immer wieder neu mit den zufließenden Zugehörigkeitswerten besetzt, mit der UND- bzw. ODER-Verknüpfung eine Auswahl der Werte getroffen, die dann mit Hilfe der Zugehörigkeitsfunktionen für die Ausgangsgröße in die internen Stellbefehle umgewandelt werden, die schließlich mit der Schwerpunktsregel auf einen einzigen externen Stellbefehl abgebildet werden, der dann als Stellgröße y des Reglers ausgegeben wird.

Abschließend zeigen wir exemplarisch das Regelverhalten einer PT_1-Strecke mit Fuzzy-Reglern unterschiedlicher Einstellungen und Ausgabeanweisungen. Bild 144 zeigt das Regelverhalten eines Fuzzy-Reglers mit einer 3 x 3 Handlungs- bzw. Wissensmatrix, UND-Verknüpfung und Ausgabeanweisung (AGA) nach (7.1).

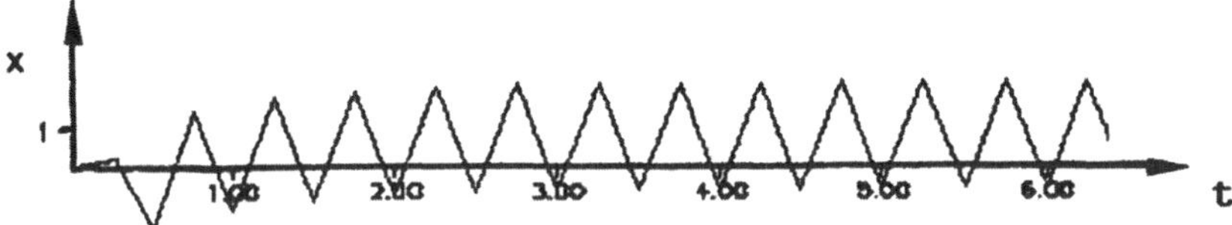

Bild 144 Regelverhalten eines PT_1/Fuzzy $\big|_{9\,R,\,UND,\,AGA\,(7.1)}$ bei sprunghaft aufgeschalteter Störung

Das Regelverhalten zeigt deutlich die Eigenschaften der Schaltertechnik, die als Grundlage bei der Entwicklung des Fuzzy-Reglers benutzt wurde. Das an einen Zweipunkt-Regler erinnernde Regelverhalten erhält man, weil mit der gewählten UND-Verknüpfung nur wenige Regeln aktiv an der Erzeugung der internen Stellbefehle beteiligt sind. Asymptotisch ergibt sich entsprechend der proportional wirkenden Ausgabeanweisung ($y \sim x$ nach (7.1)) ein Hin- und Herspringen um die bleibende Regelabweichung, die sich in stationärer Form durch zeitliche Mittelung des Zeitsignals ergeben würde.

Durch Umschalten auf die ODER-Verknüpfung wird jetzt die Anzahl der internen Stellbefehle deutlich erhöht und damit das Regelverhalten geglättet. Es ergibt sich das typische Regelverhalten mit bleibender Regelabweichung (Bild 145), das sich auch bei der Verwendung eines klassischen P-Reglers ergeben hätte.

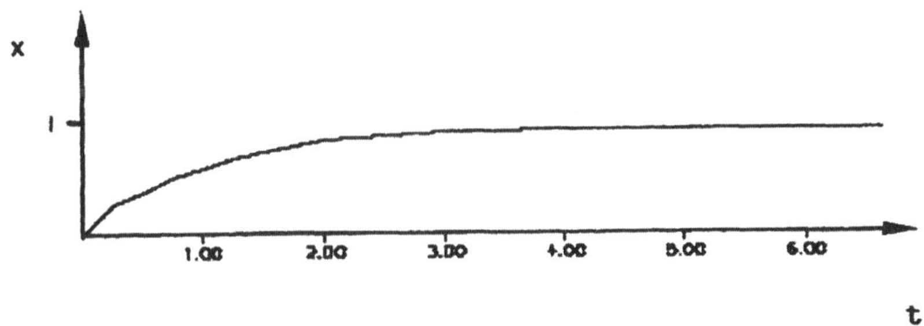

Bild 145 Regelverhalten eines PT_1/Fuzzy $\big|_{9\,R,\,ODER,\,AGA\,(7.1)}$ bei sprunghaft aufgeschalteter Störung

Durch Verwendung der sich aufsummierenden Ausgabeanweisung (AGA) nach (7.2) kann schließlich die Regelabweichung asymptotisch zum Verschwinden gebracht werden. Der Fuzzy-Regler verhält sich jetzt wie ein klassischer PI-Regler (Bild 146).

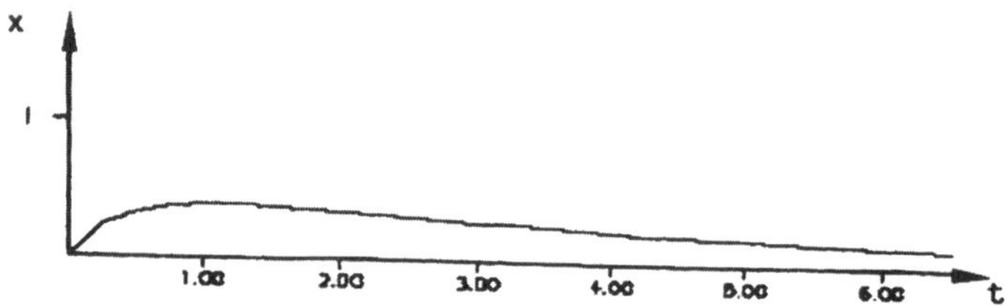

Bild 146 Regelverhalten eines PT_1/Fuzzy $|_{9\,R,\,ODER,\,AGA\,(7.2)}$ bei sprunghaft aufgeschalteter Störung

8 Anhang

Die Werkzeuge, die wir etwa zur Beantwortung der Fragen nach dem Zeitverhalten und der Stabilität dynamischer Systeme (Strecken, Regler, Regelkreise) kennengelernt haben, sind mathematische Abbildungen von realen Systemen, die deren gesamte Information beinhalten.

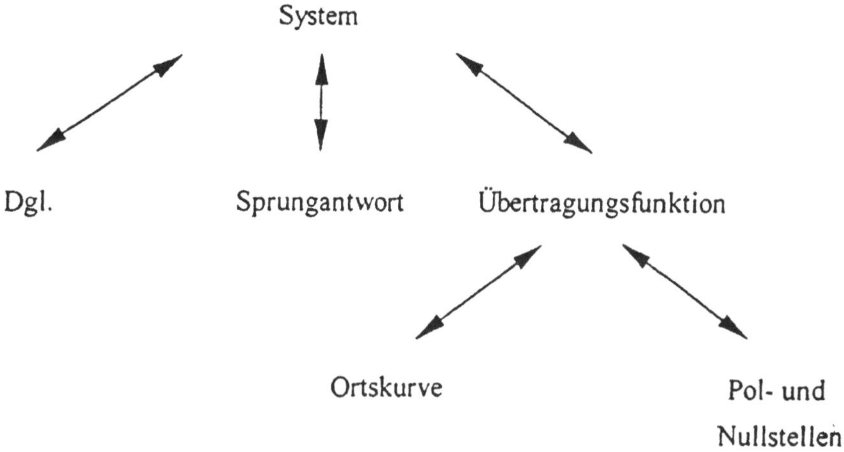

Je nach Fragestellung ist die Benutzung des einen oder anderen Werkzeugs sinnvoll. Die im Einzelfall getroffene Wahl ist umso besser, je einfacher und müheloser damit eine gestellte Frage beantwortet werden kann. Die Arbeitsmittel für die fundamentalsten Systeme sind in der Tabelle 7 zusammengefasst, die einen abschließenden Überblick geben soll.

System	Differentialgl.	Sprungantwort	Übertragungsfkt. F(p)	Ortskurve	Pol- u. Nullstellen
P	$x = V_S y$		V_S	$F(i\omega)$	keine Polstellen keine Nullstellen
PT_1	$T_S \dot{x} + x = V_S y$		$\dfrac{V_S}{1 + T_S p}$		$p = i\omega$
PT_2	$T^2 \ddot{x} + 2DT \dot{x} + x = V_S y$		$\dfrac{V_S}{1 + 2DT p + T^2 p^2}$		$D=0 \qquad D>1$
PT_t	$x(t) = V_S y(t - T_t)$		$V_S e^{-pt}$		keine Pol- und Null-stellen im Endlichen
I	$\dot{x} = V_I y$		$\dfrac{V_I}{p}$		
IT_1	$T_I \ddot{x} + \dot{x} = V_I y$		$\dfrac{V_I}{p + T_I p^2}$		
D	$x = V_D T_D \dot{y}$		$V_D T_D p$		
DT_1	$T_S \dot{x} + x = V_D T_D \dot{y}$		$\dfrac{V_D T_D p}{1 + T_S p}$		

Tabelle 7   Übersicht über die wichtigsten linearen Systeme

                 * Polstelle, o Nullstelle, • $\omega = 0$

9 Übungsaufgaben und Lösungen

9.1 Aufgaben

9.1.1 Stationäres Verhalten

Aufgabe 1: Für das skizzierte thermische System mit Selbstregelungseigenschaft gebe man die statischen Kennlinien an, berechne den stationären Zustand (Gleichgewicht) und zeichne das Betriebspunkt-Diagramm.

Aufgabe 2: Welcher stationäre Zustand wird von einem PKW erreicht, dessen Antrieb die skizzierte Momenten-Kennlinie $M_A\,(n) = M_o + an - bn^2$ besitzt und für dessen Widerstand das Kraftgesetz $F_W = c_W\,A\,\rho\,U^2/2$ gilt? Das Ergebnis ist im Betriebspunkt-Diagramm darzustellen. Bei der Herleitung beachte man die Zusammenhänge $M_A = F_A R$, $U = 2R\pi\,n$ zwischen den Größen Antriebsmoment M_A, Antriebskraft F_A, Radius R und Drehzahl n der Antriebsräder.

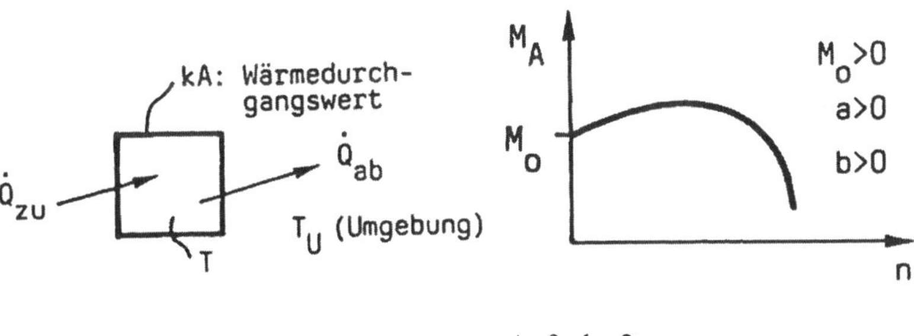

Aufgabe 1   Aufgabe 2

Aufgabe 3: Es wird ein ohmscher Widerstand ($U = R\,I$) als Frostschutzsystem eingesetzt. Der Widerstand ist permanent mit einer Spannung U beaufschlagt. Welches temperaturabhängige Verhalten R(T) muss der Widerstand besitzen, damit für Temperaturen $T > 0\ °C$ keine Heizleistung für $T < 0\ °C$ die Heizleistung $Q_0 = P_{el}$ abgegeben wird? Das temperaturabhängige Verhalten ist im zugehörigen Betriebspunkt-Diagramm U(I) darzustellen.

Aufgabe 4: Die Betriebspunkte im skizzierten Betriebspunkt-Diagramm sind auf statische Stabilität zu untersuchen. Dabei beachte man die Approximation der Erzeuger-Kennlinie durch die beiden Asymptoten für kleine und große y-Werte. Wie ist der Parameter c zu wählen, damit das System überhaupt startet? Welche Bedingung ist zu erfüllen, damit sich nur ein einziger Betriebspunkt (Eindeutigkeit) einstellen kann? Welcher stationäre Betriebspunkt stellt sich dann ein ?

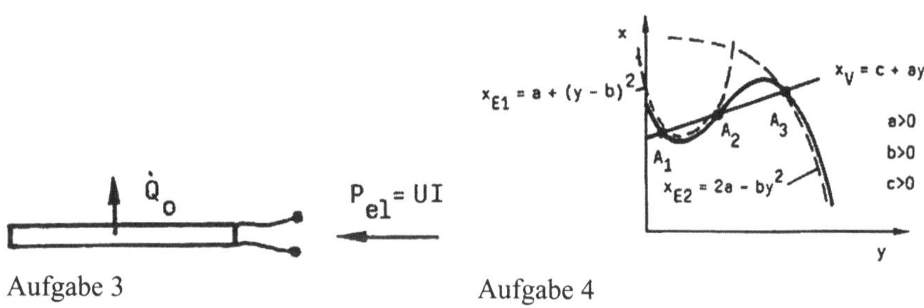

Aufgabe 3   Aufgabe 4

Aufgabe 5: Das skizzierte hydraulische Antriebssystem mit dem Arbeitspunkt ($\dot{V} = \dot{V}_0$, M = M$_0$, n = n$_0$ bei z = 0) besitzt ein Stromregelventil. Welchen Wert z_{max} dürfen Belastungsänderungen nicht überschreiten, damit noch geregelt wird? Die bleibende Regelabweichung x_w, die Drehzahl n und die abgegebene Leistung P des Hydraulikmotors mit einem geometrischen Verdrängungsvolumen V_{geom} sind störungsabhängig darzustellen! Es gelten die folgenden Daten:

Regler: V_R = 0,5 m/(m^3/s) y_h = 5
mm

Strecke: V_S = -2 (m^3/s) /m,

        V_Z = 0,001 (m^3/s) /Nm

Motor: $\dot{V}_0$ = 0,1 m^3 /s,

       M_0 = 1 kNm,

      V_{geom} = 0,1 m^3

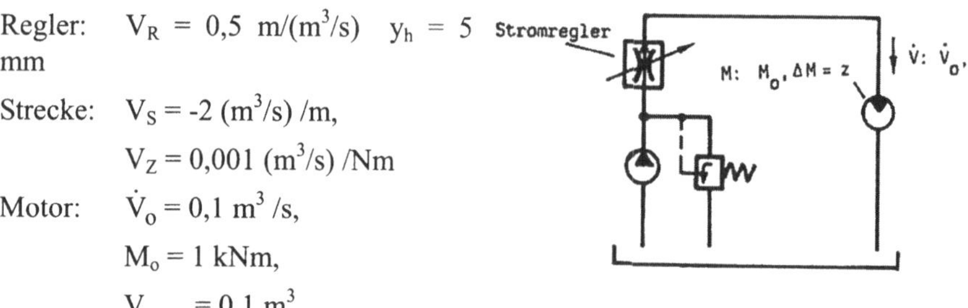

9.1.2 Zeitverhalten

Aufgabe 6: Für die skizzierte Schaltung berechne man die zugehörige Sprungantwort x(t). Welcher Wert V_S ist zuwählen, damit x(T_t) = 0 wird? Bei welcher Parameterkombination ergibt sich reines P-Verhalten?

Aufgabe 7: Für die in Reihe geschalteten Glieder (PT_1- und PD-Glied) ist die Sprungantwort x(t) zu ermitteln. Welches Verhalten ist für T_D>T_S und welches für $T_s \rightarrow \infty$ zu erwarten?

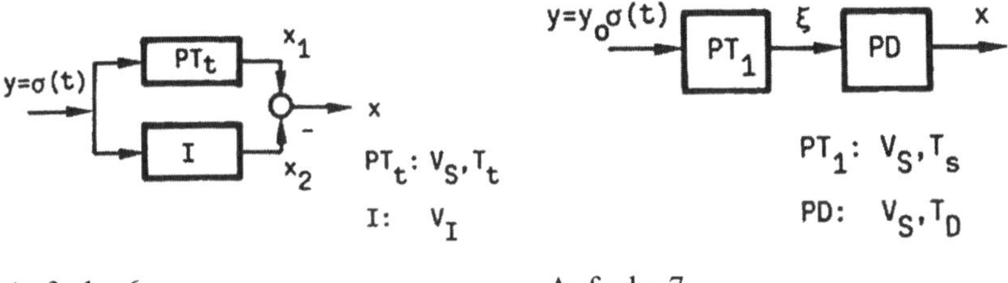

Aufgabe 6   Aufgabe 7

Aufgabe 8: Man ermittle die Sprungantwort x(t) der skizzieren Anordnung. Welches Zeitverhalten stellt sich für $T_s > 0$ und welches für $T_s = 0$ ein?

Aufgabe 9: Auf ein PT_1-System (V_S, T_s,) wirkt die skizzierte Störung y(t). Wie lautet die Systemantwort? Wie ändert sich die Antwort im Sonderfall $T_s = 0$?

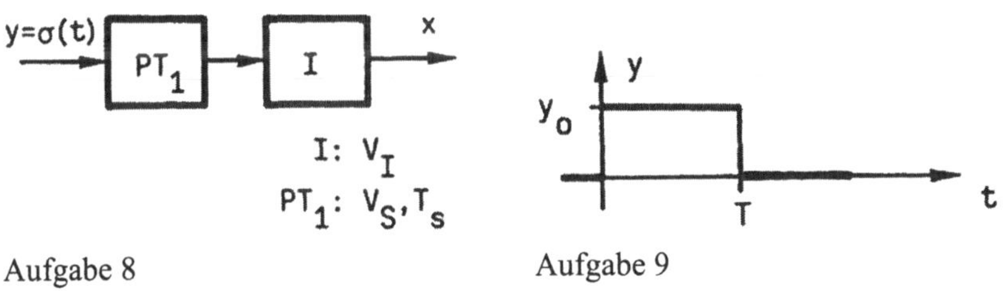

Aufgabe 8   Aufgabe 9

Aufgabe 10: Auf ein I-System mit der Verstärkung V_S wird die Störung y(t) wie in Aufgabe 9 aufgeschaltet. Wie lautet die Systemantwort x(t) jetzt?

Aufgabe 11: Auf ein PT_1T_t-System (V_S, T_s, T_t) wird die Störung $y = y_0$ und auf ein PT_1-System (V_S, T_s) die Störung $y = y_0\, \sigma\,(t\text{-}T)$ aufgeschaltet. Skizzieren Sie die Sprungantworten und erläutern Sie deren Identität !

Aufgabe 12: Für die skizzierte Schaltung berechne man die Antwort x(t), die sich einstellt, wenn dem System ein Eingangssignal $y = at$ aufgeschaltet wird.

Aufgabe 13: Man baue mit zwei PT_1-Gliedern ein System auf, das die aufgezeichnete Sprungantwort liefert! Wie sind die zugehörigen Parameter V_{S1}, T_{S1} und V_{S2}, T_{S2} einzustellen?

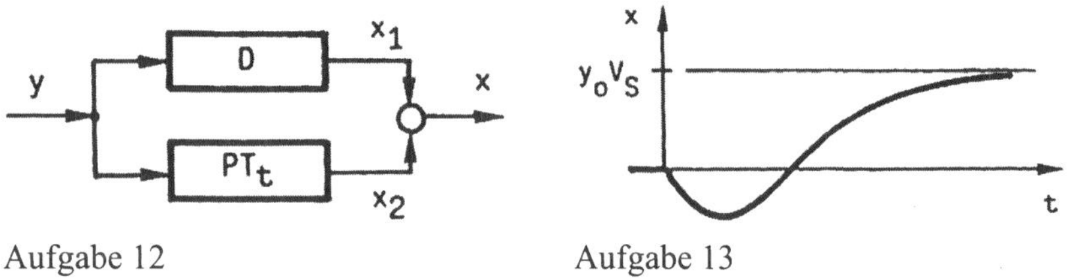

Aufgabe 12   Aufgabe 13

Aufgabe 14: Eine PT_3-Strecke besteht aus drei identischen in Reihe geschalteten PT_1-Gliedern. Wie lautet die Dgl. der PT_3-Strecke? Welche Anfangsbedingungen sind zu erfüllen?

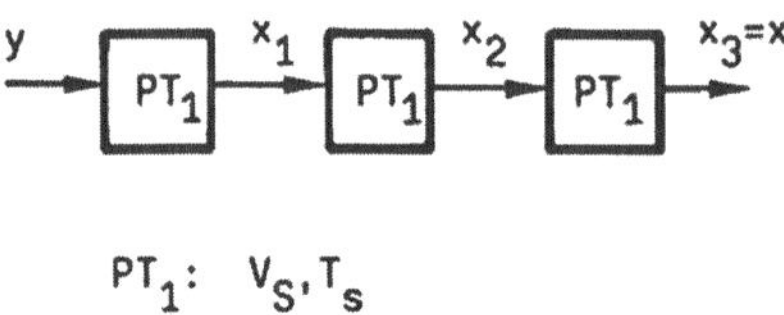

Aufgabe 15: Man zeige, dass durch Hintereinanderschalten eines PI- und eines PD-Glieds PID-Verhalten erreicht wird. PI: V_P, V_I, T_I ,   PD: V_P, V_D, T_D

Aufgabe 16: Für den skizzierten Regelkreis berechne man zunächst für $T_t = 0$ und $T_s > 0$ das Störverhalten. Wie ändert sich das Verhalten für $T_s \to 0$? Welches Zeitverhalten ist schließlich bei vorhandener Totzeit $T_t > 0$ und $T_s = 0$ zu erwarten? In welcher Weise führt der Grenzübergang $T_t \to 0$ zum zuvor gefundenen Ergebnis für $T_s = 0$ und $T_t = 0$? Man beachte $V_R V_S < 1$ (Stabilität) !

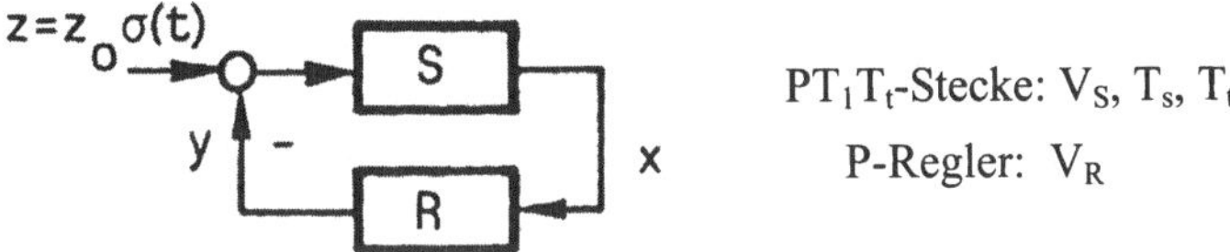

PT_1T_t-Stecke: V_S, T_s, T_t

P-Regler: V_R

Aufgabe 17: Der skizzierte Regelkreis wird a) mit Wirkungsumkehr, b) ohne Wirkungsumkehr und c) mit nicht funktionierendem (defektem) Regler betrieben. Man berechne jeweils das Zeitverhalten der Regelgröße x(t). Wie ändert sich das Verhalten, wenn bei Wirkungsumkehr die Störung am Ende der Strecke wirkt?

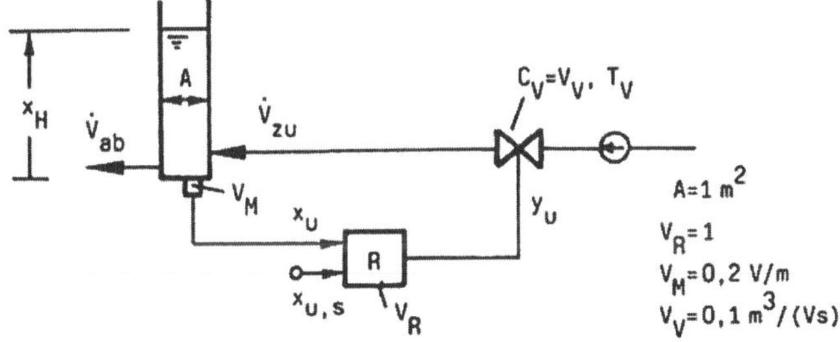

I-Strecke: $V_S=V_I$, T_I

P-Regler: V_R

Aufgabe 18: Für die skizzierte Füllstandsregelung (Regelaufgabe: x = const trotz

Störung), bestehend aus den Komponenten I-Strecke (Behälter), P-Regler (elektrisch), Messeinrichtung (Sensor und Umformer) und Stellventil (proportional mit Verzögerung 1.O.), soll zunächst das Blockschaltbild angegeben werden. Sodann ist die Dgl. für die Regelgröße aufzustellen und eine Aussage für die Zeitkonstante des Stellventils zu machen, bei der gerade kein Überschwingen des Störverhaltens auftritt !

Aufgabe 19: Das Störverhalten des skizzierten IT_1/P-Regelkreises soll mit einem dimensionsfreien Simulationsprogramm (der Allgemeinheit wegen!) auf einem Digitalrechner bestimmt werden. Zu diesem Zweck bringe man die Gleichungen für Strecke und Regler durch Einführen charakteristischer Größen in eine geeignete dimensionsfreie Form. Die für die Daten $V_I = 1/m^2$, $T_u = 42s$, $z_o = 0{,}001 m^3/s$ und eine Reglereinstellung nach Tabelle 3 (Seite 131) durchgeführte Simulation liefert bei einer Schrittweite von $\Delta \tilde{t} = 0{,}1$ bereits nach 46 Rechenschriften den asymptotischen Endwert $\tilde{x}_\infty = 1$ (s. Ausdruck). Man rechne das Simulationsergebnis in Echtwerte zurück!

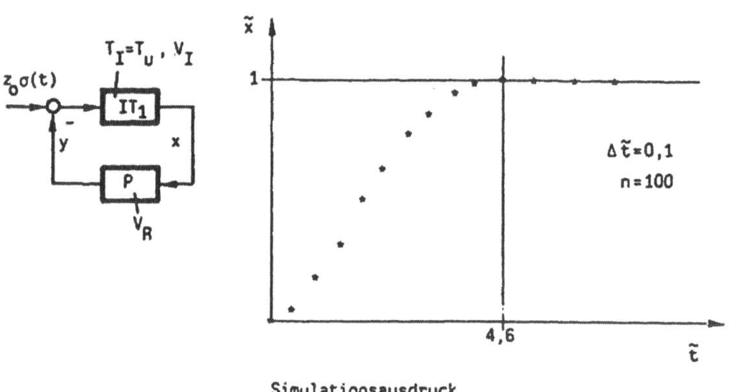

Simulationsausdruck

9.1.3 Stabilität

Aufgabe 20: Ein Regelkreis mit einem PI-Regler (V_R, T_{RI}) und einer I-Strecke (V_I, T_I) ist zu untersuchen. Wie lautet die Stabilitätsaussage? Welches Zeitverhalten ist zu erwarten, wenn der Regler als I-Regler betrieben wird? Welche Frequenz gehört zum kritischen Punkt?

Aufgabe 21: Eine P-Strecke (V_S) wird mit einem I-Regler (V_R, T_I) geregelt. Man untersuche dieses System auf Stabilität. Wie lautet die Stabilitätsaussage? Wie ist diese Aussage abzuändern, wenn der Strecke zusätzlich noch eine Totzeit T_t aufgeschaltet wird? Vereinfachend ist die erweiterte Stabilitätsaussage für den Sonderfall $T_I = T_t$ zu machen!

Aufgabe 22: Eine PT$_3$-Strecke (V_S, T_s) wird durch einen PD-Regler (V_R, T_D) beherrscht. Man gebe die Übertragungsfunktion des aufgeschnittenen Regelkreises $-F_o$ an. Für die beiden Reglereinstellungen mit $T_D = 0$ und $T_D = T_s/11$ sind sodann die Stabilitätsaussagen zu machen! Welche Amplitudenreserve liegt jeweils vor, wenn eine Gesamtverstärkung $V = V_R V_S^3 = 2$ eingestellt ist? Welchen Einfluss hat der D-Anteil?

Aufgabe 23: An eine PT$_t$-Strecke (V_S, T_t) ist ein P-Regler (V_R) angeschlossen. Anhand des Nyquist-Kriteriums gebe man an, welche Bedingung erfüllt sein muss, damit sich der Regelkreis stabil verhält! Außerdem berechne man das Störverhalten für die Verstärkungen des Reglers $V_R = \{V_{krit}, \ 0,2\ V_{krit}, \ 1,5\ V_{krit}\}$ bei einer Verstärkung der Strecke $V_S = 1$. Welche Gestalt hat die zugehörige (V_S, V_R)-Stabilitätskarte?

Aufgabe 24: Für den in Aufgabe 17 untersuchten I/P-Regelkreis ist eine Stabilitätsuntersuchung zu machen. Welche Aussagen liefert das Nyquist-Kriterium a) bei Wirkungsumkehr und b) bei fehlender Wirkungsumkehr?

Aufgabe 25: In einem PT$_1$P$_t$/P-Regelkreis laufen die Störungen mit der Ausbreitungsgeschwindigkeit U, so dass zwischen dem Stellglied und dem Messfühler die Totzeit T_t auftritt. Welcher Abstand L darf zwischen dem Stellglied und dem Messfühler maximal vorhanden sein, wenn keine Instabilität auftreten soll? Die Gesamtverstärkung des Regelkreises sei $V = V_R V_S = 5$ und die ebenfalls vorliegenden Zeitverzögerung $T_s \gg T_t$. Zur Lösung verwende man die Stabilitätskarte nach Bild 113 !

Aufgabe 26: Der skizzierte, vermaschte Regelkreis soll auf Stabilität untersucht werden. Man beachte dabei, dass wegen der inneren Rückführung (Mitkopplung → positives Signum) das verschärfte Nyquist-Kriterium anzuwenden ist! Außerdem ist die Stabilitätskarte aufzuzeichnen.

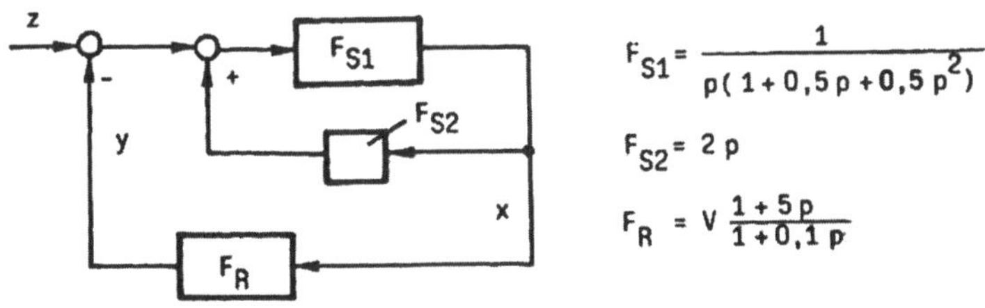

9.1.4 Anwendungen

9.1.4.1 Sicherheitstechnik

Aufgabe 27: Für das skizzierte thermische PT_1- System berechne man das Zeitverhalten und gebe das zugehörige Signalflussbild an. Welche Sicherheitseigenschaft führt zur Begrenzung des Zeitverhaltens? Kann der diese Begrenzung verursachende Mechanismus versagen?

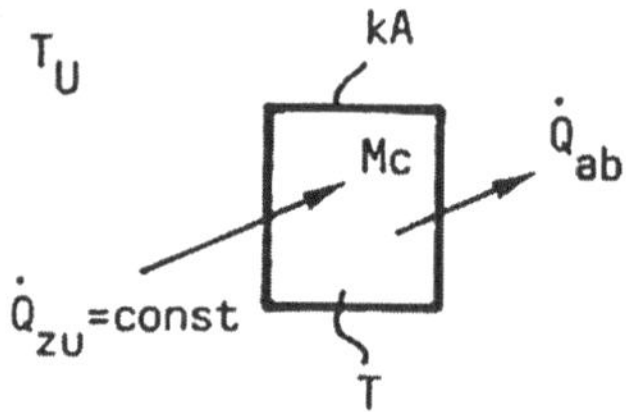

Aufgabe 28: Um das skizzierte hydraulische I-System in seinem Zeitverhalten beschränken zu können (Flüssigkeitsspiegel soll trotz Störung z möglichst unverändert bleiben), wird ein P-Regler eingesetzt. Was geschieht, wenn der Regler (aktive Sicherheitskomponente des Systems) versagt? Welche eingeschränkte Sicherheit liegt hier vor?

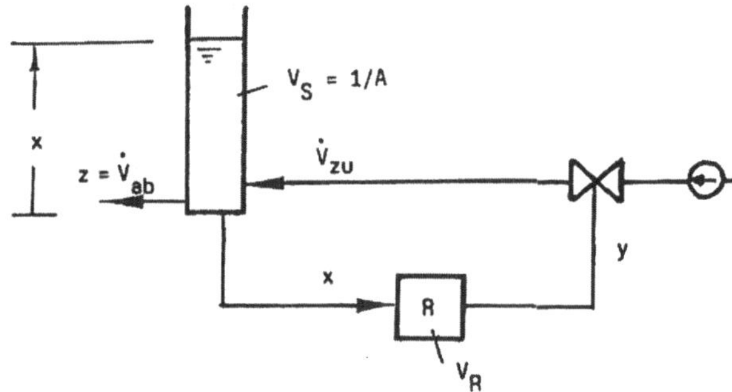

9.1.4.2 Materialverhalten

Aufgabe 29: Für die drei dargestellten mechanisch/hydraulischen Systeme soll das Zeitverhalten bestimmt werden. Dazu ist die jeweilige Dgl. aufzustellen und

unter Beachtung der zugehörigen Anfangsbedingungen zu lösen. Außerdem sind
die Dgln. anschaulich in Form von Signalflussbildern darzustellen. Durch wel-
ches Element wird das P- und durch welches das I-Verhalten erzielt? Welche Art
Flüssigkeits- bzw. Festkörperverhalten ist dem I- bzw. P-Verhalten zugeordnet?
Welches Materialverhalten wird durch den Maxwell-Körper, welches durch den
Voigt-Kelvin-Körper und welches durch den Burger-Körper simuliert?

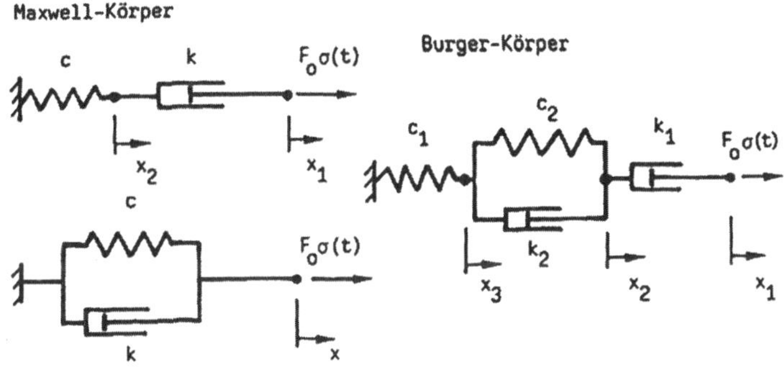

Aufgabe 30: Ein Polymerwerkstoff wird oszillierend beansprucht. Die Antwort
auf eine Beanspruchung $\sigma = \sigma_0 \sin \omega t$ erfolgt in Form der phasenverschobenen
Dehnung $\varepsilon = \varepsilon_0 \sin(\omega t + \varphi)$. Welches Materialverhalten verbirgt sich hinter dem
skizzierten, typischen Messergebnis, das den mechanischen Verlustfaktor d in
Abhängigkeit von der Versuchstemperatur T zeigt? Dabei ist T_G die Glasübergangstemperatur, und der mechanische Verlustfaktor $d = \mathrm{Im}\,[E]\,/\,\mathrm{Re}\,[E]$ ist definiert durch die Übertragungsfunktion $F = E$, die in der Materialtheorie die Bedeutung des komplexen Dehnmoduls besitzt.

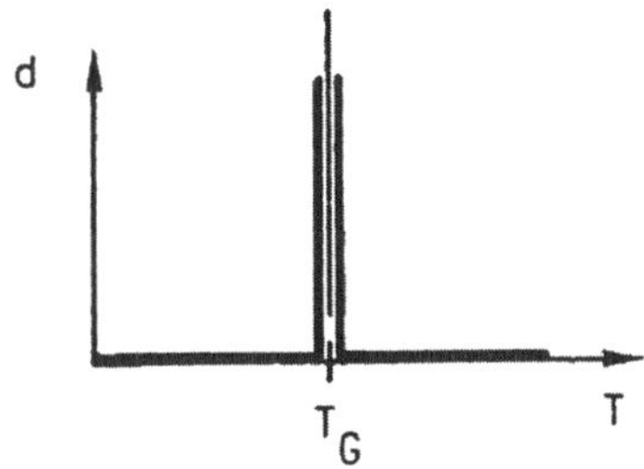

9.1.4.3 Messtechnik

Aufgabe 31: Es soll die zeitliche Änderung der Temperatur eines Wärmebads (Mc: Wärmekapazität, kA: Wärmedurchgang) gemessen werden, das nach dem Gesetz $T = T_0 + Q^* (1 - e^{-t/T_s})$, $\Delta T_\infty = Q^* = Q_{zu} / kA$, $1/T_s = kA/Mc$ aufgeheizt wird. Welche Temperatur wird instationär gemessen, wenn das verwendete Thermometer (Skizze) mit PT_1-Eigenschaft eine Zeitkonstante T_{th} besitzt? Man gebe den Messfehler in Abhängigkeit von den beiden Zeitkonstanten T_s, T_{th} an. Wie verhält sich der Messfehler asymptotisch für große Zeiten t? Unter welcher Voraussetzung verschwindet der Messfehler für alle Zeiten t? Welche Besonderheit tritt im Fall $T_s = T_{th}$ auf?

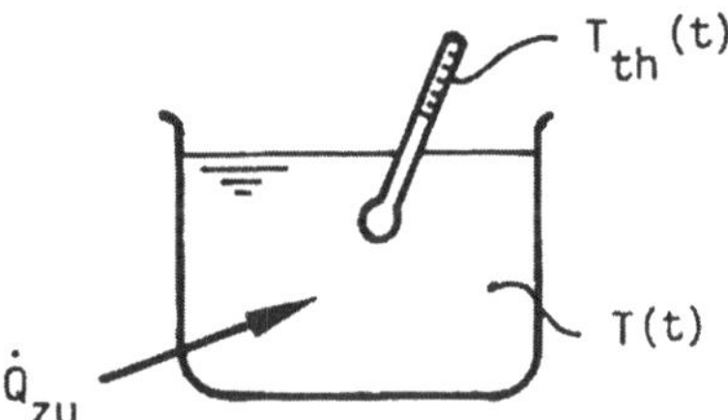

9.1.4.4 Verkehrstechnik

Aufgabe 32: Der skizzierte Straßenabschnitt der Länge L wird durch die Verkehrsflüsse q_o, q_N (Fahrzeuge/h) beaufschlagt und durch den abfließenden Verkehrsfluss q entlastet. Welcher maximale Verkehrsfluss q_{max} ist möglich, wenn der die Situation beherrschende Abfluss durch $q = A x (x_{Stau} - x)$ (empirisches Gesetz) beschrieben wird? Welchen Wert hat dabei die zugehörige Fahrzeugdichte (Fahrzeuge/km)? Welche Verkehrsdichten x_i sind bei $q = q_{max}/2$ stationär möglich? Welche Stabilitätsaussage kann gemacht werden?

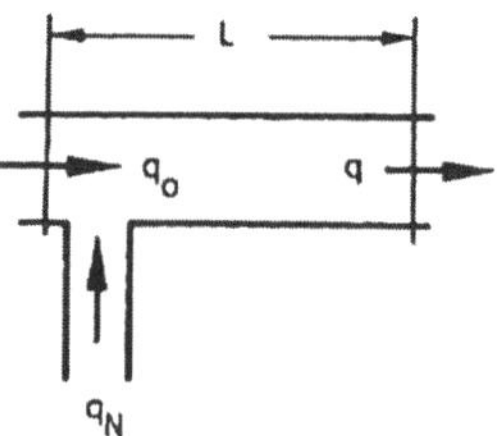

9.1.4.5 Robotertechnik

Aufgabe 33: Ein Industrieroboter sei steif und langsam. Dann lassen sich die Teilbewegungen entkoppeln, so dass etwa die Längsbewegung des Roboterarms unabhängig von den anderen Bewegungen betrachtet werden darf. Für das skizzierte Glied (F_A: Antriebskraft, F_W: Widerstandskraft) ist die Bewegungsgleichung aufzustellen und als Signalflussbild sichtbar zu machen. Sodann versehe man die Mechanik mit einem elektrischen Antrieb und schließlich auch noch mit einem PI-Regler, damit der Arm gewünschte Positionen selbständig (Sollwert wird verstellt!) anfahren kann. Man erläutere, ausgehend von den Gleichungen für Strecke und Regler, die Notwendigkeit eines I-Regleranteils, zeige das Gesamt-Signalflussbild auf und benenne die Roboterteile im Hinblick auf vertraute Begriffe wie Muskel, Glied, Hirn !

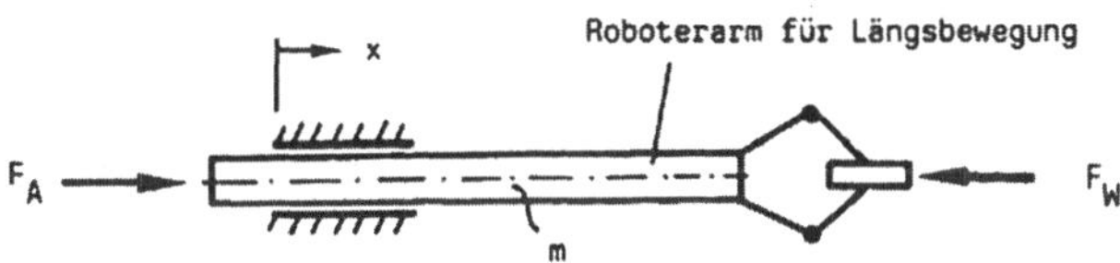

Aufgabe 34: Wie ist die Aufgabe 33 zu modifizieren, damit sich das System stabil verhält? Einfachheitshalber soll dabei für den I-Anteil des Reglers $T_I = \infty$ eingestellt sein.

9.1.4.6 Umwelttechnik

Aufgabe 35: Am Beispiel eines einfachen IT_t-Systems soll der Zusammenhang zwischen Wirkung und Dosis untersucht werden. Dabei steigt die Totzeit (Latenzzeit) mit abnehmender Dosis nach dem Gesetz $T_t = A/D$ an. Die Dosis $D = D_o \, \sigma \, (t\text{-}t_i)$ wird zu einem beliebigen Zeitpunkt $0 < t_i < t_L$ innerhalb der Lebenszeit t_L des belasteten Individuums aufgeprägt. Wie lautet der Zusammenhang $W = W(D)$, wenn man beachtet, dass das belastete Individuum einerseits bei Erreichen von $W = W_T$ infolge der aufgeprägten Dosis und andererseits beim Erreichen der natürlichen Lebenszeit t_L stirbt? Zeigen Sie das Schwellenverhalten (Nullwirkung trotz Dosisbelastung $D_o > 0$) im Wirkungs-Dosis-Bild, das letztlich menschliches Wirtschaften legitimiert!

Wie groß ist der zugehörige Grenzwert Do,Grenz ? Diskutieren Sie das Ergebnis im Hinblick auf die gesamte Lebenspanne (Säugling → Greis) !

9.1.4.7 Fiskus, Steuererklärung

Aufgabe 36: Der Haushalt $H = H (E, V(E), S(E-V))$ eines Kleinunternehmers ist abhängig von seinem Einkommen E, den entstehenden Verlusten V und den zu zahlenden Steuern S. Explizit gilt $H = E-V-S$, wobei noch $V \sim E$ und $S \sim (E-V)$ zu beachten ist. Man skizziere das zugehörige Signalflussbild $H = H(E)$ und berechne die Verstärkungen V_v, V_s aus den Daten $E = E_0 = 200$ TEUR, $V = V_0 = 50$ TEUR, $H = H_0 = 100$ TEUR. Wie ändert sich die Situation, wenn zur Zeit $t = T$ die Verluste durch Ankauf von Immobilien auf 120 TEUR erhöht werden und das Steuergesetz gültig bleibt? Man berechne $E(t)$, $V(t)$, $S(t)$, $H(t)$! Welchen Anteil der zusätzlichen Verschuldung bezahlt das Finanzamt und welchen Anteil der Kleinunternehmer? Wie groß darf die Verschuldung maximal werden, damit ein Minimalhaushalt H_{min} nicht unterschritten wird? Man gebe $V_{max} = V_{max} (H_{min})$ allgemein an und interpretiere das Ergebnis.

9.1.4.8 Wirtschaftssysteme, Ökonomie

Aufgabe 37: Welche Eigenschaften muss ein System besitzen, damit es zum Zweck des Konsums abschöpfbar wird und damit als Wirtschaftssystem geeignet ist? Dazu beachte man, dass biologische Systeme ebenso wie regenerative Systeme der Technik genau diese Eigenschaften besitzen. Beschreiben Sie ein solches System mit Hilfe der einfachsten Populationsgleichung und skizzieren Sie das zugehörige Signalflussbild. Aus welcher Eigenschaft im Signalflussbild ergibt sich die Abschöpfbarkeit?

Aufgabe 38: Für den skizzierten Produktzyklus, beschrieben durch die Bestellrate f_B [€/Zeit] als Funktion der Zeit,

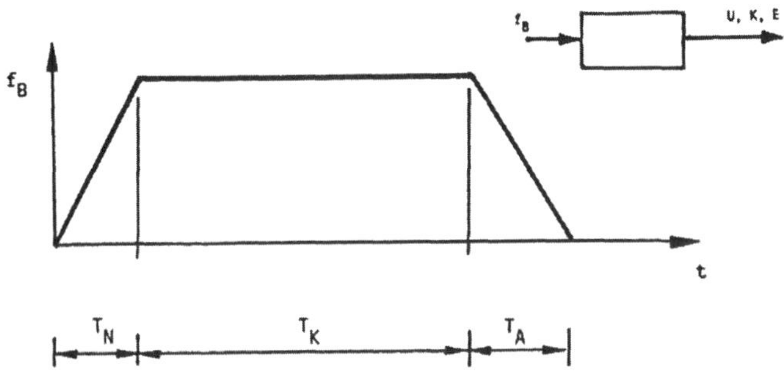

$0 \leq t \leq T_N:$ Neugeschäft

$T_N \leq t \leq T_N + T_K:$ Konstantgeschäft

$T_N + T_K \leq t \leq T_N + T_K + T_A:$ Auslaufgeschäft

berechne man durch Integration über die Bestellrate den kumulierten Umsatz
$U(t)$, die zugehörigen Kosten $K(t)$ und den Ertrag $E(t) = U(t) - K(t)$ und stelle die
Ergebnisse bildlich dar. Dabei gilt für die Kosten $K(t) = k_f\, t + \alpha\, U(t)$, die sich aus
den laufenden fixen Kosten $k_f\, t$ und den umsatzspezifischen Kosten $\alpha\, U(t)$ zu-
sammensetzen

Aufgabe 39: Mit dem in Afg. 38 berechneten Ertrag $E(t)$ für einen Produktzyklus
sollen die folgenden Fragen beantwortet werden. Welche konstante Bestellrate
f_{BK} muss mindestens erreicht werden, wenn nach der Einführungsphase $0 \leq t \leq$
T_N der Ertrag positiv werden soll? Welcher maximale negative Ertrag (Finanzie-
rung) stellt sich dann und zu welcher Zeit t_1 in der Einführungsphase ein? Welcher maximale Ertrag kann unter diesen Voraussetzungen zu welcher Zeit t_2 innerhalb des Produktzyklus $0 \leq t \leq T_N + T_K + T_A$ erreicht werden? Zu welchem
Zeitpunkt t_3 ist der Ertrag aufgezehrt, wenn nach Ablauf des Produktzyklus kein
Anschlussgeschäft mit einem neuen Produkt folgt?

Aufgabe 40: Um den Ertrag eines Unternehmens nachhaltig sichern zu können,
müssen neue Produkte $i = 1, 2, 3, \dots$ in stetiger Folge und zeitlich überlappend die
alten ablösen.

Welches zeitliche Verhalten des Ertrags $E(t)$ stellt sich dabei ein? Man berechne und
skizziere das sich periodisch einstellende Verhalten mit Hilfe der Ergebnisse aus
den Aufgaben 38 und 39. Dabei soll $T_N = T$, $T_K = 4T$, $T_A = T$ und eine konstante
Bestellrate $f_{BK} = 1{,}5\, k_f\, t$ gelten und die Überlappung $T_{\ddot{u}} = (7{,}5/2)\, T$ betragen.

9.1.4.9 *Wirtschaftlichkeit und Sicherheit / Ökonomie und Technik*

Aufgabe 41: Zeigen Sie, dass der Interessenkonflikt zwischen Kaufleuten und Ingenieuren systemtechnisch begründet werden kann. Dazu beachte man, dass das bevorzugte System eines Kaufmanns ideal abschöpfbar und das eines Ingenieurs ideal oder inhärent sicher ist !

9.2 Lösungen

9.2.1 Stationäres Verhalten

Aufgabe 1: $\dot{Q}_{zu} = \dot{Q}_{ab}$:   thermisches Gleichgewicht

$\dot{Q}_{zu} = const$: Erzeuger-Kennlinie

$\dot{Q}_{ab} = k\,A\left(T - T_u\right) = k\,A\,\Delta T$: Verbraucher-Kennlinie

$$\dot{Q}_{zu} = \dot{Q}_{ab} \;\rightarrow\; \Delta T = \frac{\dot{Q}_{zu}}{k\,A}$$

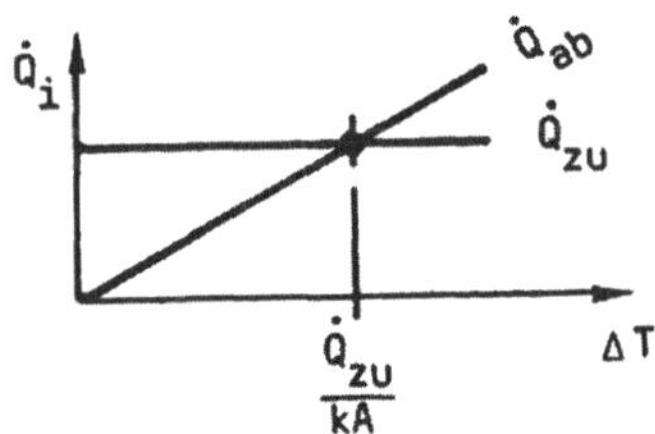

Aufgabe 2: $F_A = M_A / R = F_0 + a\!*\!U - b\!*\!U^2$: Erzeuger-Kennlinie

mit $M_0^* = M_0 / R = F_0$, $a^* = a/(2\pi R^2)$, $b* = b/[(2\pi)^2 R^3]$

$F_W = c_w\,A\,\rho\,U^2 / 2$: Verbraucher-Kennlinie

$$F_A = F_W \;\rightarrow\; U^2 - A\!*\!U = B* :\; \text{Kräftegleichgewicht}$$

mit: $A* = a^* / (b* + c_w\,\rho\,A/2)$

$B* = F_0 / (b* + c_w\,\rho\,A/2)$

Lösung der quadratischen Gl. ist die Endgeschwindigkeit:

$$U = U_{end} = \frac{A*}{2}\left[1 \pm \sqrt{1 + \frac{4B*}{A*^2}}\,\right]$$

Es gilt allein das positive Vorzeichen, denn wegen $4B/A^2 > 0$ kann nur so $U > 0$ erreicht werden !

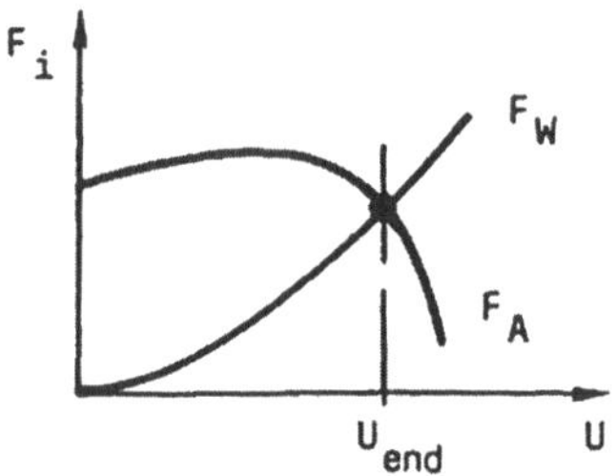

Aufgabe 3:

$$R = \begin{cases} R_0 & \text{für } T < 0 \ ^\circ\text{C} \\[2em] \infty & \text{für } T > 0 \ ^\circ\text{C} \end{cases}$$

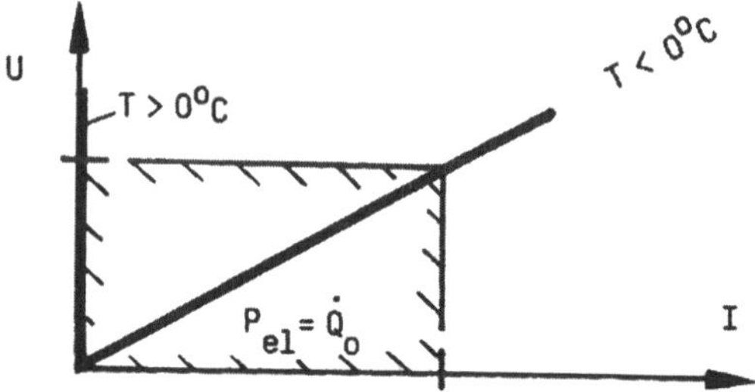

Aufgabe 4:

$$A_1: \quad dx_E/dy\big|_{A_1} < dx_V/dy\big|_{A_1} \rightarrow \quad \text{stabil}$$

$$A_2: \quad dx_E/dy\big|_{A_2} > dx_V/dy\big|_{A_2} \rightarrow \quad \text{instabil}$$

$$A_3: \quad dx_E/dy\big|_{A_3} < dx_V/dy\big|_{A_3} \rightarrow \quad \text{stabil}$$

$$\text{Start:} \qquad\qquad x_{E_1}(0) > x_V(0) \;\to\; c < a + b^2$$

$$\text{Eindeutigkeit:} \qquad x_{E_1}(y) > x_V(y)$$

$$\text{Betriebspunkt A}_3: \quad x_{E_2}(y) = x_v(y) \qquad \to \; y_3 \to x_3$$

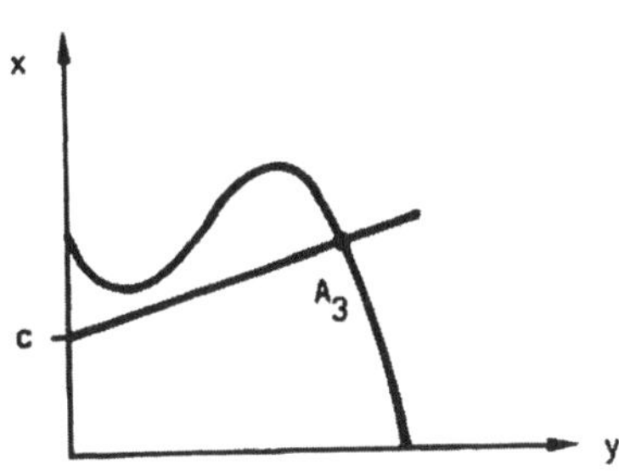

Aufgabe 5: $\quad S: \quad x = V_S y + V_Z z, \qquad R: \quad y = V_R x$

$$\text{Elimination von x} \;\to\; z = \frac{1 - V_R V_S}{V_R V_Z}\, y \;\to\; z_{max} = z(y_h) = 20\,Nm$$

$$\text{Elimination von y} \;\to\; x_W = \frac{V_Z}{1 - V_R V_S}\, z \;\to\; x_{W_{max}} = 0.01\,m^3/s$$

$$\dot{V} = V_{geom}\, n$$

$$\to \quad n = \frac{\dot{V}}{V_{geom}} = \frac{\dot{V}_0 - \Delta\dot{V}}{V_{geom}} = \frac{\dot{V}_0 - x_W}{V_{geom}} = \frac{\dot{V}_0 - \dfrac{V_Z}{1 - V_S V_R}\, z}{V_{geom}}$$

$$\to \quad n_{max} = n_0 = \frac{\dot{V}_0}{V_{geom}} = 1\,s^{-1}, \quad n_{min} = 0.9\,s^{-1}$$

$$P = M\omega = 2\pi M n \;\to\; P = 2\pi \frac{M_0 + z}{V_{geom}}\left(\dot{V}_0 - \frac{V_Z}{1 - V_R V_S}\, z \right)$$

$$M = M_0 + \Delta M = M_0 + z$$

$$\text{oder } \; P = A + B z + C z^2$$

$$A = 2\pi \frac{M_0 \dot{V}_0}{V_{geom}} > 0$$

$$B = \frac{2\pi}{V_{geom}} \left(-\frac{M_0 V_Z}{1 - V_R V_S} + \dot{V}_0 \right) < 0$$

$$C = -\frac{2\pi}{V_{geom}} \frac{V_Z}{1 - V_R V_S} < 0$$

$$\rightarrow \quad P_{\max} = P_0 = A = 2\pi\,kW, \quad P_{\min} = 5{,}77\,kW$$

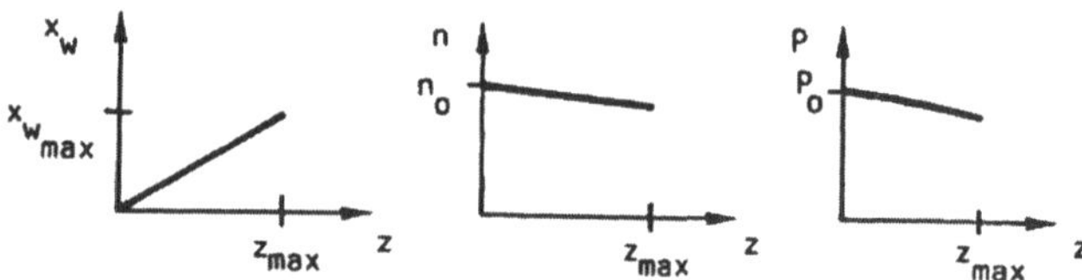

9.2.2 Zeitverhalten

Aufgabe 6:

$$PT_t : x_1(t) = V_S\, y(t - T_t), \qquad I : \dot{x}_2(t) = V_I\, y(t)$$

$$x_1(t) = V_S\, \sigma(t - T_t), \qquad\qquad x_2 = V_I\, t$$

$$\rightarrow x(t) = x_1(t) - x_2(t) = V_S\, \sigma(t - T_t) - V_I\, t$$

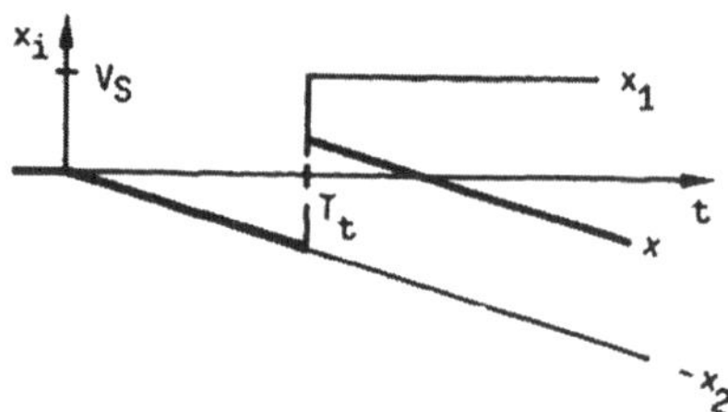

$$x(T_t) = 0 = V_S - V_I T_t \quad \rightarrow V_S = V_I T_t$$

$$P: \quad V_I = 0, \ T_t = 0$$

Aufgabe 7:

$$PT_1 : \xi = y_0 V_S \left(1 - e^{-t/T_S}\right) \;\rightarrow\; \dot{\xi} = \left(y_0 V_S / T_S\right) e^{-t/T_S}$$

$$PD : x = V_S \left(\xi + T_D \dot{\xi}\right)$$

$$\xi, \dot{\xi} \;\rightarrow\; x = y_0 V_S^2 \left(1 + \left[T_D / T_S - 1\right] e^{-t/T_S}\right)$$

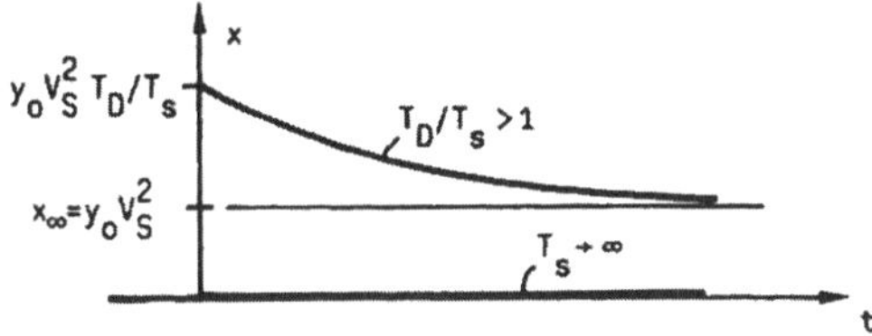

$$T_S \rightarrow \infty : \; x = 0 \;\rightarrow$$

keine Reaktion, PT_1-Glied löscht
Eingangssprung vollständig !

Aufgabe 8:

$$PT_1 : \xi = V_S \left(1 - e^{-t/T_S}\right)$$

$$I : \dot{x} = V_I \xi = V_S V_I \left(1 - e^{-t/T_S}\right)$$

$$\rightarrow x = V_S V_I \left(t + T_S e^{-t/T_S}\right) + C$$

$$\text{A.B.:} \;\; \xi(0) = 0 \;\rightarrow\; x(0) = 0 \qquad \rightarrow C = -V_S V_I T_S$$

$$\rightarrow x = V_S V_I \left(t + T_S \left\{ e^{-t/T_S} - 1 \right\}\right)$$

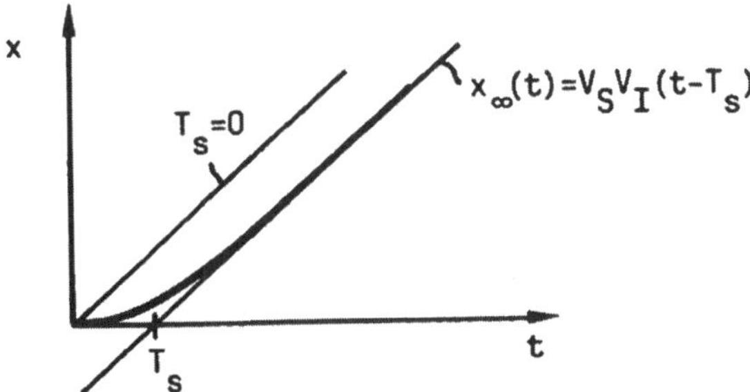

$T_S > 0$: IT_1-Verhalten , $T_S = 0$:   I-Verhalten

Aufgabe 9: $T_S \dot{x} + x = V_S y$

$$0 \leq t \leq T: \quad x = C\, e^{-t/T_S} + V_S y_o$$

$$\text{A.B.: } x(0) = 0 \quad \rightarrow \quad C = -V_S y_o$$

$$\rightarrow x = V_S y_o \left(1 - e^{-t/T_S}\right)$$

$$t \geq T: \quad T_S\, \dot{x} + x = 0$$

$$\rightarrow x = C e^{-t/T_S}$$

$$\text{Ü.B.: } x(T) = V_S y_o \left(1 - e^{-T/T_S}\right) = C\, e^{-T/T_S}$$

$$\rightarrow x = V_S y_o \left(1 - e^{-T/T_S}\right) e^{T/T_S}\, e^{-t/T_S}$$

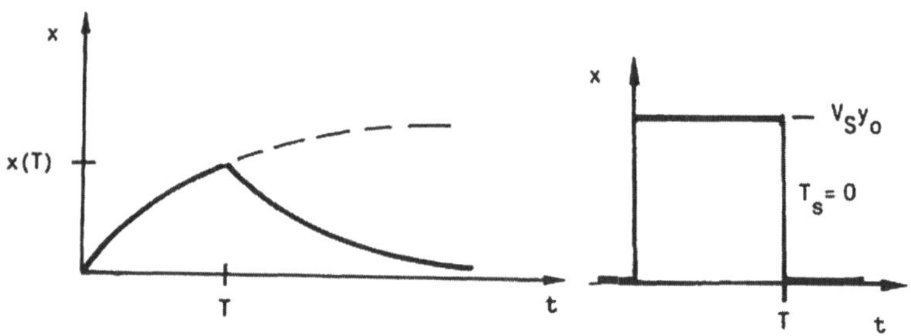

Aufgabe 10: $\dot{x} = V_S y$

$$0 \leq t \leq T: \quad x = V_S y_o\, t + C$$

$$\text{A.B.: } x(0) = 0 \quad \rightarrow \quad C = 0 \quad \rightarrow x = V_S y_o\, t$$

$$t \geq T: \quad \dot{x} = 0 \quad \rightarrow x = B$$

$$\text{Ü.B.: } x(T) = V_S y_o\, T = B \quad \rightarrow x = V_S y_o\, T$$

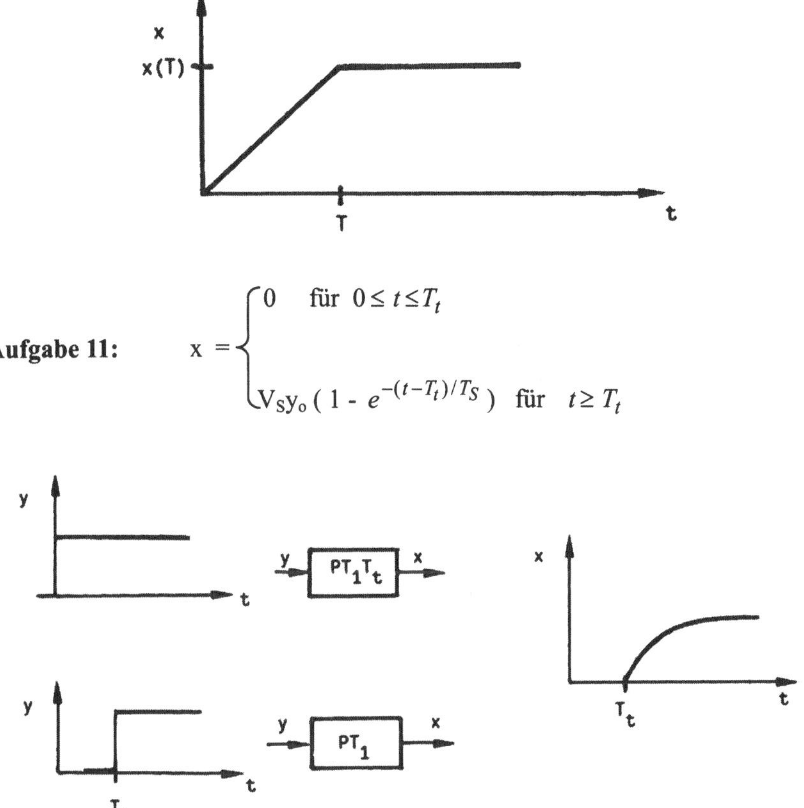

$$x = \begin{cases} 0 & \text{für } 0 \le t \le T_t \\[2mm] V_s y_o \left(1 - e^{-(t-T_t)/T_S}\right) & \text{für } t \ge T_t \end{cases}$$

Aufgabe 11:

Das $PT_1 T_t$ – System mit Totzeit verhält sich wie das PT_1 - System ohne Totzeit, wenn dem System ohne Totzeit das Eingangssignal y um die Totzeit T_t verspätet aufgeschaltet wird.

Aufgabe 12: $x_1 = V_D T_D \dot{y} \quad \rightarrow x_1 = V_D T_D\, a = const$

$$x_2 = V_S\, y(t - T_t)$$

$$\rightarrow x_2 = V_S\, a(t - T_t) = \begin{cases} 0 & \text{für } t < T_t \\[2ex] V_S\, a(t - T_t) & \text{für } t \geq T \end{cases}$$

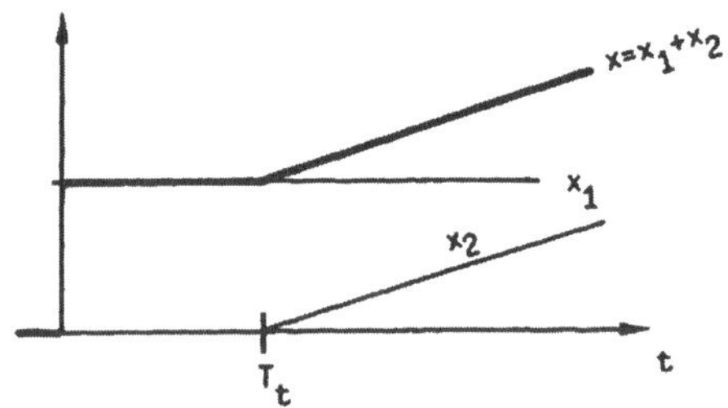

Aufgabe 13:

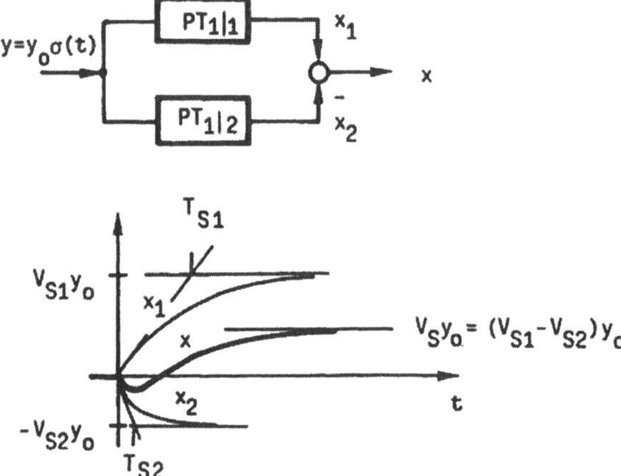

$$x_{1\infty} > x_{2\infty} \;\rightarrow\; V_{S1} > V_{S2} \;\rightarrow\; \frac{V_{S1}}{V_{S2}} > 1$$

$$\dot{x}_1(0) < \dot{x}_2(0) \;\rightarrow\; V_{S2}T_{S1} > V_{S1}T_{S2} \;\rightarrow\; \frac{T_{S1}}{T_{S2}} > \frac{V_{S1}}{V_{S2}} > 1$$

Aufgabe 14: $T_s\dot{x}_1 + x_1 = V_S y$

$$T_s\dot{x}_2 + x_2 = V_S x_1 \;\;\rightarrow\;\; \dot{x}_1 = (T_s\ddot{x}_2 + \dot{x}_2)/V_S$$

$$T_s\dot{x} + x = V_S x_2 \;\;\rightarrow\;\; \dot{x}_2 = (T_s\ddot{x} + \dot{x})/V_S$$

Elimination von $x_1, \dot{x}_1, x_2, \dot{x}_2$:

$$\rightarrow \;\; T_s^3\dddot{x} + 3T_s^2\ddot{x} + 3T_s\dot{x} + x = V_S^3 y$$

A.B.: $x(0) = \dot{x}(0) = \ddot{x}(0) = 0$ \qquad oder \quad $x_1(0) = x_2(0) = x(0) = 0$

$$x(0) = \dot{x}(0) = 0 \;\rightarrow\; x_2(0) = 0$$

$$\dot{x}(0) = \ddot{x}(0) = 0 \;\rightarrow\; \dot{x}_2(0) = 0$$

$$x_2(0) = \dot{x}_2(0) = 0 \;\rightarrow\; x_1(0) = 0$$

Aufgabe 15:

x   →   [PI]   →   η   →   [PD]   →   y

$$PI \quad \eta = \eta_P + \eta_I = V_P x + \frac{V_I}{T_I}\int x\, dt$$

$$PD \quad y = y_P + y_D = V_P \eta + V_D T_D \dot{\eta}$$

Elimination von η und $\dot{\eta} = V_P \dot{x} + \dfrac{V_I}{T_I} x$

$$\rightarrow y = \left(V_P^2 + V_D V_I \frac{T_D}{T_I}\right)x \;+\; \underbrace{\frac{V_P V_I}{T_I}\int x\,dt}_{I} \;+\; \underbrace{V_P V_D T_D\,\dot{x}}_{D}$$

$$\underbrace{\phantom{\left(V_P^2 + V_D V_I \frac{T_D}{T_I}\right)x}}_{P}$$

Aufgabe 16: $T_t = 0,\; T_s > 0:$

$$S:\quad T_s \dot{x} + x = V_S(z - y), \quad R:\quad y = V_R x$$

$$\text{Elimination von } y \;\rightarrow\; T_s \dot{x} + (1 + V_S V_R)x = V_S z$$

$$e^{\lambda t}:\quad T_s \lambda + (1 + V_S V_R) = 0 \;\rightarrow\; \lambda = -\frac{1 + V_S V_R}{T_s}$$

$$\rightarrow x = x_{\text{hom}} + x_p = C\,e^{-(1 + V_S V_R)t/T_s} + \frac{V_S}{1 + V_S V_R}z_0$$

A.B.: $x(0) = 0 \;\rightarrow\; C = -\dfrac{V_S}{1 + V_S V_R}z_0$

$$\rightarrow\quad x = \frac{V_S}{1 + V_S V_R}z_0\left(1 - e^{-(1 + V_S V_R)t/T_s}\right)$$

$$T_s = 0:\quad x = \frac{V_S}{1 + V_S V_R}z_0 = x_w = x_\infty$$

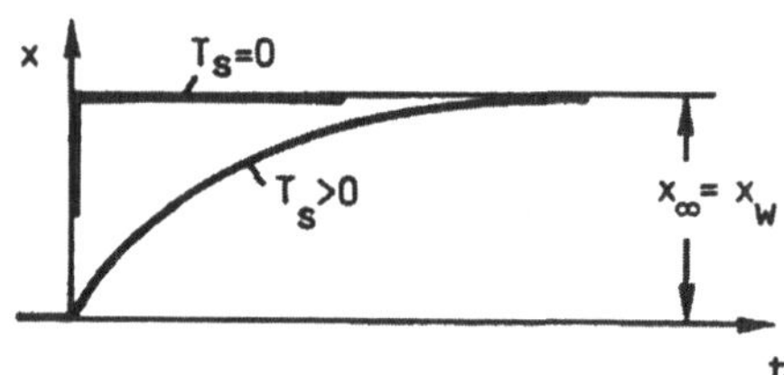

$T_t > 0,\; T_s = 0:$

$$S:\quad x(t) = V_S\,\xi(t - T_t),\quad \xi(t - T_t) = z_0\,\sigma(t - T_t) - y(t - T_t)$$

$$R:\quad y = V_R x$$

Elimination von y

$$\rightarrow x(t) = V_S\left[z_0\,\sigma(t - T_t) - V_R\,x(t - T_t)\right]$$

t	$z-y$	x	y
$0 < t < T_t$	z_0	0	0
$T_t < t < 2T_t$	z_0	$V_S z_0$	$V_R V_S z_0$
$2T_t < t < 3T_t$	$z_0 - V_R V_S z_0$	$V_S(z_0 - V_R V_S z_0)$	$V_R V_S(z_0 - V_R V_S z_0)$
$3T_t < t < 4T_t$	$z_0 - V_R V_S(z_0 - V_R V_S z_0)$	$V_S[z_0 - V_R V_S(z_0 - V_R V_S z_0)]$	$\dots\dots\dots\dots$
$\dots\dots$	$\dots\dots\dots\dots$	$\dots\dots\dots\dots$	$\dots\dots\dots\dots$

$\rightarrow$ Bildungsgesetz ist geometrische Reihe

$$x = V_S z_0 - V_R V_S^2 z_0 + V_R^2 V_S^3 z_0 - \dots = V_S z_0\left(1 - V + V^2 - \dots\right), \quad V = V_R V_S$$

Grenzwert: $\quad x_\infty = \lim_{t\to\infty} x(t) = \lim_{n\to\infty} V_S z_0 \sum_{i}^{n}(-V)^i = \dfrac{V_S z_0}{1 + V} \quad mit \quad V < 1!$

Beispiel mit $V_S = V_R = 0{,}5 \quad \rightarrow \quad V = 0{,}25$

t	$z-y$	x	y
$0 < t < T_t$	z_0	0	0
$T_t < t < 2T_t$	z_0	$0{,}5\ z_0$	$0{,}25\ z_0$
$2T_t < t < 3T_t$	$0{,}75\ z_0$	$0{,}38\ z_0$	$0{,}19\ z_0$
$3T_t < t < 4T_t$	$0{,}81\ z_0$	$0{,}41\ z_0$	$0{,}2\ z_0$
$4T_t < t < 5T_t$	$0{,}8\ z_0$	$0{,}4\ z_0$	$0{,}2\ z_0$

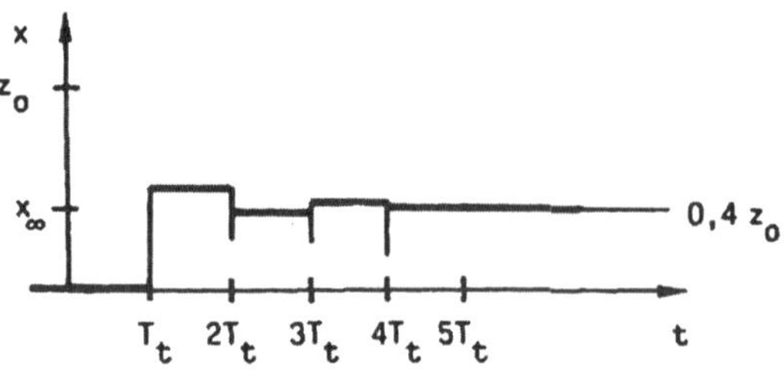

$$x_\infty = V_S z_0 \frac{1}{1+V} = 0{,}4\,z_0$$

$T_t \to 0,\ T_s = 0$ Ausbreitungsgeschwindigkeit der Störung wird unendlich groß

→ Totzeitschwingung wird zeitlich so komprimiert, dass sich
für $t > 0$ sofort $x = x_\infty$ ergibt!

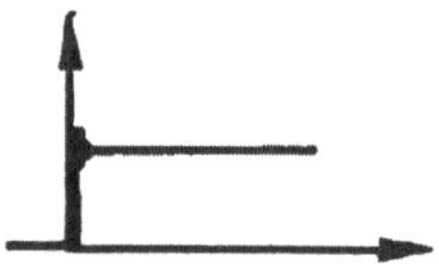

Aufgabe 17:   a) $S:\ T_I \dot{x} = V_I(z - y),\quad R:\ y = V_R x$

Elimination von y → $T_I \dot{x} + V_I V_R x = V_I z$

$e^{\lambda t}:\ T_I \lambda + V_I V_R = 0$ → $\lambda = -V_I V_R / T_I$

→ $x = x_{\text{hom}} + x_p = C e^{-V_I V_R t / T_I} + z_0 / V_R$

A.B.: $x(0) = 0$ → $C = -z_0 / V_R$

→ $x = \dfrac{z_0}{V_R}\left(1 - e^{-V_I V_R t / T_I}\right)$

b) $S:\ T_I \dot{x} = V_I(z + y),\quad R:\ y = V_R x$

→ $T_I \dot{x} - V_I V_R x = V_I z$ → $\lambda = V_I V_R / T_I$

$$\to x = Ce^{V_I V_R t / T_I} - z_0 / V_R$$

A.B.: $x(0) = 0 \quad \to \quad C = z_o / V_R$

$$\to \quad x = \frac{z_o}{V_R}\left(e^{+V_I V_R t / T_I} - 1\right)$$

c) $V_R = 0 \quad \to \quad y = 0 \quad \to \quad \dot{x} = \frac{V_I}{T_I} z \quad \to \quad x = \frac{V_I}{T_I} z_o t$

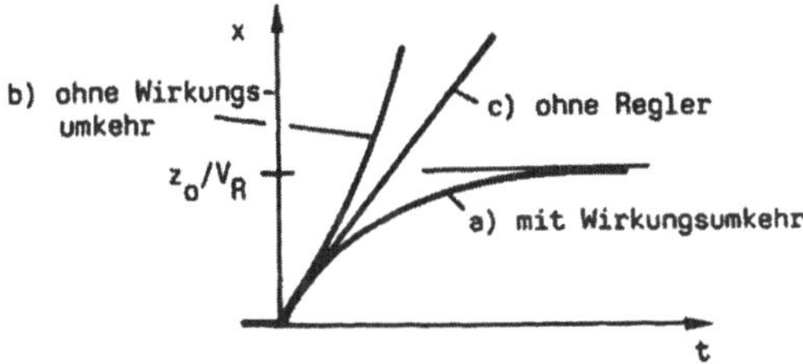

Störung am Streckenende:

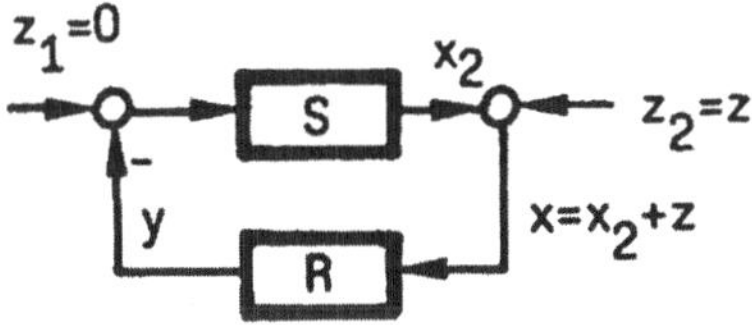

S: $T_I \dot{x}_2 = -V_I y$,   R: $y = V_R x$, $x = x_2 + z$

Elimination von y, x_2

$$\to T_I \dot{x} + V_I V_R x = T_I \dot{z} \quad \to \quad T_I x + V_I V_R \int_0^t x\, d\tau = T_I z$$

mit $z = z_o \, \sigma(t) \quad \to \quad \dot{z} = 0$

$$\to T_I \dot{x} + V_I V_R x = 0 \quad \to \quad x = x_{\text{hom}} = Ce^{-V_I V_R t / T_I}, x_p = 0$$

A.B.: $T_I x(0) = T_I z_o$, $x(0) = z_o \quad \to \quad C = z_o$

$$\to \quad x = z_o e^{-V_I V_R t / T_I}, \quad x_\infty = x_w = 0 \ !$$

Aufgabe 18:

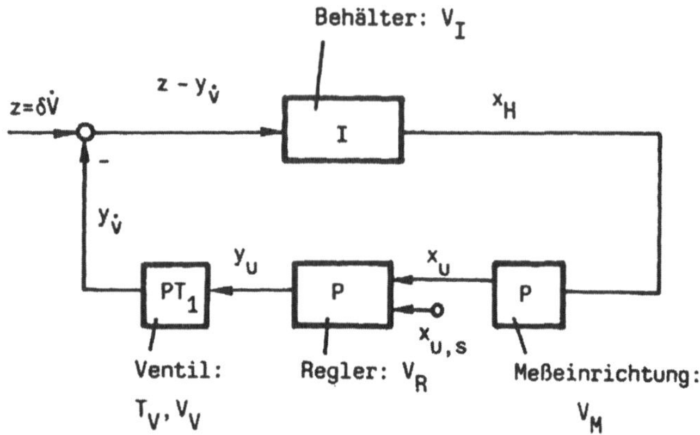

x_H : Länge x_u : Spannung y_u : Spannung

$y_{\dot V}$: Volumenstrom   z: Volumenstrom

Behälter: $\dot x_H = V_I\,(z - y_{\dot V}),\quad V_I = 1/A$

Messeinrichtung: $x_u = V_M\,x_H$

Regler: $y_u = V_R\,x_u$

Ventil: $T_V\,\dot y_{\dot V} + y_{\dot V} = V_V\,y_u$

Arbeitspunkt: $z = 0,\ x_H = x_u = x_{u,s} = y_u = y_{\dot V} = y_{\dot V} - z = 0$

Elimination von $x_u,\ y_u,\ y_{\dot V}$:

$$\frac{T_V}{V_I V_V V_R V_M}\,\ddot x_H + \frac{1}{V_I V_V V_R V_M}\,\dot x_H + x_H = \frac{z}{V_V V_R V_M} + \frac{T_V}{V_V V_R V_M}\,\dot z$$

mit $\dot z = 0,\ t > 0$ für $z = z_0\,\sigma(t)$

Dgl. 2. Ordnung von der Form (3.62)

$$T^2\ddot{x} + 2DT\dot{x} + x = V_p y$$

die für $D = 1$ (aperiodischer Grenzfall) gerade kein Über-

schwingen liefert:

Koeffizientenvergleich

$$\frac{T_V}{V_I V_V V_R V_M} = T^2 \ , \ \frac{1}{V_I V_V V_R V_M} = 2T$$

liefert deshalb für diesen Grenzfall die zugehörige Zeitkon-

stante des Ventils:

$$T_V = \frac{1}{4}\frac{1}{V_I V_V V_R V_M} = \frac{1}{4}\frac{1}{1\,m^{-2}\ 0{,}1\,m^3\,/(Vs)\,0{,}2\ V\,/\,m} = 12{,}5\,s$$

Aufgabe 19:   IT$_1$-Strecke: $T_u\ddot{x} + \dot{x} = V_I(z - y)$

P-Regler: $y = V_R x$

Regelkreis: $T_u\ddot{x} + \dot{x} + V_I V_R x = V_I z$

$t \to \infty:\ \ddot{x} \to 0,\ \dot{x} \to 0,\ x = x_\infty = z/V_R$

Charakteristische Grössen:

Zeitkonstante T_u

$x_\infty,\ y_\infty = V_R x_\infty$ aus Dgl.

Dimensionsfreie Grössen:

$$\widetilde{x} = \frac{x}{x_\infty}, \; \widetilde{y} = \frac{y}{y_\infty}, \; \widetilde{z} = \frac{z}{y_\infty}, \; \widetilde{t} = \frac{t}{T_u}$$

$$\dot{x} = x_\infty \frac{d\widetilde{x}}{d\widetilde{t}} \frac{d\widetilde{t}}{dt} = \frac{x_\infty}{T_u} \dot{\widetilde{x}}$$

$$\ddot{x} = \frac{d}{dt}\dot{x} = \frac{x_\infty}{T_u}\dot{\widetilde{x}}\frac{d\widetilde{t}}{dt} = \frac{x_\infty}{T_u^2}\ddot{\widetilde{x}}$$

Dimensionsfreie Gleichungen:

$$\widetilde{T}\,\ddot{\widetilde{x}} + \dot{\widetilde{x}} = \widetilde{V}_I\left(\widetilde{z} - \widetilde{y}\right), \quad \widetilde{y} = \widetilde{V}_R\,\widetilde{x}$$

mit: $\widetilde{T} = 1$, $\widetilde{V}_I = V_I V_R T_u$, $\widetilde{V}_R = 1$

Simulation mit: $\ddot{\widetilde{x}} + \dot{\widetilde{x}} = \widetilde{V}_I\left(\widetilde{z} - \widetilde{y}\right), \; \widetilde{y} = \widetilde{x}$

$$\widetilde{V}_I = \frac{1}{m^2}\, 42s \; 0{,}01\frac{m^2}{s} = 0{,}42$$

$$V_R = \frac{0{,}5}{V_I T_u} = \frac{0{,}5}{1/m^2 \; 42s} = 0{,}01\frac{m^2}{s}$$

$\rightarrow$ nach Tabelle 3

$\widetilde{z}_0 = 1$

Echtwerte:

$$\widetilde{x} = 1 \rightarrow x_\infty = \frac{z_0}{V_R} = \frac{0{,}001\, m^3/s}{0{,}01\, m^2/s} = 0{,}1\, m$$

$$\widetilde{t}\big|_\infty = 4{,}6 \rightarrow t\big|_\infty = \widetilde{t}\big|_\infty T_u = 4{,}6{\cdot}42\, s = 193{,}2\, s$$

9.2.3 Stabilität

Aufgabe 20:

$$F_{PI} = V_R\left(1 + \frac{1}{T_{RI}}\frac{1}{p}\right), \quad F_I = \frac{V_I}{T_I}\frac{1}{p}$$

$$\rightarrow -F_0 = F_{PI}F_I = V_R V_I\left(\frac{1}{T_I}\frac{1}{p} + \frac{1}{T_I T_{RI}}\frac{1}{p^2}\right)$$

$$p = i\,\omega \;\rightarrow\; \mathrm{Re} = -\frac{V_R V_I}{T_I T_{RI}}\frac{1}{\omega^2}, \quad \mathrm{Im} = -\frac{V_R V_I}{T_I}\frac{1}{\omega}$$

ω	0	∞
Re	$-\infty$	0
Im	$-\infty$	0

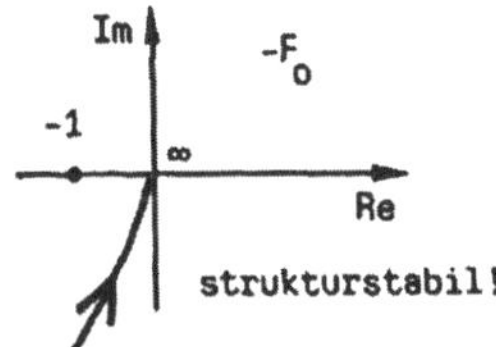

$$\text{I-Regler: } F_I = \frac{V_R}{T_{RI}}\frac{1}{p} \;\rightarrow\; -F_0 = \frac{V_R V_I}{T_I T_{RI}}\frac{1}{p^2}$$

$$p = i\omega \;\rightarrow\; \mathrm{Re} = -\frac{V_R V_I}{T_I T_{RI}}\frac{1}{\omega^2}, \quad \mathrm{Im} = 0$$

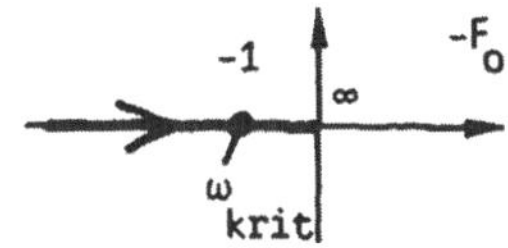

$\rightarrow$ Stabilität geht verloren $\rightarrow$ strukturinstabil

Zeitverhalten x(t):

$$S:\quad T_I\dot{x} = V_I(z-y)\quad \rightarrow\quad d/dt:\ T_I\ddot{x} = V_I(\dot{z}-\dot{y})$$

$$R:\quad T_{RI}\dot{y} = V_R x$$

Elimination von y bzw. $\dot{y}$ bei Beachtung von $\dot{z}=0$

$$\rightarrow \ddot{x} + \frac{V_R V_I}{T_I T_{RI}}\,x = 0$$

$\rightarrow$ Dgl. für ungedämpfte Schwingung

$\rightarrow$ Dauerschwingung

$$\omega^2 = \omega_{krit}^2 = \frac{V_R V_I}{T_I T_{RI}}\quad \rightarrow\quad -F_0 = -1\ !$$

Aufgabe 21:

$$F_S = V_S,\quad F_R = \frac{V_R}{T_I}\frac{1}{p}\quad \rightarrow\quad -F_0 = F_S F_R = V_S V_R \frac{1}{T_I}\frac{1}{p}$$

$$p = i\omega\quad \rightarrow\quad -F_0 = -V_S V_R \frac{1}{T_I}\frac{1}{\omega}i = i\,\mathrm{Im},\quad \mathrm{Re}=0$$

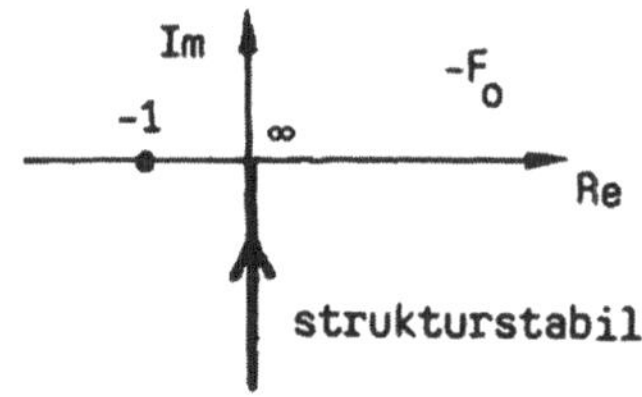

$$\text{mit Totzeit: } -F_0 = -V_S e^{-p/T_t}\frac{V_R}{T_I}\frac{1}{p}$$

$$p = i\omega\quad \rightarrow\quad -F_0 = -V_S V_R \frac{1}{\omega T_I}\left(\sin\omega T_t + i\cos\omega T_t\right)$$

$$T_I = T_t \quad \rightarrow \quad \mathrm{Re} = -\frac{V_R V_S}{\omega T_t}\sin\omega T_t$$

$$\rightarrow \quad \mathrm{Im} = -\frac{V_R V_S}{\omega T_t}\cos\omega T_t$$

$$\mathrm{Im} = 0: \quad \frac{1}{\omega T_t}\cos\omega T_t = 0 \quad \rightarrow \quad \omega T_t = \left\{\frac{\pi}{2},\frac{3\pi}{2},...\right\}$$

$$\rightarrow \quad \mathrm{Re}(\pi/2) = -\frac{1}{\pi/2}V_R V_S = -0{,}64\cdot V_R V_S$$

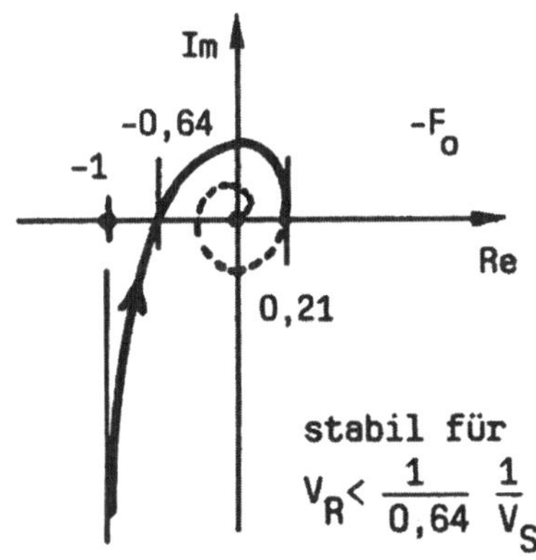

Aufgabe 22:

$$F_S = \frac{V_S^3}{\left(1+T_s p\right)^3}, \quad F_R = V_R\left(1+T_D p\right)$$

$$\rightarrow \quad -F_0 = V_R V_S^3\,\frac{1+T_D p}{\left(1+T_s p\right)^3}$$

$$p = i\omega \quad \rightarrow \quad \mathrm{Re} = V_R V_S^3\,\frac{1-3(\omega T_s)^2 + T_D T_s \omega^2\left(3-(\omega T_s)^2\right)}{\left[1+(\omega T_s)^2\right]^3}$$

$$\rightarrow \quad \text{Im} = V_R V_S^3 \, \frac{T_D \omega \left(1 - 3(\omega T_s)^2\right) - (\omega T_s)\left(3 - (\omega T_s)^2\right)}{\left[1 + (\omega T_s)^2\right]^3}$$

$$\text{Im} = 0 \qquad 0 = \omega \left[T_D\left(1 - 3(\omega T_s)^2\right) - T_s\left(3 - (\omega T_s)^2\right) \right]$$

$$\rightarrow \omega = \left\{ 0, \frac{1}{T_s}\sqrt{\frac{3 - T_D/T_s}{1 - 3T_D/T_s}} \right\}$$

$$T_D = 0 \quad \rightarrow \quad \omega = \sqrt{3}/T_s, \quad T_D = T_s/11 \quad \rightarrow \quad \omega = 2/T_s$$

$$\text{Re}(\sqrt{3}/T_S) = -V_R V_S^{\,3}/8, \qquad \text{Re}(2/T_S) = -V_R V_S^{\,3}/11$$

Stabilität ist gegeben für :

$$T_D = 0 \quad \rightarrow \quad V_R V_S^3 < 8, \qquad T_D = T_s/11 \quad \rightarrow \quad V_R V_S^3 < 11$$

Amplitudenreserve bei $V = V_R V_S^3 = 2$:

$$T_D = 0 \qquad\qquad \rightarrow \quad A_R = 1/(1/4) = 4 > 1$$

$$T_D = T_s/11 \quad \rightarrow \quad A_R = 1/(2/11) = 5{,}5 > 1$$

$$\rightarrow \quad \text{D- Anteil stabilisiert!}$$

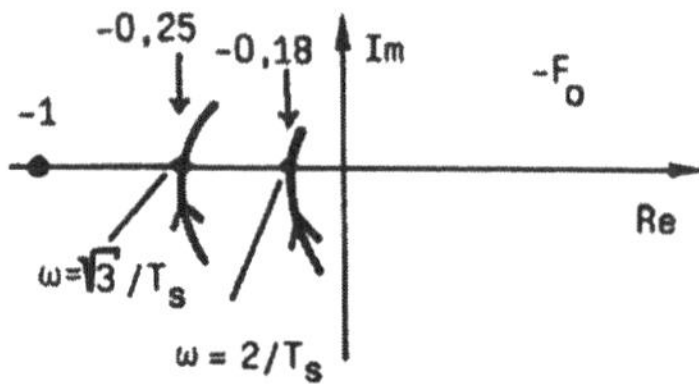

Aufgabe 23: $\qquad F_S = V_S\, e^{-p/T_t}, \quad F_R = V_R \quad \rightarrow -F_0 = V_S V_R e^{-p/T_t}$

$$p = i\omega \quad \rightarrow \quad -F_0 = V_S V_R e^{-i\omega T_t} = V_S V_R \left(\cos \omega T_t - i \sin \omega T_t\right)$$

$$F_0 = V_S V_R = const \quad \rightarrow \quad \text{Kreis}$$

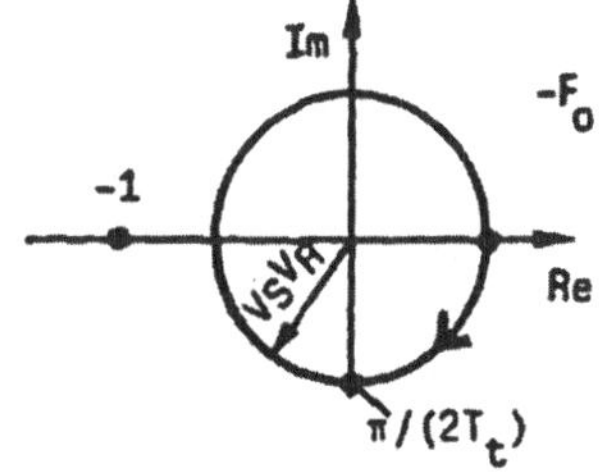

ω	0	$\pi/(2T_t)$
Re	$V_R V_S$	0
Im	0	$-V_R V_S$

$\rightarrow$ Stabilität für $V_S V_R = V < 1$

$\rightarrow V = V_{krit} = 1$: Stabilitätsgrenze

1. Zeitverhalten für $V_R = V_{krit} = 1$, $V_S = 1$:

$\rightarrow$ ausführliche Darstellung s. Aufgabe 16

$t^* = t/T_t$	$x/z_0 = x^*$
$0 < t^* < 1$	0
$1 < t^* < 2$	1
$2 < t^* < 3$	0
$3 < t^* < 4$	1
$4 < t^* < 5$	0

2. Zeitverhalten für $V_R = 0{,}2 V_{krit} = 0{,}2$, $V_S = 1$

$$V = 0{,}2 < V_{krit} \quad \rightarrow \quad stabil$$

3. Zeitverhalten für $V_R = 1{,}5 V_{krit} = 1{,}5$, $V_S = 1$:

$$V = 1{,}5 > V_{krit} \quad \rightarrow \quad instabil$$

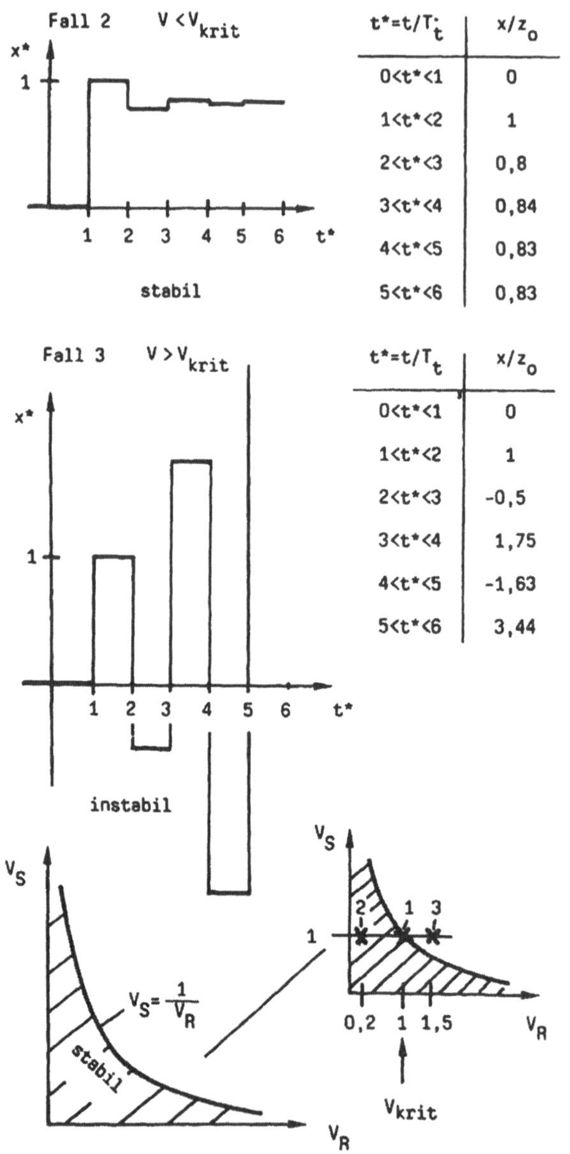

$t^{*}=t/T_{t}$	x/z_{o}
$0<t^{*}<1$	0
$1<t^{*}<2$	1
$2<t^{*}<3$	0,8
$3<t^{*}<4$	0,84
$4<t^{*}<5$	0,83
$5<t^{*}<6$	0,83

$t^{*}=t/T_{t}$	x/z_{o}
$0<t^{*}<1$	0
$1<t^{*}<2$	1
$2<t^{*}<3$	−0,5
$3<t^{*}<4$	1,75
$4<t^{*}<5$	−1,63
$5<t^{*}<6$	3,44

Aufgabe 24: a) $F_S = \dfrac{V_I}{T_I}\dfrac{1}{p}$, $F_R = V_R$ $\rightarrow$ $-F_0 = F_S F_R = \dfrac{V_I V_R}{T_I}\dfrac{1}{p}$

$$p = i\,\omega \quad \rightarrow \quad -F_0 = -\frac{V_I V_R}{T_I}\frac{1}{\omega}i = i\,\mathrm{Im}, \ \mathrm{Re} = 0$$

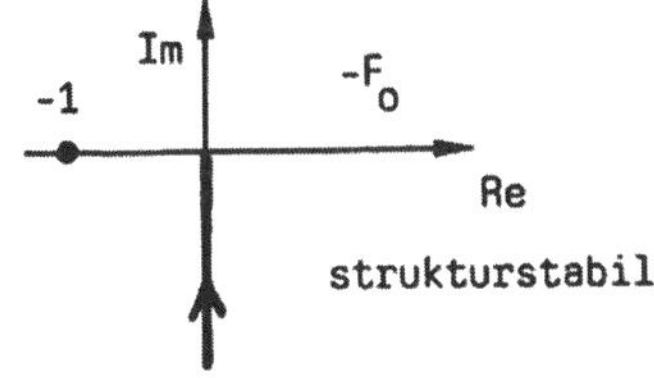

b) Ohne Wirkungsumkehr fehlt der Vorzeichenwechsel im System (Bekämpfung einer Störung)!

Deshalb gilt hier: $\qquad -F_0 = +\dfrac{V_I V_R}{T_I}\dfrac{1}{\omega}i$

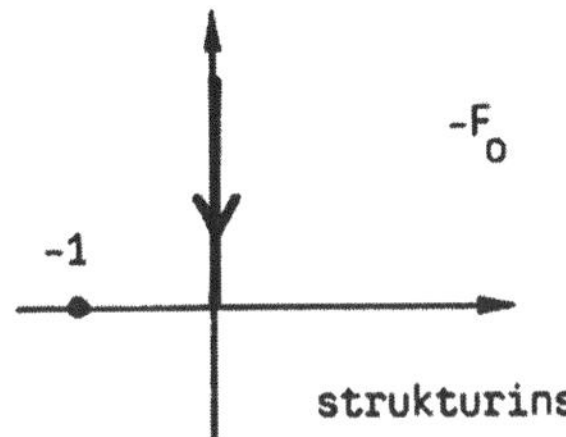

Die Aussagen werden bestätigt durch die Eigenwerte beider Systeme (s.a. Aufgabe 17):

a) $\lambda < 0$ $\rightarrow$ *stabil*

b) $\quad \lambda > 0$ $\rightarrow$ *instabil*

Aufgabe 25:

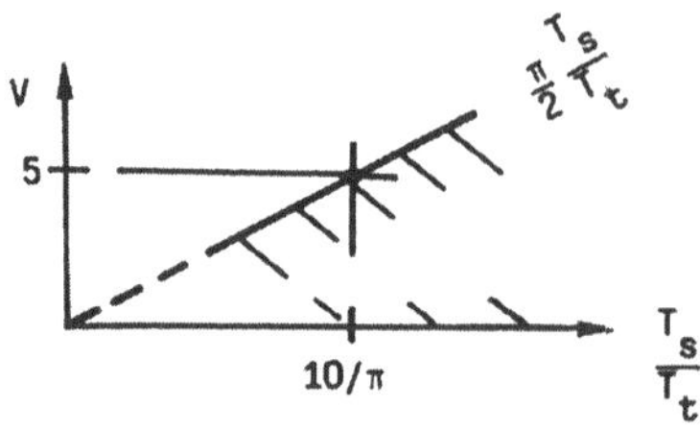

$$\frac{T_s}{T_t} > \frac{10}{\pi}, \qquad U = \frac{L}{T_t} \qquad \rightarrow \quad L < \frac{\pi}{10} T_s U$$

Aufgabe 26:
$$-F_0 = \frac{F_{S1}}{1 - F_{S1}F_{S2}} \qquad F_R = V\,\frac{(1+5\,p)}{p\,(-1+p)(1+0,5\,p)(1+0,1\,p)}$$

$$p = i\,\widetilde{\omega}, \quad \widetilde{\omega} = T_i\omega : \text{ dimensionsfreie Frequenz!}$$

$$\rightarrow \quad \text{Re} = V\,\frac{-5,4\,\widetilde{\omega}^2 - 2,7\,\widetilde{\omega}^4}{\left[-0,4\,\widetilde{\omega}^2 + 0,05\,\widetilde{\omega}^4\right]^2 + \left[\widetilde{\omega} + 0,55\,\widetilde{\omega}^3\right]^2}$$

$$\rightarrow \quad \text{Im} = V\,\frac{\widetilde{\omega} - 1,45\,\widetilde{\omega}^3 + 0,25\,\widetilde{\omega}^5}{\left[-0,4\,\widetilde{\omega}^2 + 0,05\,\widetilde{\omega}^4\right]^2 + \left[\widetilde{\omega} + 0,55\,\widetilde{\omega}^3\right]^2}$$

Schnittstellen mit Re-Achse $\rightarrow$ Im = 0:

$$\rightarrow \quad \widetilde{\omega}\left(1 - 1,45\,\widetilde{\omega}^2 + 0,25\,\widetilde{\omega}^4\right) = 0 \quad \rightarrow \quad \widetilde{\omega} = \left\{0, \sqrt{0,8}, \sqrt{5}\right\}$$

$\widetilde{\omega}$	∞	2,24	0,89	0
Re	0	-1,33 V	-3,48 V	-5,4 V
Im	0	0	0	∞

Verschärftes Nyquist-Kriterium, Satz 2:

$$n_r = 1 \quad \rightarrow \quad 1 \text{ Pol mit Re} > 0$$

$$n_i = 1 \quad \rightarrow \quad 1 \text{ Pol mit Re} = 0$$

$$\rightarrow \quad \Delta\Phi_n = \left(1 + \frac{1}{2}\right)\pi = \frac{3}{2}\pi$$

Nicht-monotones Stabilitätsverhalten:

$$\rightarrow 2 \text{ Werte } V_{krit} : \quad V_{krit,1} = 0{,}75, \quad V_{krit,2} = 0{,}29$$

Fallunterscheidung:

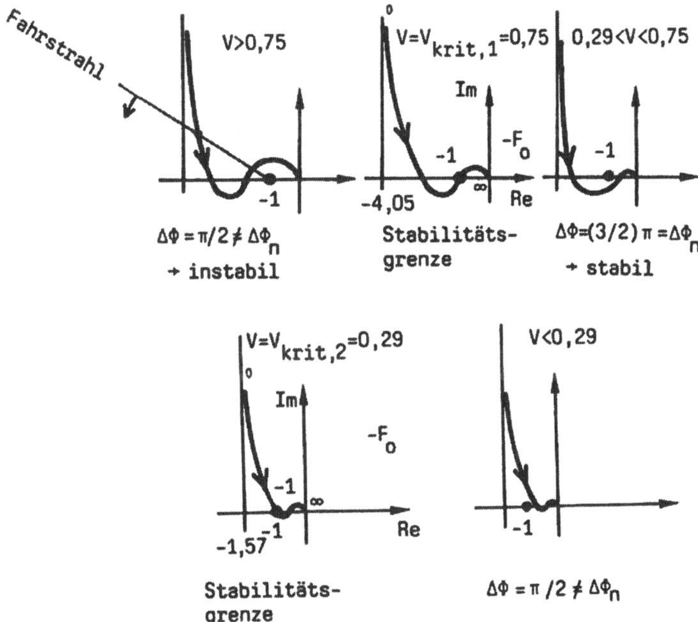

Stabilitätskarte:

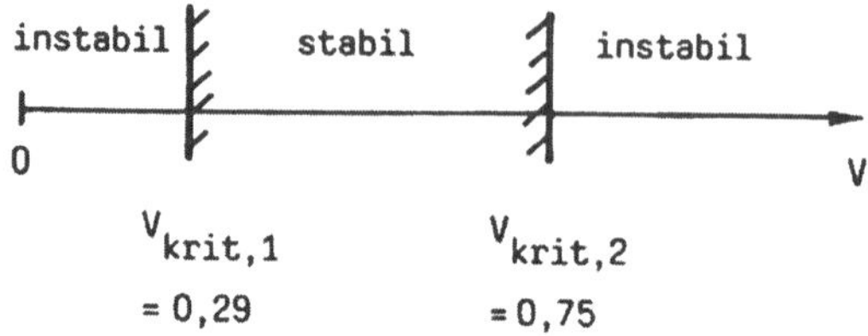

$\rightarrow$ V ist einziger Parameter $\rightarrow$ eindimensionale Stabilitätskarte

$\rightarrow$ Sowohl Vergrössern als auch Verkleinern der Kreisverstärkung V
führt zur Instabilität

  $\rightarrow$ nicht monotones Stabilitätsverhalten

9.2.4 Anwendungen

9.2.4.1 Sicherheitstechnik

Aufgabe 27: $Mc\dot{T} = \dot{Q}_{zu} - \dot{Q}_{ab} = \dot{Q}_{zu} - kA(T - T_U)$

$$Mc\,\Delta\dot{T} + kA\,\Delta T = \dot{Q}_{zu}$$

$$\Delta T = T - T_U, \quad \Delta\dot{T} = \dot{T}$$

$$\Delta T = \frac{\dot{Q}_{zu}}{kA}\left(1 - e^{-(kA/Mc)\,t}\right)$$

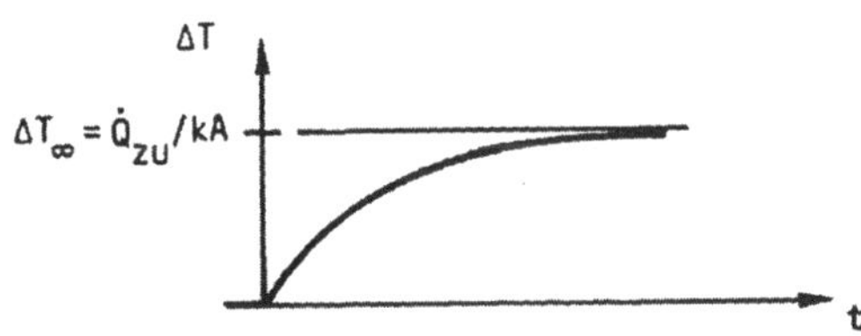

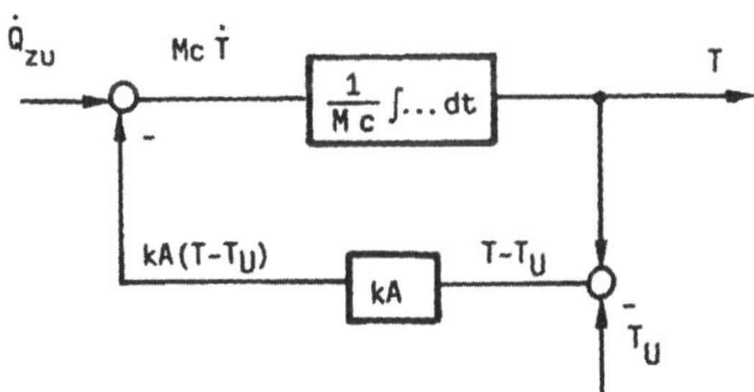

Das System besitzt Selbstregelungseigenschaft und ist damit inhärent sicher. Die
Begrenzung des Zeitverhaltens erfolgt über die negative Rückkoppelung in Form
eines Naturgesetzes (Wärmeabfuhrgesetz). Da ein Versagen des Naturgesetzes ausgeschlossen werden kann, ist die betriebliche Ausfall-Wahrscheinlichkeit $W \equiv 0$.

Aufgabe 28:　　S: $\dot{x} = V_S \, (z - y)$,　　R: $y = V_R \, x$

$\rightarrow$ RK:　$T \, \dot{x} + x = z \, / \, V_R$　,　$z = z_0$

$\rightarrow$　　$x_\infty = z_0 \, / \, V_R$

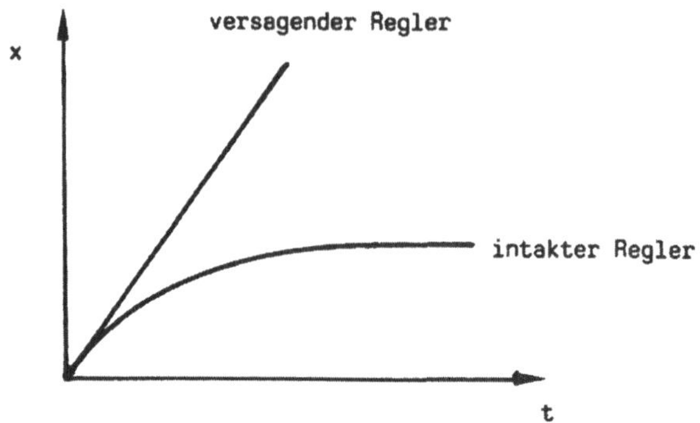

intakter Regler:　$x \rightarrow x_\infty < \infty$　　Zeitverhalten ist beschränkt

defekter Regler $(V_R = 0)$　$x \rightarrow \infty$　　Zeitverhalten ist unbeschränkt

Das System Füllstandsregelung ist nur aktiv sicher!

Beim Ausfall des von Menschenhand gemachten Reglers kommt es zum totalen Versagen. Für die Ausfall-Wahrscheinlichkeit gilt stets $W > 0$!

9.2.4.2 Materialverhalten

Aufgabe 29:

Maxwell-Körper: $F_F = cx_2$, $F_D = k(\dot{x}_1 - \dot{x}_2)$

$F_F = F_D = F_0 = cx_2 = k(\dot{x}_1 - \dot{x}_2)$

$\rightarrow \quad x_2 = F_0/c = const \quad \rightarrow \quad \dot{x}_2 = 0$

$\rightarrow \quad k\dot{x}_1 = F_0 \quad \rightarrow \quad x_1 = (F_0/k)t + C$

A.B.: $x_1(0) = x_2 = F_0/c = C$

$\rightarrow \quad x_1 = \dfrac{F_0}{k}t + \dfrac{F_0}{c}$

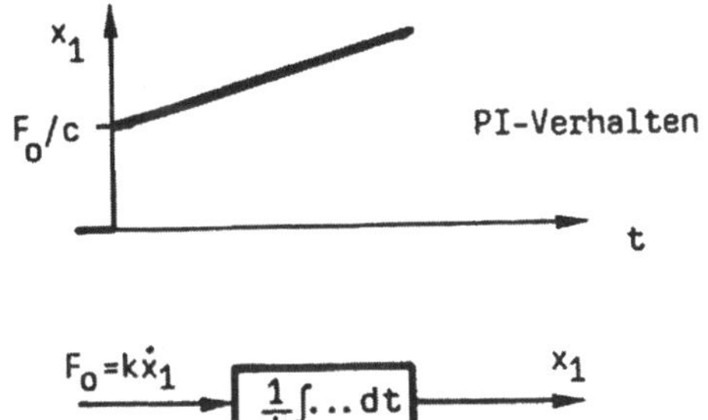

Voigt-Kelvin-Körper: $F_F = cx$, $F_D = k\dot{x}$

$F_F + F_D = F_0 \quad \rightarrow \quad cx + k\dot{x} = F_0 \quad \rightarrow \quad x = x_{hom} + x_p = C\,e^{-(c/k)t} + F_0/c$

A.B.: $x(0) = 0 \quad \rightarrow \quad C = -F_0/c$

$\rightarrow \quad x = \dfrac{F_0}{c}\left(1 - e^{-(c/k)t}\right)$

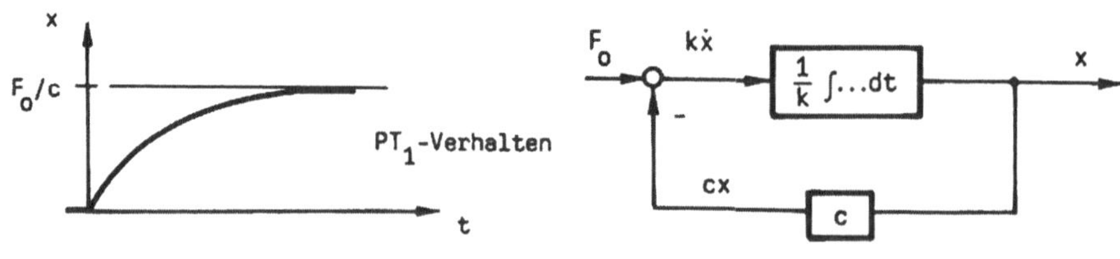

Burger-Körper: $\qquad F_{F1} = c_1 x_3, \quad F_{F_2} = c_2(x_2 - x_3)$

$$F_{D1} = k_1(\dot{x}_1 - \dot{x}_2), \quad F_{D2} = k_2(\dot{x}_2 - \dot{x}_3)$$

$F_{F1} = F_{D1} = F_0, \quad F_{F2} + F_{D2} = F_0$

$\rightarrow \quad x_3 = F_0 / c_1 \quad \rightarrow \quad \dot{x}_3 = 0$

$\rightarrow \quad \dot{x}_1 - \dot{x}_2 = F_0 / k_1 \quad \rightarrow \quad \dot{x}_2 = \dot{x}_1 - F_0 / k_1 \quad \rightarrow \quad \ddot{x}_2 = \ddot{x}_1$

$\dfrac{d}{dt}: \quad c_2(x_2 - x_3) + k_2(\dot{x}_2 - \dot{x}_3) = F_0 \quad \rightarrow \quad c_2(\dot{x}_2 - \dot{x}_3) + k_2(\ddot{x}_2 - \ddot{x}_3) = 0$

Zurückzuführen auf Terme mit $\dot{x}_1, \ddot{x}_1$:

$\rightarrow \quad k_2 \ddot{x}_1 + c_2 \dot{x}_1 = (c_2 / k_1) F_0$

$e^{\lambda t}: \quad \lambda(k_2 \lambda + c_2) = 0 \quad \rightarrow \quad \lambda_1 = 0, \ \lambda_2 = c_2 / k_2$

$\rightarrow \quad x_1 = x_{1\text{hom}} + x_{1p} = C_1 + C_2\, e^{-(c_2/k_2)t} + (F_0 / k_1)\, t$

A.B.: $\quad x_1(0) = x_3(0) = F_0 / c_1 = C_1 + C_2$

2. Gleichung für C_1, C_2 :

$$\dot{x}_2 = \dot{x}_1 - \frac{F_0}{k_1} = -(c_2 / k_2) e^{-(c_2/k_2)t}$$

$\rightarrow \quad x_2 = C_2\, e^{-(c_2/k_2)t} + C_3$

A.B.: $\quad x_2(0) = x_3(0) = \dfrac{F_0}{c_1} = C_2 + C_3$

$$t \to \infty: \quad x_2(\infty) = \frac{F_0}{c_1} + \frac{F_0}{c_2} = C_3$$

$$\to \quad C_2 = -\frac{F_0}{c_2} \quad \to \quad C_1 = F_0\left(\frac{1}{c_1} + \frac{1}{c_2}\right)$$

$$\to \quad x_1 = \underbrace{F_0\left(\frac{1}{c_1} + \frac{1}{c_2}\right)}_{\text{elastisch}} - \underbrace{\frac{F_0}{c_2}\, e^{-(c_2/k_2)t}}_{\text{viskoelastisch}} + \underbrace{\frac{F_0}{k_1}t}_{\text{viskos}}$$

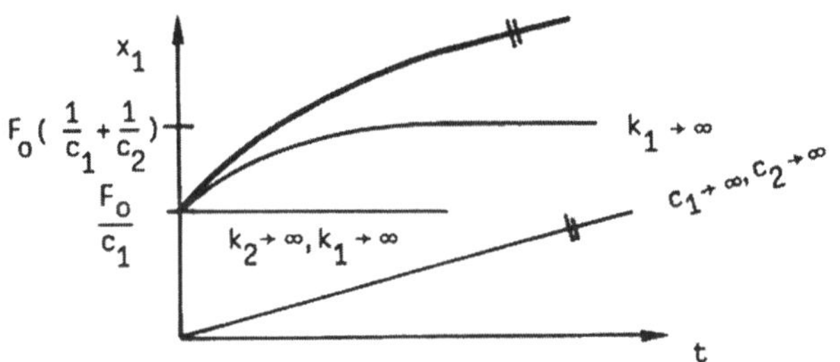

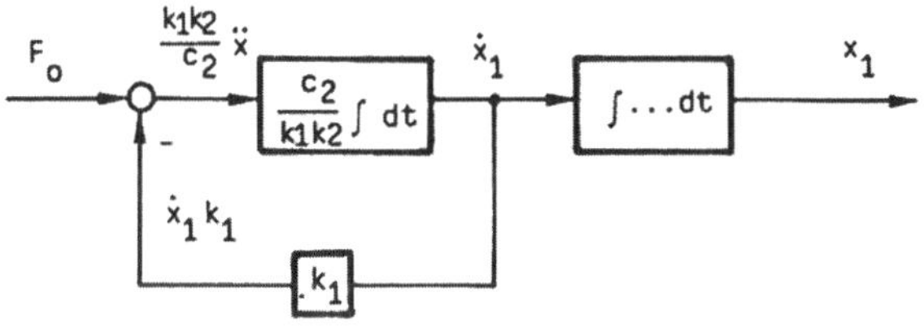

$$k_2 \to \infty, \; k_1 \to \infty: \quad x_1 = F_0/c_1 \quad \to \quad \text{rein elastisches Verhalten}$$

$$c_2 \to \infty, \; c_1 \to \infty: \quad x_1 = (F_0/k_1)\, t \quad \to \quad \text{rein viskoses Verhalten}$$

P-Verhalten $\to$ Feder $\to$ Hookescher Festkörper

I-Verhalten $\to$ Dämpfer $\to$ Newtonsche Flüssigkeit

Maxwell-Körper $\to$ elastisch - viskos

Voigt-Kelvin-Körper $\to$ viskoelastisch

Burger-Körper $\to$ elastisch – viskoelastisch - viskos

Aufgabe 30: $\sigma = \sigma_0 e^{i\omega t}, \quad \varepsilon = \varepsilon_0 e^{i(\omega t - \varphi)}$

$$\rightarrow \quad \sigma = E\,\varepsilon \quad \text{mit} \quad E = \frac{\sigma_0}{\varepsilon_0} e^{i\varphi} = \frac{\sigma_0}{\varepsilon_0}\left(\cos\varphi + i\sin\varphi\right)$$

Feder: $\sigma = E\,\varepsilon \quad \rightarrow \quad F(i\omega) = c \quad \rightarrow \quad \text{Im}[F] = 0$

Dämpfer: $\dot\sigma = k\,\varepsilon \quad \rightarrow \quad \sigma = k\,\dfrac{1}{p}\,\varepsilon \quad \rightarrow \quad F(p) = k\,\dfrac{1}{p}$

$$\rightarrow \; F(i\omega) = -\frac{k}{\omega}\,i \quad \rightarrow \quad \text{Re}[F] = 0$$

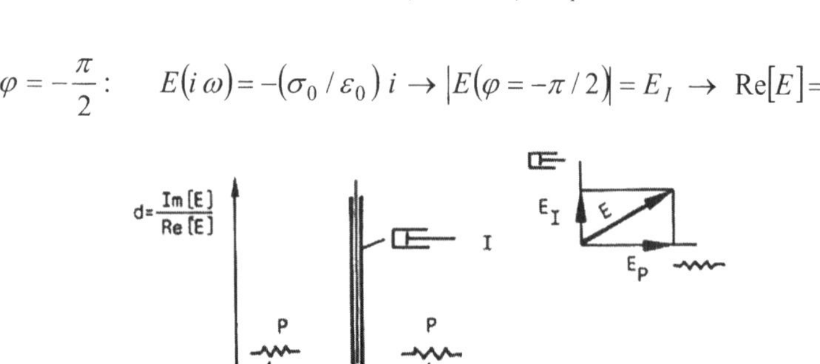

$$\varphi = 0: \qquad E(i\omega) = (\sigma_0/\varepsilon_0) \rightarrow \left|E(\varphi = 0)\right| = E_p \rightarrow \text{Im}[E] = 0$$

$$\varphi = -\frac{\pi}{2}: \qquad E(i\omega) = -(\sigma_0/\varepsilon_0)\,i \rightarrow \left|E(\varphi = -\pi/2)\right| = E_I \rightarrow \text{Re}[E] = 0$$

$$d = \begin{cases} 0 & \text{für} \quad T_G > T > T_G \quad \rightarrow \quad \text{Im}[E] = 0 \quad \rightarrow \quad \text{Feder} \\[2em] \infty & \text{für} \quad T = T_G \quad \rightarrow \quad \text{Re}[E] = 0 \quad \rightarrow \quad \text{Dämpfer} \end{cases}$$

Feder $\rightarrow$ P-Verhalten (elastisch, mechanische Energie bleibt erhalten)

Dämpfer $\rightarrow$ I-Verhalten (viskos, mechanische Energie wird voll in Wärme umgesetzt)

$T = T_G$: Bei der Glasübergangstemperatur wird die ins System eingebrachte Energie vollständig dissipiert.

9.2.4.3 Messtechnik

Aufgabe 31:

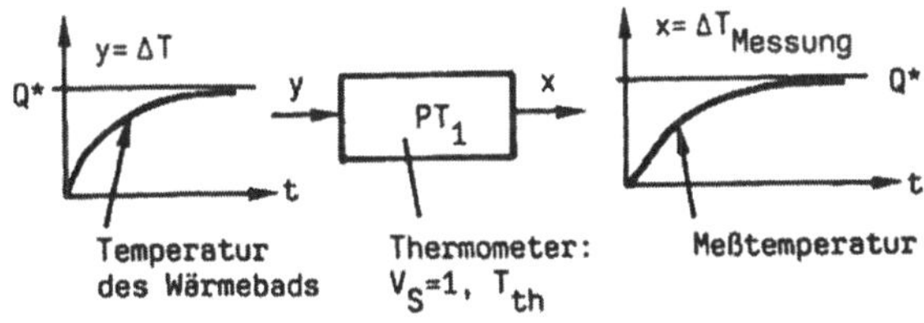

Thermometer: $\qquad T_{th}\dot{x} + x = Q*\left(1 - e^{-t/T_s}\right)$

$T_{th} \neq T_s \qquad \rightarrow \qquad$ Anteil der Störfunktion e^{-t/T_s} ist keine Lösung der homogenen Dgl.!

$e^{-\lambda t}$: $\qquad T_{th}\lambda + 1 = 0 \quad \rightarrow \quad \lambda = -1/T_{th} \quad \rightarrow \quad x_{\text{hom}} = Ce^{-t/T_{th}}$

Ansatz für x_p:
$$x_p = A + B\,e^{-t/T_s} \quad \to \quad \dot{x}_p = -\frac{1}{T_s} B\,e^{-t/T_s}$$

Dgl., inhomogen:
$$-\frac{T_{th}}{T_s} B\,e^{-t/T_s} + A + B\,e^{-t/T_s} = Q^* - Q^* e^{-t/T_s}$$

Koeffizientenvergleich:

$$\to \quad A = Q^*, \quad B = Q^* \frac{1}{T_{th}/T_s - 1}$$

$$\to \quad x = x_{\text{hom}} + x_p = C\,e^{-t/T_{th}} + Q^* \left(1 + \frac{1}{T_{th}/T_s - 1} e^{-t/T_s}\right)$$

A.B.: $x(0) = 0 \quad \to \quad C = -Q^* \left(1 + \frac{1}{T_{th}/T_s - 1}\right)$

$$\to \quad x = Q^* \left[1 + \frac{e^{-t/T_s}}{T_{th}/T_s - 1} - \left(1 + \frac{1}{T_{th}/T_s - 1}\right) e^{-t/T_{th}}\right]$$

Messfehler $\delta = y - x$: $\quad \delta = Q^* \left(\frac{1}{1 - T_{th}/T_s} - 1\right)\left(e^{-t/T_s} + e^{-t/T_{th}}\right) \geq 0$

$t \to \infty$: $\quad \delta = 0$
Stationäre Temperatur des Wärmebads wird unabhängig von der Zeitkonstanten des Thermometers T_{th} richtig gemessen

$\delta = 0$ für alle Zeiten t:
$\quad \to \quad T_{th} = 0 \quad \to$
Idealmessung durch Thermometer mit verschwindender Zeitkonstanten

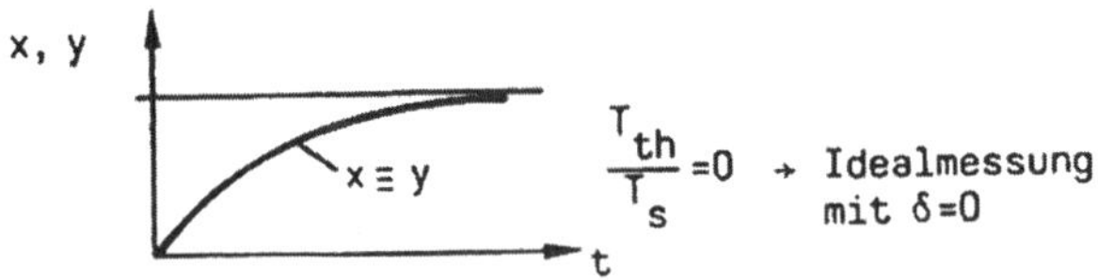

gute Messung: $T_{th} \ll T_s$ bzw. $T_{th} / T_s \ll 1$

schlechte Messung: $T_{th} \gg T_s$ bzw. $T_{th} / T_s \gg 1$

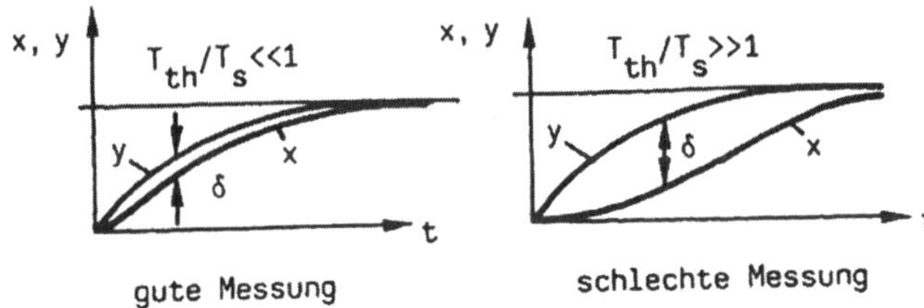

Sonderfall $T_{th} = T_s$:   Lösung für $T_{th} \neq T_s$ versagt!

$\rightarrow$ mathematischer Resonanzfall

$\rightarrow$ e^{-t/T_s} ist Lösung der homogenen Dgl.!

Resonanzansatz: $x_p = A + B\,t\,e^{-t/T_s}$ $\rightarrow$ $A = Q^*,\ B = -Q^*/T_s$

$\rightarrow$ $x = x_{\text{hom}} + x_p = C\,e^{-t/T_s} + Q^*\left(1 - \dfrac{t}{T_s}\,e^{-t/T_s}\right)$

A.B.: $x(0) = 0$ $\rightarrow$ $C = -Q^*$

Resonanzlösung: $x = Q^*\left[1 - \left(1 + \dfrac{t}{T_s}\right) e^{-t/T_s}\right]$

$T_{th} / T_s = 1$ $\rightarrow$ bereits schlechte Messung!

9.2.4.4   *Verkehrstechnik*

Aufgabe 32:

$$\dot{x} = \frac{1}{L}\left(q_{zu} - q_{ab}\right) \quad \text{mit} \quad \begin{cases} q_{zu} = q_0 + q_N \\ \\ q_{ab} = Ax\left(x_{Stau} - x\right) \end{cases}$$

$$\rightarrow \quad \dot{x} = \frac{1}{L}\left[\left(q_0 + q_N\right) - Ax\left(x_{Stau} - x\right)\right]$$

$$\text{stationär} \quad \rightarrow \quad \dot{x} = 0: \quad \left(q_0 + q_N\right) - Ax\left(x_{Stau} - x\right) = 0$$

$$\rightarrow \quad x = \frac{x_{Stau}}{2}\left[1 \pm \sqrt{1 - \frac{4\left(q_0 + q_N\right)}{A\,x_{Stau}^2}}\,\right]$$

$$\rightarrow \quad q = q_{max} \quad \text{für} \quad \frac{4\left(q_0 + q_N\right)}{A\,x_{Stau}^2} = 1 \quad \rightarrow \quad \text{gerade noch reell!}$$

$$\rightarrow \quad q_{max} = A\,x_{Stau}^2 / 4 \quad \rightarrow \quad x\left(q_{max}\right) = \frac{x_{Stau}}{2}$$

$$q = q_{max} / 2 = A\,x_{Stau}^2 / 8$$

$$\rightarrow x = \frac{x_{Stau}}{2}\left[1 \pm \sqrt{1/2}\,\right] = \{\,x_1, x_2\,\} = \{\,0{,}15\,x_{Stau},\ 0{,}85\,x_{Stau}\,\}$$

Stabilität: Störansatz $x = x_0 + z$, $\dot{x} = \dot{z}$

$$\dot{z} = \frac{1}{L}\left[(q_0 + q_N) - A(x_0 + z)(x_{Stau} - (x_0 + z))\right]$$

Linearisiert für kleine Störungen $z / x_0 \ll 1$:

$$\dot{z} + \frac{2A}{L}(x_{Stau}/2 - x_0)z = \frac{1}{L}\left[(q_0 + q_N) - Ax_0(x_{Stau} - x_0)\right]$$

Stabilitätsgleichung:

$$e^{\lambda t} \qquad \rightarrow \lambda + \frac{2A}{L}(x_{Stau}/2 - x_0) = 0$$

$$\rightarrow \lambda = -\frac{2A}{L}(x_{Stau}/2 - x_0)$$

Einsetzen der stationären Werte:

$$x_0 = x_1 \quad \rightarrow \quad \lambda_1 = -\frac{2A}{L}(0,5 - 0,15)x_{Stau} < 0 \quad \rightarrow \quad \text{stabil}$$

$$x_0 = x_2 \quad \rightarrow \quad \lambda_2 = -\frac{2A}{L}(0,5 - 0,85)x_{Stau} > 0 \quad \rightarrow \quad \text{instabil}$$

Die kleinere Fahrzeugdichte, die auch der geringeren Fahrgeschwindigkeit zugeordnet ist, erweist sich als stabiler Fall!

Bei Erzwingen höherer Fahrgeschwindigkeiten kommt es zu instabilen Erscheinungen, die sich in ständigem Vollgasgeben und starkem Abbremsen äussern!

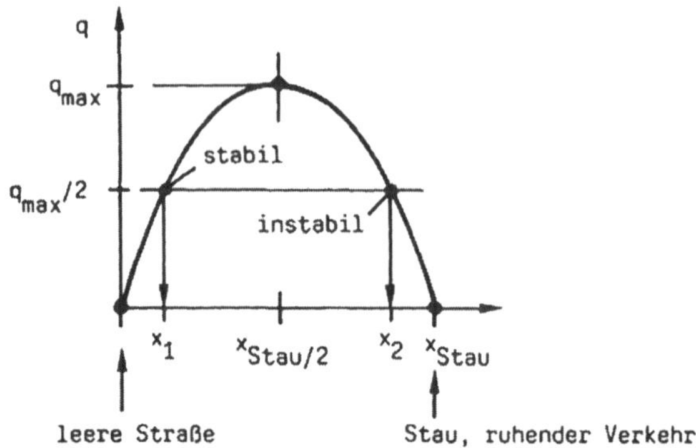

9.2.4.5   Robotertechnik

Aufgabe 33:

Mechanik: $m\ddot{x} = F_A - F_W$

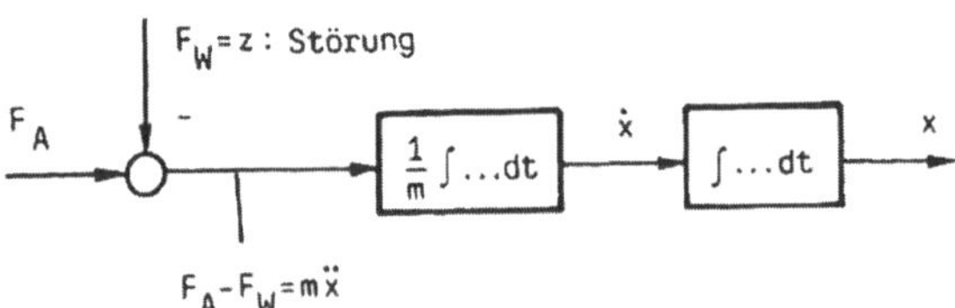

Antrieb:

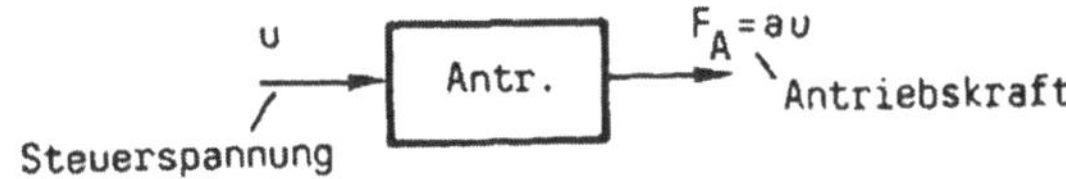

Regler:

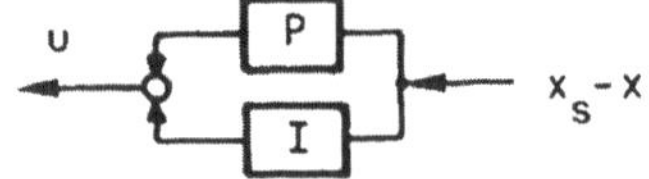

$$\text{Roboter} \;=\; \sum \;(\text{Mechanik, Antrieb, Regler})$$

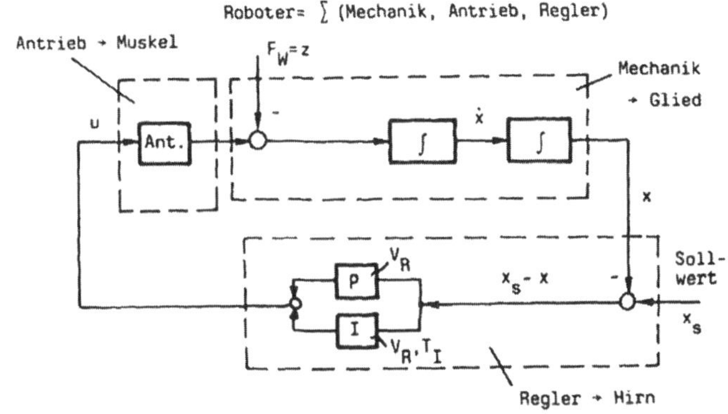

Strecke: $m\ddot{x} = a\,u + z$

Regler: $u = V_R\left[(x_s - x) + \dfrac{1}{T_I}\int\limits_0^t (x_s - x)\,d\tau\right]$

Vorschrift: $x = x_s = const.$

$\rightarrow$ Strecke ist System ohne Ausgleich (Term x fehlt, keine Selbstregelungseigenschaft!) $\rightarrow$ deshalb ist Regler unbedingt erforderlich!

Regelkreis $m\ddot{x} + a\,V_R\left[(x - x_s) + \dfrac{1}{T_I}\int\limits_0^t (x - x_s)\,d\tau\right] = z$

oder

$$m\dddot{x} + a\,V_R\,\dot{x} + \frac{1}{T_I}(x - x_s) = 0$$

mit $z = z_0\,\sigma(t)$

Endposition wird erreicht für $t \to \infty$: $\quad \ddot{x}(\infty) = \dot{x}(\infty) = 0$

$$\to \quad x - x_s = 0 \ \text{ oder}$$

$$\to \quad x = x_\infty = x_s$$

$$\to \quad \text{keine bleibende Regelabweichung}$$
$$\text{dank I-Anteil des Reglers}$$

Ohne I-Anteil, $T_I \to \infty$: $\qquad m\ddot{x} + aV_R(x - x_s) = z$

$$x_\infty - x_s = \frac{z_0}{aV_R}$$

$$\to \quad \text{bleibende Regelabweichung}$$

Für von Störungen unabhängige Endposition ist PI-Regler unentbehrlich!

Aufgabe 34:

Erweiterung: $\qquad$ Strecke mit Dämpfung $(\sim \dot{x})$ und Rückstellkraft $(\sim x)$

$z = 0$: $\qquad m\ddot{x} = F_A - k\dot{x} - cx,\ F_A = a\,u$

$$F_S = \frac{a}{mp^2 + k\,p + c}$$

$$T_I = \infty: \quad F_R = V_R$$

$$-F_0 = F_S F_R \quad,\quad \mathrm{Re} = V_R a\,\frac{c - m\omega^2}{\left(c - m\omega^2\right)^2 + (k\,\omega)^2}$$

$$\mathrm{Im} = -V_R a\,\frac{k\,\omega}{\left(c - m\omega^2\right)^2 + (k\,\omega)^2}$$

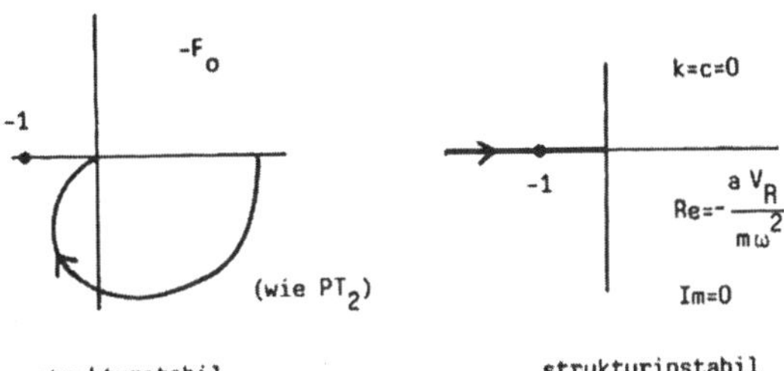

9.2.4.6 *Umwelttechnik*

Aufgabe 35:

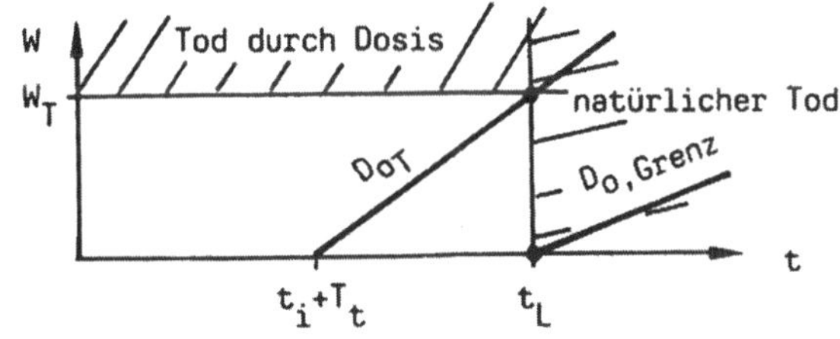

$$\dot{W}(t) = VD(t - T_t) \quad \text{mit } D = D_0 \text{ für } t > t_i$$

$$W(t) = VD_0\left(t - \left[t_i + \frac{A}{D_0}\right]\right) \quad \text{für } t > t_i + T_t$$

Grenzfall $D_{0T} \quad \to \quad W = W_T \quad$ für $t = t_L$

$$D_{0T} = \frac{W_T + VA}{V(t_L - t_i)}$$

Schwellenverhalten:

Grenzfall $D_{0,Grenz}$ $\rightarrow$ $W = 0$ für $t = t_L$

$$D_{0,Grenz} = \frac{A}{t_L - t_i} \quad \rightarrow \quad \text{Grenzwert}$$

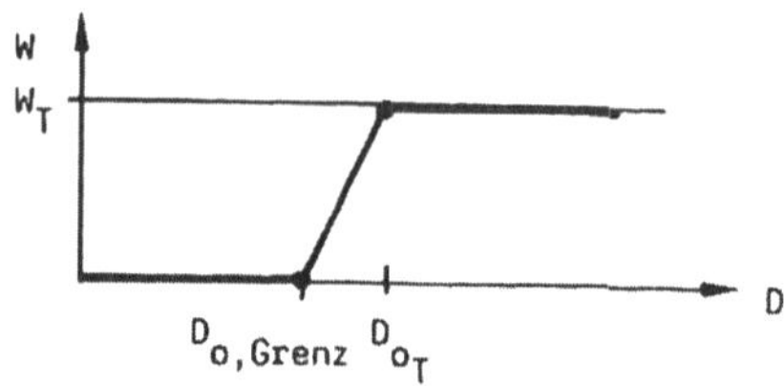

t_L :   kleine Lebensdauer $\rightarrow$ grosser Grenzwert

t_i :   Säugling $\rightarrow$ Grenzwert am kleinsten

  Greis $\rightarrow$ Grenzwert am grössten

9.2.4.7 Fiskus, Steuererklärung

Aufgabe 36:

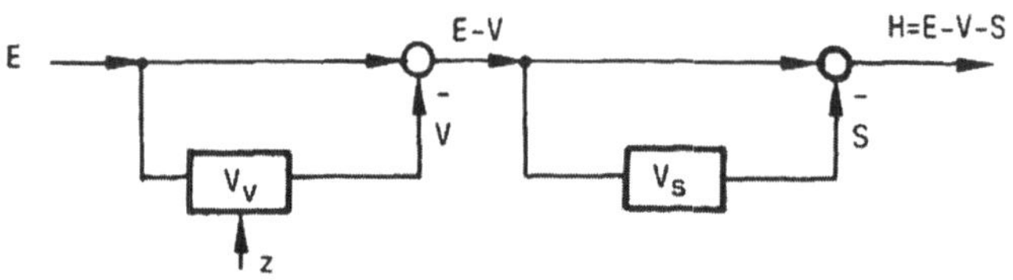

$t < T$:

$$V_0 = V_{v0}E_0 \qquad\qquad \rightarrow \qquad V_{v0} = \frac{50\,TEuro}{200\,TEuro} = 0,25$$

$$S_0 = V_s \left(E_0 - V_0 \right)$$
$$S = E - V - H$$

$$\rightarrow \quad
\begin{aligned}
V_s &= \frac{S_0}{E_0 - V_0} \\[2mm]
&= \frac{E_0 - V_0 - H_0}{E_0 - V_0} \\[2mm]
&= \frac{(200 - 50 - 100)\,TEuro}{(200 - 50)\,TEuro} = \frac{1}{3}
\end{aligned}$$

$t > T:$

$$E = E_0 = 200\,TEuro$$
$$V = 120\,TEuro$$
$$S = V_s \left(E_0 - V_v E_0 \right) = 26{,}7\,TEuro \qquad \rightarrow \qquad V_v = \frac{120\,TEuro}{200\,TEuro} = 0{,}6$$
$$H = E_0 - V - S = 53{,}3\,TEuro$$

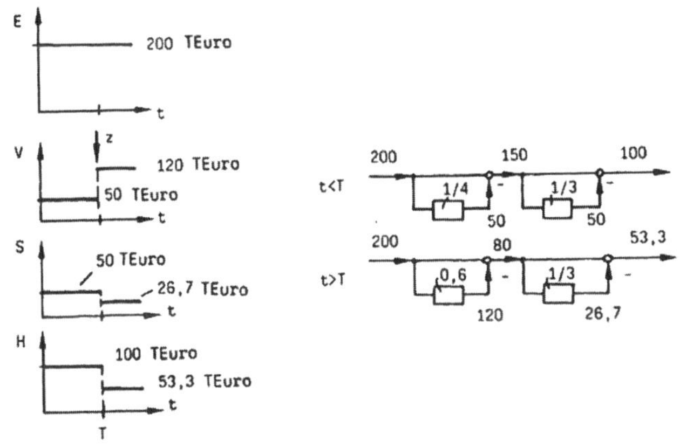

zusätzliche Verschuldung   70 TEuro   23,3 TEuro $\rightarrow$ Finanzamt

46,7 TEuro $\rightarrow$ Kleinunternehmer

$\rightarrow$ (1:2) –Aufteilung

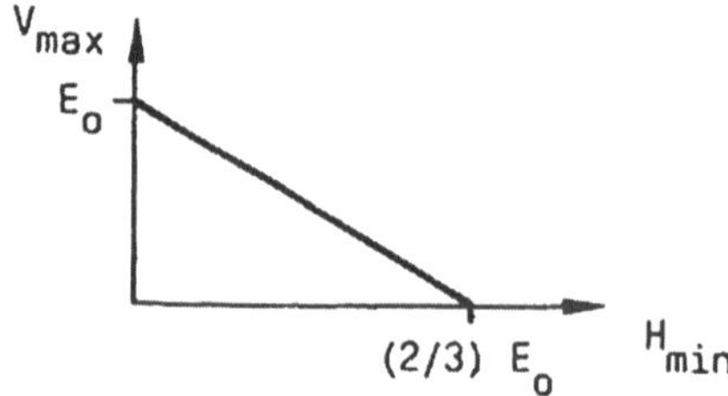

$$V_{\max} = E_0 - \frac{H_{\min}}{1 - V_s} \quad \text{für} \quad H_{\min} = (1 - V_s)E_0 = \frac{2}{3}E_0$$

$\rightarrow$ Nullverschuldung, aber auch max. Steuern!

9.2.4.8 Wirtschaftssysteme, Ökonomie

Aufgabe 37:   Populationsgl.: $\dot{x} - k\,x = 0$

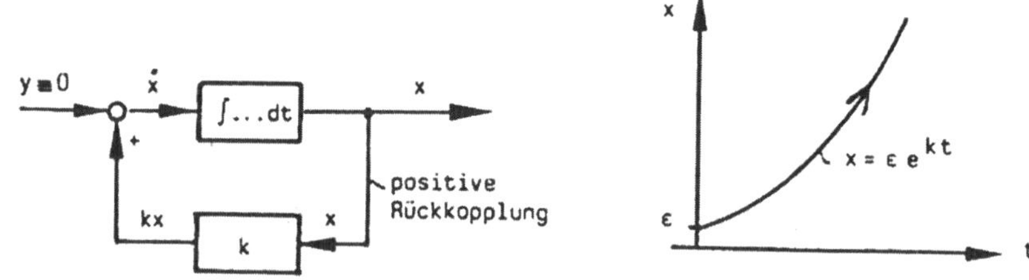

$\rightarrow$ Positive Rückkopplung $\rightarrow$ ungehemmtes exponentielles

Wachstum $\rightarrow$ abschöpfbares System zum Zwecke des

Konsums

Aufgabe 38:

$$U = \int f_B \, dt + C$$

$0 \le t \le T_N$ $\qquad\qquad\qquad U = \dfrac{f_{BK}}{T_N}\dfrac{t^2}{2}, \quad U(0) = 0$

$T_N \le t \le T_N + T_K$ $\qquad\qquad U = f_{BK}\, t - \dfrac{1}{2} f_{BK}\, T_N$

$T_N + T_K \le t \le T_N + T_K + T_A$ $\qquad U = -\dfrac{f_{BK}}{T_A}\dfrac{t^2}{2} + \dfrac{f_{BK}}{T_A}(T_N + T_K + T_A)t$

$$-f_{BK}\left\{\frac{T_N}{2} + \frac{1}{2T_A}(T_N + T_K)^2\right\}$$

$K = k_f\, t + \alpha\, U(t)$

$0 \le t \le T_N \quad K = k_f\, t + \alpha\, \dfrac{f_{BK}}{T_N}\dfrac{t^2}{2}$

$T_N \le t \le T_N + T_K \quad K = \left(k_f + \alpha\, f_{BK}\right)t - \dfrac{\alpha}{2} f_{BK} T_N$

$T_N + T_K \le t \le T_N + T_K + T_A:$

$$K = -\alpha\,\frac{f_{BK}}{T_A}\frac{t^2}{2} + \left(k_f + \alpha\,\frac{f_{BK}}{T_A}[T_N + T_K + T_A]\right)t - \alpha\, f_{BK}\left(\frac{T_N}{2} + \frac{1}{2T_A}[T_N + T_K]^2\right)$$

$E(t) = U(t) - K(t)$

$0 \le t \le T_N$ $\qquad\qquad\qquad E = -k_f\, t + (1 - \alpha)\dfrac{f_{BK}}{T_N}\dfrac{t^2}{2}$

$$T_N < t < T_N + T_K \qquad E = -k_f\, t + (1-\alpha) f_{BK}\left(t - \frac{T_N}{2}\right)$$

$$T_N + T_K \le t \le T_N + T_K + T_A$$

$$E = -k_f\, t + (1-\alpha) f_{BK}\left(-\frac{t^2}{2T_A} + \frac{T_N + T_K + T_A}{T_A}\, t - \left[\frac{T_N}{2} + \frac{1}{2T_A}(T_N + T_K)^2\right]\right)$$

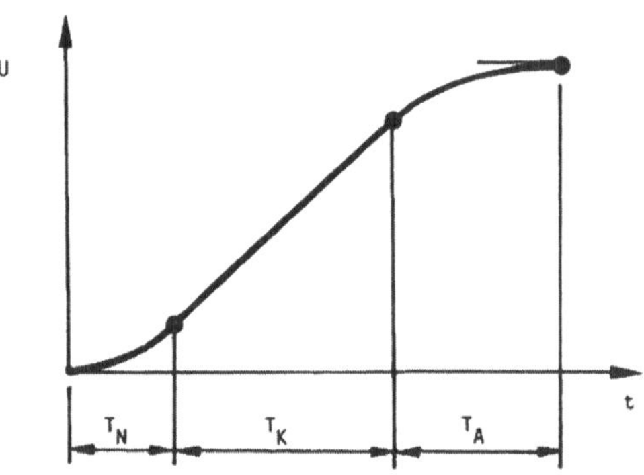

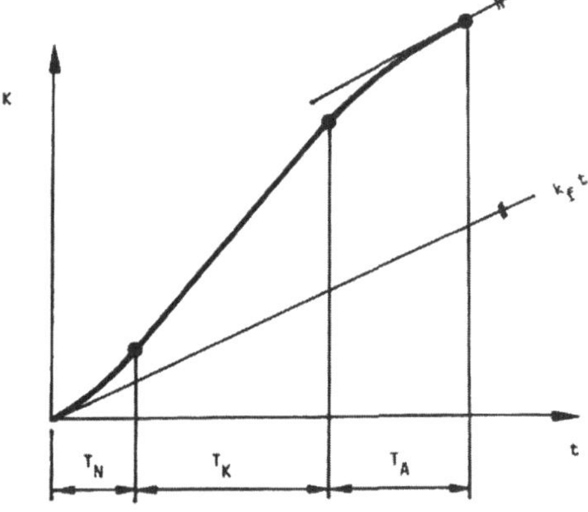

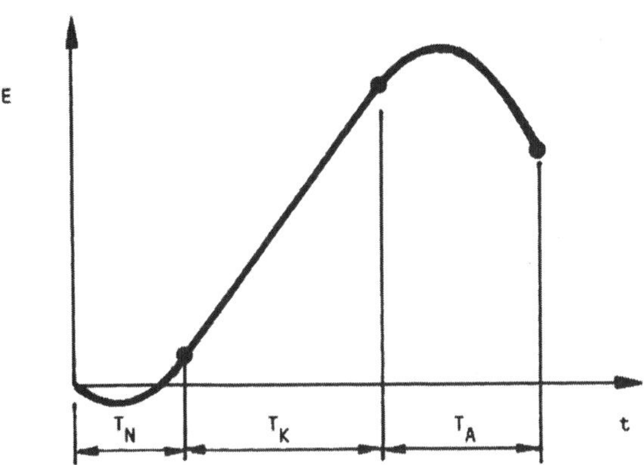

Aufgabe 39:

$$E(t > T_N) > 0$$

Grenzfall $E(t = T_N) = 0$

$$E(T_N) = -k_f\, T_N + (1-\alpha)\frac{f_{BK}}{T_N}\frac{T_N{}^2}{2} = 0$$

$$\rightarrow\quad f_{BK} = \frac{2k_f}{1-\alpha}\qquad \text{Mindestbestellrate}$$

$$\dot{E} = -k_f + (1-\alpha)\frac{f_{BK}}{T_N}t_1 = -k_f + \frac{2k_f}{T_N}t_1 = 0$$

$$\rightarrow\quad t_1 = T_N/2$$

$$\rightarrow E(t_1) = E_{min} = -k_f\frac{T_N}{2} + \frac{2k_f}{T_N}\frac{T_N^2}{8} = -\frac{k_f T_N}{4}$$

$$T_N + T_A \leq t \leq T_N + T_K + T_A$$

$$\dot{E} = -k_f + 2k_f \left(-\frac{t_2}{T_A} + \frac{T_N + T_K + T_A}{T_A} \right) = 0$$

$$\rightarrow \quad t_2 = T_N + T_K + T_A / 2$$

$$\rightarrow E(t_2) = E_{\max} = -k_f t_2 + 2k_f \left(-\frac{t_2^2}{2T_A} + \frac{T_N + T_K + T_A}{T_A} t_2 - \left[\frac{T_N}{2} + \frac{1}{2T_A}(T_N + T_K)^2 \right] \right)$$

$$t \geq T_N + T_K + T_A$$

$$\rightarrow U = U(T_N + T_K + T_A)$$

$$K = -k_f t + \alpha U(T_N + T_K + T_A)$$

$$\rightarrow E(t_3) = -k_f t_3 + (1 - \alpha) U(T_N + T_K + T_A) = 0$$

$$\rightarrow t_3 = \frac{(1 - \alpha) U(T_N + T_K + T_A)}{k_f}$$

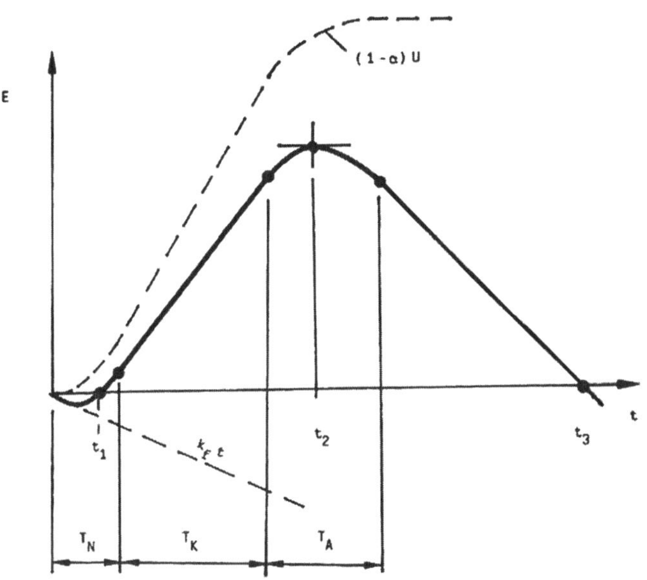

Aufgabe 40:

Ertrag E(t) nach Aufgabe 38 und Aufgabe 39 mit der Bestellrate

$$f_{BK} = 1,5\,k_f\,/(1-\alpha):$$

$$0 \le t \le T \qquad\qquad E = -k_f\,t + 1,5\,k_f\,\frac{t^2}{2T}$$

$$T \le t \le 5T \qquad\qquad E = -k_f\,t + 1,5\,k_f\left(t - \frac{T}{2}\right)$$

$$5T \leq t \leq 6T \qquad E = -k_f t + 1,5 k_f \left(-\frac{t^2}{2T} + 6t - 13T \right)$$

$$t \geq 6T \qquad E = -k_f t + 1,5 k_f 5T$$

$$E(T_N = T) = 0,25 k_f T$$

$$E_{\min}: \quad \dot{E} = 0 \quad \rightarrow \quad t(\dot{E} = 0) = 0,67 T$$

$$\rightarrow \quad E_{\min} = 0,33 k_f T$$

$$E = (T_N + T_K = 5T) = 1,75 k_f T$$

$$E_{\max}: \quad \dot{E} = 0 \quad \rightarrow \quad t(\dot{E} = 0) = 5,33 T$$

$$\rightarrow \quad E_{\max} = 1,84 k_f T$$

$$E = (T_N + T_K + T_A = 6T) = 1,5 k_f t$$

$$E = 0 = k_f t (E = 0) + 1,5 k_f 5T$$

$$\rightarrow t(E = 0) = 7,5 T$$

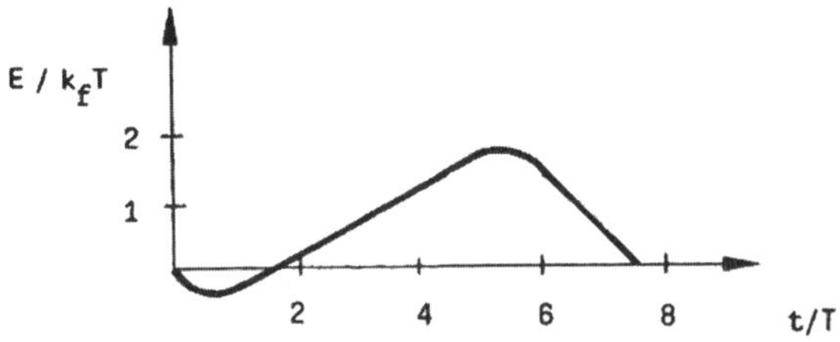

Mit Beachtung der Überlappung $T_{ü} = (7,5/2)T$ der identischen Produkte

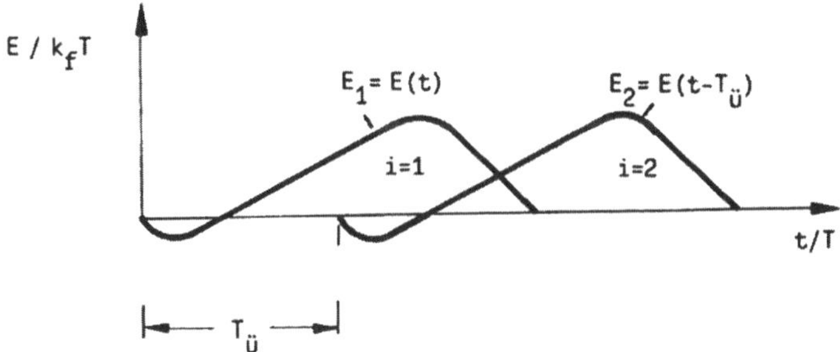

ergibt sich schließlich der zeitlich um einen Mittelwert oszillierende Ertrag

$$E = \sum_{i=1}^{n} E(t - (i-1)T_{ü})$$

der Produktfolge im Form des Girlandeneffekts.

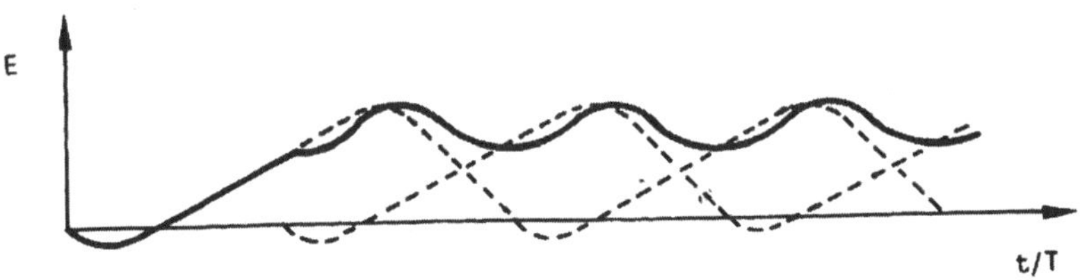

9.2.4.9 *Wirtschaftlichkeit und Sicherheit / Ökonomie und Technik*

Aufgabe 41:

Kaufmann: Dgl. $\dot{x} - k\,x = 0$ $\rightarrow$ System mit positiver Rückkopplung, instabiles System mit ungehemmter Vermehrung, abschöpfbar, mit höchsten Renditen

Ingenieur: Dgl. $\dot{x} + kx = y_o$ $\rightarrow$ System mit negativer Rückkopplung, stabiles System mit größter Sicherheit, bei Beschränkung durch Naturgesetze sogar inhärent sicher

Literaturverzeichnis

Föllinger, O.: Regelungstechnik. 8. Aufl. Heidelberg: Hüthig Buch Verlag 1994

Drösser, C.: Fuzzy Logic. Methodische Einführung in krauses Denken. Hamburg: Rowohlt 1994

Isermann, R.: Identifikation dynamischer System. Berlin, Heidelberg, New York: Springer 1988

Oppelt, W.: Kleines Handbuch technischer Regelvorgänge. 5. Aufl. Weinheim: Verlag Chemie 1972

Pfeiffer, F., Reithmeier, E.: Roboterdynamik. Stuttgart: Teubner 1984

Schmidt, G.: Grundlagen der Regelungstechnik. Berlin, Heidelberg, New York: Springer 1984

Schwarz, W., Zecha, M., Meyer, G.: Industrierobotersteuerungen. Heidelberg: Dr. Alfred Hüthig Verlag 1986

Unbehauen, H.: Regelungstechnik II. 2. Aufl. Braunschweig, Wiesbaden: Vieweg 1985